VICKI MYRON
MIT BRET WITTER

Dewey und seine Freunde

W0045054

GOLDMANN
Lesen erleben

Vicki Myron
mit Bret Witter

Dewey und seine Freunde

Neue Geschichten vom berühmtesten Kater der Welt

Aus dem Amerikanischen
von Nike Karen Müller

GOLDMANN

Die Originalausgabe erschien 2010 unter dem Titel
»Dewey's Nine Lives« bei Dutton,
a member of Penguin Group (USA) Inc.

Verlagsgruppe Random House FSC-DEU-0100
Das FSC®-zertifizierte Papier *München Super* für dieses Buch
liefert Arctic Paper Mochenwangen GmbH.

1. Auflage
Deutsche Erstausgabe Juni 2012
Copyright © der Originalausgabe 2010 by Vicki Myron
Copyright © der deutschsprachigen Ausgabe 2012
by Wilhelm Goldmann Verlag, München,
in der Verlagsgruppe Random House GmbH
Umschlaggestaltung: UNO Werbeagentur, München
Umschlagfoto: Getty Images / GK Hart / Vikki Hart
Redaktion: Ilse Wagner
LT · Herstellung: Str.
Druck und Bindung: GGP Media GmbH, Pößneck
Printed in Germany
ISBN 978-3-442-47478-3

www.goldmann-verlag.de

Für Glenn, für ihre überwältigende Liebe
und ihre Unterstützung.

Inhalt

PROLOG

Dewey

»Danke, Vicki, und danke, Dewey …
Ich glaube nicht an Engel, aber Dewey ist nah dran.«

Christine B., Tampa, Florida

Ich stimme nicht mit der Frau überein, die diesen Brief geschrieben hat, denn ich glaube schon, dass Engel unter uns sind, die uns wachsen helfen. Ich glaube an »lehrreiche Momente«, in denen wir etwas Wertvolles über das Leben lernen können, wenn unsere Augen und Herzen offen sind für die Welt um uns herum. Diese Gelegenheitsengel, wie ich sie nenne, gibt es in allen möglichen Formen. Sie erscheinen dank der wichtigen Menschen in unserem Leben, aber auch durch zufällige Begegnungen und durch Fremde. Ich glaube, dass Dewey, der berühmte Bibliothekskater von Spencer, Iowa, so ein Engel war. Er hat uns so vieles gelehrt und das Leben so vieler Menschen berührt, dass ich das nicht als Zufall abtun kann. Ich glaube nicht an Zufälle.

Aber ich weiß, was diese junge Frau sagen will. Sie will sagen, dass Dewey durch sein Verhalten ihr Leben verändert hat. Sie findet keine Worte, um diese Macht zu beschreiben, aber sie weiß, dass sie etwas Besonderes ist.

Ich habe einen Ausdruck dafür: Deweys Magie. Diesen Ausdruck gebrauchte ich immer, wenn ich sah, wie es ihm gelang, das Bild der Menschen von sich selbst zu verändern. Niemand hat diese Magie deutlicher gesehen als ich, denn von allen Menschen auf der Welt kannte ich Dewey am besten und wurde von ihm am stärksten berührt. Ich bin nur eine ganz normale Frau aus Iowa, die im Dienst ergraute Leiterin einer Kleinstadtbibliothek, kaum zwanzig Kilometer von der Farm entfernt, auf der ich geboren und aufgewachsen bin, aber neunzehn Jahre lang hatte ich das Glück, meinen Weg mit Dewey gemeinsam zu gehen. Und Dewey ... er war etwas Besonderes. Er bewirkte etwas. Er inspirierte eine ganze Stadt. Er wurde weltberühmt, er erschien auf den Titelseiten von Zeitschriften und Zeitungen und war der Held des New-York-Times-Bestsellers *Dewey und ich*, den ich als »Deweys Mommy« zu schreiben die Ehre hatte. Deweys Magie, das war es. Er war nur ein Kater, aber er lockte unser besseres Ich hervor. Jeder verliebte sich in ihn. Er berührte die ganze Welt. Niemand, der ihn kennenlernte, vergaß Dewey je wieder.

Seine Geschichte begann in aller Stille an einem bitterkalten Wochenende im Januar 1988. Wir hatten minus fünfundzwanzig Grad, eine Kälte, die in der Lunge brennt und einem die Gesichtshaut abzieht (zumindest fühlt es sich so an). Solch klirrende Kälte, oft von eisigem Wind begleitet, ist das Unangenehmste am Leben in den nördlichen Plains. Man lernt, damit zurechtzukommen, aber man gewöhnt sich nie daran. Es gibt in Nord-Iowa Zeiten, da sollte man tunlichst nicht aus dem Haus gehen.

Aber trotz der arktischen Temperaturen war jemand in der Innenstadt von Spencer doch aus dem Haus gegangen, denn irgendwann an jenem Sonntag wurde ein winziges verwaistes Kätzchen in die Rückgabeklappe an der Rückwand der Städtischen Bibliothek Spencer gesteckt. Ich hoffe, es war ein Akt der Barmherzigkeit – dass jemand ein winziges, acht Wochen altes, kaum ein Pfund schweres Kätzchen frierend im Schnee sitzen sah und es retten wollte. Wenn es so war, dann hat der Betreffende ziemlich gedankenlos gehandelt. Bei der Buchrückgabe handelte es sich um einen Metallschacht, der einen Meter nach unten in einen abgeschlossenen Blechkasten führte. Im Grunde genommen war es ein Kühlschrank – keine Decken, keine Kissen, keine weichen Polster. Nur kaltes Metall. Und Bücher. Mindestens zehn, womöglich aber vierundzwanzig Stunden lang saß der kleine Dewey in eisiger Kälte und pechschwarzer Finsternis und hatte nichts als Bücher um sich.

Ich trat am Montag frühmorgens auf den Plan, als ich den Buchrückgabekasten öffnete und das winzige Kätzchen darin vorfand. Flehentlich schaute es zu mir auf, und mir blieb das Herz stehen. Das Katerchen war so niedlich … und so hilfsbedürftig. Ich hielt es in den Händen, bis es zu zittern aufhörte, badete es dann warm in der Spüle und trocknete es mit dem Fön, den wir für Bastelarbeiten mit Kindergruppen verwendeten. Und dann wurde Dewey aktiv: Auf halb erfrorenen Pfoten tappte er nacheinander zu allen Angestellten der Bibliothek hin und beschnupperte sie.

In diesem Moment beschloss ich, dass die Bibliothek ihn adoptieren müsse. Nicht nur deswegen, weil ich mich auf Anhieb in Dewey verliebte, als er mich zum ersten Mal mit seinen wunderbaren goldfarbenen Augen anschaute. Sein Blick und die Unbeirrbarkeit, mit der er sich bei jedem Einzelnen von uns für seine Errettung bedankte, sagten mir auch, dass er perfekt in meinen Plan passen würde, die kalte, unpersönliche Atmosphäre der Stadtbibliothek von Spencer etwas aufzuwärmen. Sein liebevolles, kontaktfreudiges Wesen, seine herzerwärmende Präsenz weckten in allen gute Gefühle.

Und genau das brauchte Spencer zu dieser Zeit. Die Stadt ächzte unter den Folgen einer Farmkrise; siebzig Prozent der Läden in der Innenstadt standen leer, und im County gingen Farmen dutzendweise bankrott. Wir brauchten eine rührende Geschichte. Wir brauchten etwas Positives, worüber wir reden konnten, und eine Lektion in Ausdauer, Hoffnung und Liebe. Wenn jemand ein winziges Kätzchen in einen eiskalten, stockfinsteren Blechkasten steckte und dieses Kätzchen sich trotzdem sein Zutrauen und sein Mitgefühl bewahren konnte, dann konnten auch wir unser Missgeschick erdulden.

Aber Dewey war kein Maskottchen. Er war ein Gefährte aus Fleisch und Blut, ein Tier, das sich stets offen und liebevoll zeigte, sobald jemand die Bibliothek betrat. Er erwärmte die

Herzen, wenn er von Schoß zu Schoß wanderte, vor allem aber hatte er ein sicheres Gespür dafür, wer ihn wirklich brauchte.

Ich erinnere mich an die Rentner unter den Stammkunden, die jeden Vormittag vorbeikamen. Viele von ihnen blieben länger und unterhielten sich öfter mit den Angestellten, seit Dewey da war.

Ich erinnere mich an Crystal, eine körperlich schwer behinderte Schülerin, die immer nur auf den Boden starrte, bis Dewey sie entdeckte und dann jedes Mal sofort zu ihr auf den Rollstuhl sprang, wenn sie durch die Tür geschoben wurde. Da begann Crystal, die Welt um sich herum zu sehen. Sie begann, Geräusche von sich zu geben, wenn sie einmal in der Woche in die Bibliothek kam, und wenn Dewey auf ihren Rollstuhl sprang, brach ein strahlendes Lächeln aus ihrem Herzen hervor.

Ich erinnere mich an unsere neue Hilfsbibliothekarin für Kinderliteratur, die vor Kurzem nach Spencer gezogen war, um ihre kranke Mutter zu pflegen. Sie und Dewey saßen jeden Nachmittag beisammen. Eines Tages bemerkte ich, dass sie Tränen in den Augen hatte, und da wurde mir klar, wie sehr sie gelitten hatte und dass nur Dewey für sie da gewesen war.

Ich erinnere mich an die schüchterne Frau, der es schwerfiel, Freunde zu gewinnen. Ich erinnere mich an den jungen Mann, der frustriert war, weil er keine Arbeit fand. Ich erinnere mich an den Obdachlosen, der nie mit jemandem sprach, aber immer Dewey suchte, ihn sich auf die Schulter setzte (natürlich die rechte, Dewey setzte sich immer nur auf die rechte Schulter) und eine Viertelstunde mit ihm auf und ab ging. Der Mann flüsterte, Dewey hörte ihm zu. Da bin ich mir ganz sicher. Und dadurch, dass er zuhörte, dass er da war, half er allen.

Vor allem aber erinnere ich mich an die Kinder. Dewey

hatte ein besonderes Verhältnis zu den Kindern von Spencer. Er liebte Babys. Er kletterte auf ihre Babysitze und schmiegte sich an sie, im Gesicht einen Ausdruck vollkommener Zufriedenheit, selbst dann, wenn sie ihn an den Ohren zogen. Er ließ es sich gefallen, dass Kleinkinder ihn, vor Vergnügen quietschend, drückten und stupsten. Er freundete sich mit einem allergiekranken Jungen an, der untröstlich war, weil er kein eigenes Haustier haben durfte. Er verbrachte ganze Nachmittage mit den Schülern, die sich in der Bibliothek aufhielten, während ihre Eltern arbeiteten, jagte ihren Bleistiften nach und versteckte sich in ihren Jackenärmeln. Er strich in der wöchentlichen Vorlesestunde jedem Kind um die Beine, bevor er sich für einen Schoß entschied, auf dem er sich zusammenrollte – jede Woche auf einem anderen, wohlgemerkt. Ja, Dewey hatte die Gewohnheiten eines Katers. Er schlief viel. Er war zimperlich, wenn man ihm den Bauch streicheln wollte. Er fraß Gummibänder. Er attackierte Schreibmaschinentasten (damals hatten wir noch Schreibmaschinen) und Computertastaturen. Er legte sich auf den Kopierer, weil aus dem Gerät warme Luft strömte. Er kletterte auf die Hängelampen. Man konnte nirgendwo in der Bibliothek einen Karton öffnen, ohne dass plötzlich Dewey auftauchte und hineinsprang. Doch was er eigentlich tat, war nicht weniger katzenähnlich, aber es ging tiefer: Er öffnete, eins nach dem anderen, die Herzen der Menschen von Spencer für die Schönheit und Liebe in unserer wundervollen Kleinstadt mitten in den Great Plains von Iowa und füreinander.

Das war die wahre Dewey-Magie, die Fähigkeit, seine freudvolle, freundliche und entspannte Einstellung zum Leben auf jeden zu übertragen, dem er begegnete.

Dass er berühmt wurde, verdankte er jedoch ganz allein seinem Charisma. Ich wollte natürlich, dass er in Spencer bekannt wurde. Ich half ihm nach Kräften dabei, das Image der Bibliothek zu verändern, sie aus einem Lagerhaus für Bücher in einen Versammlungsort zu verwandeln. Dass das auch irgendjemand außerhalb von Nordwest-Iowa zur Kenntnis nehmen würde, hätte ich mir nicht träumen lassen. Doch sie kamen, erst spärlich, dann in hellen Scharen, angelockt von der Story des Katers, der eine ganze Stadt inspirierte. Als Erstes kamen die Journalisten – aus Des Moines, England, Boston, Japan. Dann folgten allmählich die Besucher. Ein älteres Ehepaar aus New York auf einer Fahrt durch die Vereinigten Staaten, das Dewey von da an sein Leben lang zum Geburtstag und zu Weihnachten Geld schickte. Eine Familie aus Rhode Island, die sich anlässlich einer Hochzeit in Minneapolis (fünf Stunden von Spencer entfernt) aufhielt. Ein krankes kleines Mädchen aus Texas, das, dessen bin ich mir sicher, seine Eltern um dieses eine Geschenk gebeten hatte. Es war erstaunlich, mit anzusehen, wie Deweys Ruhm erblühte. Die Menschen lernten Dewey kennen, sie verbrachten Zeit mit ihm, und sie liebten ihn. Sie fuhren heim und erzählten anderen Leuten von ihm, und dann kamen auch diejenigen ihn besuchen, und allesamt waren sie tief beeindruckt, wenn sie wieder gingen, und dann bekamen wir plötzlich einen Anruf von einer Zeitung in Los Angeles oder einem Reporter in Australien.

Als Dewey im Alter von neunzehn Jahren friedlich einschlief, nachdem er jeden einzelnen Tag den Einwohnern von Spencer und ihrer Bibliothek mit Würde und Begeisterung gedient hatte, überraschte es mich deshalb kaum, dass sein Nachruf, der zuerst in Sioux City erschien, in über zweihundertsiebzig Zeitungen nachgedruckt wurde. Und auch nicht, dass die Bibliothek Tausende von Briefen aus aller Welt bekam. Oder dass sich Hunderte von Fans in das Kondolenzbuch eintrugen und an einer improvisierten Trauerfeier teilnahmen. Zwei Monate lang wurden wir von Reportern und Bewunderern belagert, die mit uns über Dewey sprechen wollten. Ganz allmählich ließ der Trubel dann nach. Die Kameras verschwanden, und Spencer wurde wieder die stille Kleinstadt, die es immer gewesen war. Diejenigen von uns, die Dewey geliebt hatten, blieben nun mit ihrer Trauer allein. Der Star Dewey war von uns gegangen; die Erinnerungen an unseren Freund Dewey aber bewahrten wir in unseren Herzen. Als ich schließlich an einem eiskalten Dezembermorgen Deweys Asche draußen vor dem Fenster der Kinderabteilung der Bibliothek begrub, war nur die stellvertretende Bibliotheksleiterin an meiner Seite. So hätte Dewey es sich gewünscht.

Ich wusste, dass Dewey ein Vermächtnis hinterlassen hatte, weil er mich verändert hatte. Er hatte alle Mitarbeiter der Bibliothek verändert. Er hatte Crystal, das behinderte Mädchen, verändert, den obdachlosen Mann und die Kinder, die jede Woche zur Vorlesestunde kamen und von denen viele in späteren Jahren ihre eigenen Kinder zu Dewey brachten. Ich wusste, wie wichtig er war, weil die Leute mir immer wieder ihre Dewey-Geschichten erzählten, mich also ins Vertrauen zogen. Er berührte also nicht nur die Stadt Spencer. Und verändert hat er diejenigen von uns, die ihn gekannt und geliebt und seine Geschichte gehört hatten. Sein Vermächtnis würde in uns weiterleben.

Und damit würde es dann sein Bewenden haben. Dachte ich.

Doch dann geschah etwas wahrhaft Erstaunliches. Ich schrieb ein Buch über Dewey, und Menschen aus aller Welt reagierten darauf. Das Buch war als Tribut an meinen Freund gedacht, als Dankeschön für die Dienste, die er Spencer geleistet hatte, und für die Rolle, die er in meinem Leben gespielt hatte. Ich wusste, dass er Fans hatte. Ich hatte mir gedacht, dass sie vielleicht die ganze Geschichte würden lesen wollen. Aber auf so leidenschaftliche Reaktionen war ich nicht gefasst.

Sehr viele von denen, die zu meinen Lesungen kamen, mochten Dewey nicht nur, und mein Buch gefiel ihnen nicht nur – sie *liebten* beide. Die Geschichte rührte sie an. Und sie hatten das Gefühl, verändert worden zu sein. Ich erinnere mich an eine Frau in Sioux City, die weinend zusammenbrach, als sie mir erzählte, dass ihre Mutter, eine Klavierlehrerin und Organistin in Spencer, jeden Samstag mit ihr Zimtschnecken essen gegangen und dann mit ihr in die Bibliothek gefahren war, um Dewey zu besuchen. Dann war ihre Mutter an Alzheimer erkrankt, hatte nach und nach ihren Mann und ihre Kinder vergessen und schließlich nicht einmal mehr gewusst, wer sie selbst war. Ihre Tochter fuhr jede Woche die zwei Stunden von Sioux City herüber, um sie zu besuchen, und brachte immer ihre eigene Katze mit. Die Katze war schwarz-weiß, sah also dem kupferroten Dewey kein bisschen ähnlich, aber ihre Mutter lächelte jedes Mal und sagte: »Ach, da ist ja Dewey. Ich danke dir, dass du Dewey mitgebracht hast.« Die Tochter schluchzte so heftig, dass sie kaum zu Ende sprechen konnte.

»Nach dieser ersten Begegnung mit Ihnen«, erzählte sie mir einige Zeit später, »ging ich auf den Parkplatz hinaus und weinte noch eine Viertelstunde. Die Tränen wollten einfach nicht versiegen. Meine Mutter war schon seit zwölf Jahren tot, aber es war das erste Mal, dass ich wirklich um sie geweint hatte. Erst als ich an Dewey dachte und mich daran erinnerte, wie sehr meine Mutter ihn geliebt hatte, war mein Trauerprozess abgeschlossen.«

Das Seltsamste daran war, dass ich weder diese Frau, Margo Chesebro, noch ihre Mutter, Grace Barlow-Chesebro (nach der Beschreibung ihrer Tochter eine kluge, starke, selbstständige Frau, die an die Magie von Tieren glaubte und die ich bestimmt gemocht hätte) gekannt hatte. Aber sie hatten Dewey gekannt und geliebt. Er war Teil ihres Lebens gewesen, ein so wichtiger Teil, dass sich Grace trotz der Schäden in ihrem

Gehirn irgendwie die Erinnerung an ihn bewahrte, auch als sie die Namen ihrer Kinder längst endgültig vergessen hatte und ihren Mann für ihren vor langer Zeit gestorbenen Bruder hielt. Da wurde mir klar, dass ich nie erfahren würde, wie viele Menschen es waren, deren Leben Dewey berührt hatte.

Dann gab es da auch jene, die Dewey nie gekannt hatten, fremde Menschen, die von seiner Geschichte so gerührt waren, dass es sie drängte, mir zu schreiben. Es begann fast unmittelbar nach dem Erscheinen des Buches. »Ich habe noch nie einem Autor oder einer Autorin geschrieben, aber Deweys Geschichte hat mich so angerührt …« Oder: »Dewey war ein Engel, und Ihnen gebührt Dank dafür, dass sie ihn in der Welt bekannt gemacht haben.«

Als die Monate vergingen und das Buch es an die Spitze der landesweiten Bestsellerlisten schaffte, wurden die Briefe zahlreicher, und schließlich gingen täglich mehrere Dutzend ein. Nach einem Jahr hatte ich über dreihunderttausend Briefe, E-Mails und Päckchen bekommen, fast ausnahmslos von Leuten, die nie etwas von Dewey gehört hatten, bevor sie das Buch lasen. Ich bekam ein Kissen mit Deweys Bild vom Buchumschlag in Kreuzstickerei. Ich bekam mehrere Gemälde von ihm. Ein früherer Einwohner von Spencer, der weggezogen war, uns aber nie vergessen hatte, gab eine Skulptur von Dewey für die Bibliothek in Auftrag. (Ich wusste, dass Deweys Magie wirkte, als ich sah, wo sich das Atelier des Bildhauers befand: in Dewey, Arizona.) Ich habe nie gezählt, wie viele Zeichnungen, Ziergegenstände und Schnitzfiguren von Katzen ich von Fans bekommen habe. Für diese Dinge habe ich ein eigenes Regal in meinem Haus – und es quillt schon über.

Jemand schickte mir zwanzig Dollar, für die ich Rosen für Dewey kaufen sollte. Jemand anderer schickte fünf Dollar für Katzenminze, die ich auf sein Grab legen sollte. Eine Frau in einem Callcenter in Idaho sagte mir, jedes Mal, wenn jemand aus Iowa anrufe, frage sie ihn nach Dewey, in der Hoffnung, jemanden zu finden, der ihn gekannt hatte. Ein Mann schickte mir ein Foto von dem Glas, in dem er Kleingeld sammelt. Es war mit einem Bild von Dewey verziert. Der Mann spendete von da an das gesparte Geld der Tierrettung.

Ich las jede Karte, jeden Brief und jede E-Mail. Gern hätte ich auch alle beantwortet, aber das war angesichts der schieren Menge unmöglich, vor allem, weil ich oft unterwegs war zu Veranstaltungen mit Deweys Fans. (Aber keine Bange, liebe Briefschreiber, ich habe die Rosen und die Katzenminze für Deweys Grab gekauft.) Die in den Briefen ausgedrückten Gefühle und die Art, wie Dewey nach wie vor das Leben von Menschen veränderte, haben mich vermutlich mehr bewegt, als diese Fans es sich überhaupt vorstellen konnten.

Ein junger Mann, der nach einer hässlichen Scheidung und einem beruflichen Rückschlag zornig und verbittert war, schrieb mir, Deweys Leben habe »mir das Herz geöffnet«.

Eine Frau mit MS in fortgeschrittenem Stadium erzählte mir, dass sie sich nach der Lektüre von *Dewey* auf den Boden niedergelassen und den Hund, der in ihrem Heim lebte, auf den Kopf geküsst habe. Hinterher kam sie nicht ohne Hilfe wieder hoch, aber sie war froh, dass sie es getan hatte, weil der Hund eine Woche danach starb.

Ein Mann in England schrieb, er habe vor mehreren Jahren seine Frau verloren. Erst nachdem er das Buch *Dewey* gelesen hatte, sei ihm klar geworden, dass er nur dank der beiden Katzen, die sie hinterlassen hatte – zwei Tiere, die ihm nach ihrem Tod eher lästig waren –, über den Verlust hinweggekommen war. Hätte er nicht die Katzen versorgen müssen, schrieb er, wäre er in einer »schwarzen Depression« versunken, die er möglicherweise nicht ertragen hätte.

Typisch war der Brief einer jungen Frau aus Florida.

Unmittelbar bevor sie *Dewey* las, schrieb sie, habe sie eine zweijährige Missbrauchsbeziehung mit einem Borderline-Alkoholiker beendet, der ihre Selbstachtung zerstört und sie in Schulden und Zwangsvollstreckung getrieben hatte. »Ich kam mir dumm vor«, schrieb sie, »und vor allem fühlte ich mich als Versagerin. Dann las ich Ihr Buch.«

»Jetzt«, fuhr sie später fort, »gehe ich ab nächsten Montag wieder zur Schule, und ich konzentriere mich darauf, die Bruchstücke meines Lebens wieder zusammenzufügen. Das hat nicht Ihr Buch bewirkt, aber Ihr Buch hat mir Mut und Entschlusskraft gegeben. Vor allem aber hat es mich daran erinnert, dass ich noch nicht am Ende war.

Deshalb einen Dank Ihnen, Vicki, und einen Dank dir, Dewey …

Ich glaube nicht an Engel, aber Dewey ist nah dran. Sogar im Tod hat er über Sie noch Menschen wie mich berührt. Sie können sich glücklich schätzen, dass Sie solch ein besonderes Wesen in ihrem Leben hatten, aber das brauche ich Ihnen nicht zu sagen. Ich weiß nur, dass ich mich glücklich schätzen kann, weil Dewey in mein Leben getreten ist, auch wenn ich ihn nicht persönlich gekannt habe.«

Ob ich auf diesen Brief reagiert habe? Natürlich. Einen anderen Menschen so tief berühren und ihm seinen Lebensmut zurückgeben zu können, ist eine Gabe, die mir stets lieb und teuer sein wird. Sie macht mich stolz. Und diese Gabe verdanke ich Dewey.

Seit dem Erscheinen des Buches habe ich nicht nur von Fremden gehört. Auch alte Freunde und Verwandte, zu denen ich keinen Kontakt mehr gehabt hatte, haben sich wieder bei mir gemeldet. Neue Menschen wie mein Koautor, meine Lektoren und meine Agenten sind in mein Leben getreten und gute Freunde geworden. (Der Illustrator von Deweys Kinderbüchern hieß Steven James, genau wie mein geliebter

Bruder, der mit dreiundzwanzig Jahren an Krebs gestorben ist – wiederum Deweys Magie!) Und ich habe sogar wieder etwas von meinem geschiedenen Mann gehört. Er war ein lieber, intelligenter Mensch, aber er war auch schwerer Alkoholiker und hat in meinem – und seinem – Leben mehr Schaden angerichtet als irgendjemand sonst. Obwohl wir eine gemeinsame Tochter haben, hatte ich elf Jahre lang nichts von ihm gehört, bis er mir einen Brief schrieb, nachdem er das Buch gelesen hatte. Er war schon seit zehn Jahren trocken, hatte seine erste Jugendliebe geheiratet, und sie führten ein glückliches Leben in Arizona. Er hatte Bilder mitgeschickt. Er sah gut aus. Er war immer ein gut aussehender Mann gewesen. Er wirkte glücklich, seine Frau ebenfalls. Er schickte mir ein T-Shirt mit der Aufschrift »Pass auf, sonst kommst du in meinem Roman vor« – wieder einer seiner typischen Scherze. Er hatte an dem Buch nichts auszusetzen; es war alles wahr. »Es tut mir leid«, schrieb er einfach. Und er schloss den Brief mit den Worten: »Ich bin stolz auf dich.« Auch ich war stolz auf ihn.

Ich bekam auch Zuschriften von anderen Bibliothekarinnen und Bibliothekaren, von anderen Farmerskindern und gebürtigen Iowanern, von anderen alleinerziehenden Müttern und von Menschen, deren nächste Angehörige Selbstmord begangen hatten (in meinem Fall war es ein Bruder), und von Frauen, die wie ich, den Brustkrebs überlebt hatten. Ich habe von Frauen gehört, die sich wie ich in den Siebzigerjahren der schrecklichen Erfahrung einer unnötigen Entfernung der Gebärmutter unterziehen mussten, darunter auch von einer Frau in Fort Dodge, Iowa, die von demselben Chirurgen operiert worden war wie ich, etwa zur selben Zeit. »Ich wäre an der Operation fast gestorben«, erzählte sie mir bei einer Signierstunde. »Ich habe eine Woche im Koma gelegen. Seither bin ich, genau wie Sie, nie mehr richtig gesund gewesen.« Wir umarmten einander. Sie weinte. Manchmal, so wurde mir klar, ist es schön, zu wissen, dass man nicht allein ist.

Gemeinschaft nennen wir das. *Gemeinschaft*. Ich glaube ganz fest an die Macht der Gemeinschaft, ob es sich dabei um eine Stadt, eine Religion oder die Liebe zu Katzen handelt. Ich glaube, *Dewey* ist ein Buch über normale Menschen, das zeigt, was an Gutem in einem normalen Leben möglich ist; nicht zuletzt deshalb hat es wohl so viele Herzen berührt. Die Menschen schätzen Spencer, Iowa. Sie mögen unsere Maisfelder und unsere Architektur, und sie mögen auch das, wofür wir stehen: Einfachheit, altmodische harte Arbeit, aber auch Kreativität, Pflichtbewusstsein und Liebe. (Der Arzt, der mir bei meiner zweifachen Mastektomie zur Seite stand, Dr. Kohlgraf, sagte mir, nach zwanzig Jahren habe er eine führende Chirurgin aus Kalifornien endlich überreden können, in seine Praxis einzutreten. Sie hatte das Buch gelesen und es wunderbar gefunden. Sie wollte in einer Stadt wie Spencer leben.) Die Ehrlichkeit und die Werte, die in dem Buch zum Ausdruck kommen – »Finde deinen Platz. Sei glücklich mit dem, was du hast. Sei gut zu allen. Führe ein gutes Leben. Es geht nicht um materielle Dinge; es geht um Liebe. Und Liebe kann man nicht vorhersehen.« –, überschreiten Grenzen. Damit meine ich auch internationale Grenzen. Deweys Geschichte war und ist ein Bestseller in England, Brasilien, Portugal, China und Korea. Ich bin zu Auftritten in der Türkei eingeladen worden. Ein Mann aus Mailand kam nach Spencer, nur um die Stadt kennenzulernen, in der Dewey gelebt hat. Menschen aus aller Welt haben mir gesagt, dass sie in das berühmte Spencer, Iowa, kommen wollen und dass sie das Buch behalten und als Familienerbstück an ihre Nachkommen weitergeben wollen. Glauben Sie, sie tun das deshalb, weil ihnen meine Geschichte so wichtig ist? Nein, natürlich nicht. Sie wollen die Macht der Liebe weitergeben, die in die Seiten eingewoben ist.

Mit anderen Worten, sie wollen die Magie eines besonderen Tiers namens Dewey erfahren, eines Katers, dem es irgendwie gelang, von einer kleinen Stadtbibliothek in Iowa aus die ganze Welt zu berühren. Wie ich eingangs sagte: Dies alles geschieht für und wegen Dewey. Ohne ihn hätte es kein Buch gegeben. Wie die junge Frau aus Florida schrieb: Jeder Leser des Buches hat Deweys Magie in seinem eigenen Leben erfahren, auch wenn er ihn nie persönlich kennengelernt hat.

Also lebt Dewey! Obwohl er gestorben ist, lebt er als Erinnerung weiter, als Mahnung, als Beispiel dafür, was in der Welt gut und richtig ist. Vor allem aber lebt er, wie mir klar wurde, als ich Tag für Tag neue Briefe las, in all den anderen Tieren weiter, die ebenso zärtlich, verspielt, aufmerksam und ergeben sind, wie er es war. Was mir an den Briefen am besten gefiel: Dreißig Prozent kamen von männlichen Fans, darunter zwei Katzen liebende Sheriffs, und sie begannen alle mit den Worten: »Bestimmt bekommen Sie nie Briefe von Männern …« Keine Bange, auch gestandene Männer lieben Katzen! Aber das Wichtigste, was ich immer wieder las, war: Dewey hat mein Herz berührt, weil *er mich an mein eigenes Tier erinnerte*.

Nach und nach begriff ich, dass Dewey die tiefe Liebe angezapft hatte, die Menschen in aller Welt für ihre Tiere empfinden. Und dass *Dewey*, das Buch, diesen Menschen etwas Wichtiges geschenkt hatte: eine Möglichkeit, Liebe zu teilen und mitzuteilen. In gewisser Weise hat das Buch es wohl möglich gemacht, zu einem fremden Menschen, auch wenn dieser fremde Mensch nur ich war, zu sagen: »Ich liebe meine Katzen. Sie sind wichtig. Sie sind meine Freunde. Sie haben mein Leben verändert. Wenn sie sterben, fehlen sie mir schrecklich.« So schrieb ein junger Mann, nachdem er mir erzählt hatte, wie niedergeschlagen er sich nach einer schwierigen Scheidung fühlte und dass seine beiden Katzen die einzigen Lichtblicke in einer ansonsten dunklen Zeit waren:

Anfangs dachte ich mir, mein Gott, wie ist es möglich, dass ich zwei Tiere so sehr liebe? Irgendetwas stimmt mit mir nicht. Offenbar ist mein Leben völlig leer. Es war mir peinlich, mir selbst einzugestehen, wie wichtig mir die Katzen waren. Dann las ich Ihr Buch, und mir wurde klar, dass nichts verkehrt daran ist, wenn jemand zwei Katzen so liebt wie ich, und ich scheute mich nicht mehr, unsere Liebe weiter zu erforschen, unsere Beziehung weiter zu vertiefen und mein Leben noch enger mit ihrem zu verbinden. Ich danke Ihnen.

Lange Zeit trat Menschen, die von einer tiefen Freundschaft zwischen einer Katze und einem Menschen hörten, vor allem *ein* Wort vor Augen: *traurig*. Aber ich liebte meine Katze leidenschaftlich. Und ich stand damit nicht allein da, ganz und gar nicht. Ich glaube, dass Dewey durch sein großzügiges Wesen und seinen liebenswerten Charakter – durch die Magie seines Lebens in einer Kleinstadtbibliothek – zu einem Symbol dieser lebenswichtigen Beziehung vieler Menschen zu ihren Haustieren wurde.

In diesem Buch erwarten Sie neun Geschichten von außergewöhnlichen Katzen und den Menschen, die sie geliebt haben. Drei der Kapitel spielen in oder in der Umgebung von Spencer, Iowa, und enthalten Dewey-Geschichten, die nicht in das erste Buch aufgenommen wurden – weil ich sie damals noch nicht kannte. Die anderen sechs Geschichten handeln von Menschen, die mir schrieben, nachdem sie mein Buch *Dewey* gelesen hatten. Sie liefern die unverfälschtesten Beiträge: Fans, die mir nur deshalb schrieben, um ihrer Bewunderung und Liebe für Dewey und ihre eigenen Tiere Ausdruck zu verleihen, und keine Gegenleistung erwarteten.

Sind das die besten Geschichten aus diesen dreitausend Briefen? Ich weiß es nicht, denn in den meisten Fällen habe ich nur auf einen oder zwei Sätze reagiert.

»Wir nahmen herrenlose und misshandelte Katzen in Pflege ...«

»Er überlebte den Angriff eines Kojoten und den Prankenhieb eines Bären und lief fünfundvierzig Kilometer zurück zu mir, nachdem eine rachsüchtige Frau ihn entführt hatte, um mir wehzutun.«

»Niemand, auch nicht meine Tochter oder meine Eltern, haben mich jemals so geliebt wie meine Cookie.«

Als mein Co-Autor und ich Briefe telefonisch beantworteten, hörten wir völlig unerwartete Geschichten von Menschen und Katzen. Manche waren besser, andere schlechter. Alle aber waren authentische, von Herzen kommende Geschichten über reale Menschen und ihre Tiere. Nach *Dewey* riet man mir, über die Katze zu schreiben, die in einem der Wohlfahrt gespendeten Sofa gefunden wurde, über die verbrannte Katze, die in den lokalen Fernsehnachrichten zu sehen gewesen war, oder über den einäugigen, schlappohrigen Kater, der sein ganzes Leben in einer Chicagoer Bierkneipe verbracht hatte. Doch ich dachte: Warum, was haben die mit Dewey zu tun? Das sind hübsche Geschichten, aber wo bleibt die Liebe? Wenn ich noch weitere Geschichten erzähle, dann sollen sie auf derselben Grundlage aufbauen wie *Dewey*: auf der besonderen Bindung zwischen einer Katze und einem Menschen. Ich wollte Geschichten über Menschen schreiben, deren Leben sich durch die Liebe zu ihrer Katze verändert hatte.

Die Menschen in diesem Buch sehen sich nicht als Helden. Sie haben nichts getan, womit sie ins Fernsehen kommen könnten. Es sind normale Menschen, die ein normales Leben mit normalen Tieren führen. Ich kann Ihnen nicht sagen, ob ihre Geschichten die Besten in diesen Briefen sind, aber eines kann ich Ihnen versichern: Ich mag jeden der Menschen, die in dem Buch vorkommen. Es sind Menschen wie die, mit denen ich in Spencer aufgewachsen bin, und es sind Menschen, wie ich sie gern zu Freunden habe. Zusammen mit ihren Katzen verkörpern sie alles, wofür Dewey, wie ich finde, gestanden hat: Güte, Ausdauer, Moral, harte Arbeit und die Kraft, stets und unter allen Umständen sich selbst und den eigenen Werten treu zu bleiben. Wenn die Resonanz, die Deweys Geschichte auslöste, zum Teil auf ihren Werten beruhte, dann sollten diese Menschen ebenfalls diese Werte widerspiegeln. Und ich denke, das tun sie auch. Ich bin stolz darauf, jeden Einzelnen von ihnen kennengelernt zu haben.

Ich kann Ihnen nicht versprechen, dass Sie alles, was die Menschen in diesem Buch tun, billigen werden. Das wird nicht der Fall sein, denn auch ich selbst bin mit manchem nicht einverstanden. So kann ich es beispielsweise beim besten Willen nicht gutheißen, dass Mary Nan Evans ihre Katzen nicht früher sterilisieren ließ, so leid es mir tut. Andere lassen ihre Katzen im Freien herumstromern, obwohl das bekanntermaßen ihre Lebenserwartung verkürzt. Manche Katzen werden zu sehr verwöhnt, überbehütet oder vermenschlicht. Ich weiß, dass es Einwände geben wird. Schließlich habe ich nach meinem ersten Buch Schmähbriefe bekommen, weil ich Dewey in seinem letzten Lebensjahr Arby's Roast Beef Sandwiches zu fressen gab. Ich habe diesen Kater von ganzem Herzen geliebt; ich habe ihm alles gegeben, was ich konnte; er hat neunzehn lange, wundervolle Jahre gelebt – neunzehn Jahre! –, und trotzdem haben mich manche als Mörderin beschimpft, weil ich ihn an seinem Lebensende in einem Akt der Barmherzigkeit, der mir das Herz zerriss, einschläfern ließ.

Falls Sie sich gedrängt fühlen, Kritik zu üben, dann bedenken Sie bitte Folgendes: Alle Menschen in diesem Buch haben ihre Tiere geliebt, rückhaltlos und von ganzem Herzen. Jeder von ihnen hat seiner Meinung nach im besten Interesse des geliebten Tiers gehandelt. Wenn diese Menschen Entscheidungen trafen, die Sie missbilligen, heißt das nicht, dass diese Menschen einen schlechten Charakter haben. Sie sind nur anders als Sie. Oder sie haben in einer anderen Zeit gelebt, in der noch andere Ansichten über das Zusammenleben von Menschen und Haustieren vorherrschten. Oder sehr oft sowohl als auch. Keine Geschichte ist für dieses Buch abgeändert worden. Nichts wurde geschönt oder verharmlost. Dies ist nicht *Der Katzenflüsterer* oder eine Anleitung zur Katzenhaltung. Es ist eine Sammlung von Geschichten darüber, wie reale Katzen und reale Menschen zusammenleben.

Dieses Buch ist nicht die Fortsetzung von *Dewey*. Es gibt nur ein *Dewey* (das Buch), genau wie es nur einen Kater Dewey gab. Aber es gibt Tausende von Geschichten. Es gibt Millionen von Katzen, die, wenn sie Gelegenheit dazu bekämen, ein Leben verändern könnten. Sie leben da draußen mit den in diesem Buch auftretenden Menschen und Millionen anderen zusammen. Und viele leben da draußen auch in viel schlechteren Verhältnissen, in Tierheimen, zum Beispiel, sie kämpfen allein auf den eisigen Straßen ums Überleben und warten auf ihre Chance.

Von allen Lektionen, die ich in den letzten zwanzig Jahren gelernt habe, ist dies vielleicht die Wichtigste: Engel gibt es in den verschiedensten Gestalten. Liebe kann von überallher kommen. Ein besonderes Tier kann Ihr Leben verändern. Es kann eine Stadt verändern. Auf bescheidene Art kann es die Welt verändern.

Und Sie können das auch.

I

Dewey und Tobi

*»Sie war eine ruhige Katze. Sie war sanft und ... sie
wollte nie wieder Ärger bekommen, egal, mit wem, sie
wollte einfach leben und leben lassen, wenn Sie wissen,
was ich meine.«*

Für die meisten Menschen ist mein geliebtes Spencer, mit seinen etwa zehntausend Einwohnern, eine Kleinstadt. Die Straßen, die überwiegend durchnummeriert sind, in einem regelmäßigen Raster, das sich neunundzwanzig Blöcke in Nord-Süd-Richtung (mit einem Fluss in der Mitte) und fünfundzwanzig Blöcke von Ost nach West erstreckt, sind leicht aufzufinden. Die Geschäfte, die vor allem an unserer Hauptstraße, der Grand Avenue, liegen, reichen aus. Die ebenerdige Bibliothek, nicht weit von der Ecke Grand Avenue/Third Street, mitten in der Innenstadt, ist intim und einladend.

Doch Größe ist ein relativer Begriff, vor allem in Iowa, einem Staat mit nur einem Sechstel der Bevölkerungszahl Floridas, aber doppelt so vielen Städten. Viele von uns hier stammen aus noch kleineren Orten als Spencer, aus Moneta, beispielsweise, das ich als meinen Heimatort ansehe, obwohl ich auf einer drei Kilometer entfernten Farm aufgewachsen bin. Moneta hatte sechs Häuserblöcke. Es besaß fünf gewerbliche Bauten, wenn man die Bar und den Tanzsaal dazurechnet. In seiner besten Zeit lebten dort knapp über zweihundert Menschen. Das sind weniger, als an jedem einzelnen Tag durch die Tür der Stadtbibliothek kommen.

Hier bei uns, in dieser landwirtschaftlichen Gegend, ist Spencer also groß. Es ist eine Stadt, in die man fährt, statt nur durchzureisen. Es ist die Art Stadt, in der man die meisten seiner Mitbürger vom Sehen, aber nicht unbedingt dem Namen nach kennt. Eine Stadt, in der jeder von einer Betriebsschließung hört und eine Meinung dazu hat, aber nicht jeder direkt davon betroffen ist. Wenn im Clay County, in dem Spencer liegt, eine Farm aufgeben muss, erinnern wir uns vielleicht nicht an den Farmer, aber wir erinnern uns an jemanden seinesgleichen, und wir nehmen Anteil und haben Verständnis. Ob wir nun aus einer alteingesessenen, einfachen Farmersfamilie stammen oder zu den neueren hispanischen Einwanderern gehören, die in einem der zahllosen landwirtschaftlichen oder industriellen Betriebe beschäftigt sind – wir haben mehr gemeinsam als einen geradlinig bebauten Flecken Erde namens Spencer, Iowa. Wir gleichen uns in unserer Einstellung, unserem Arbeitsethos, unserer Weltanschauung und unseren Zukunftsaussichten.

Aber wir kennen einander nicht alle. Als Leiterin der Stadtbibliothek von Spencer war mir das schon immer klar. Ich konnte jederzeit, an jedem beliebigen Tag, durch die Bibliothek gehen und erkannte die Stammkunden. Von vielen wusste ich auch den Namen. Mit vielen von ihnen war ich aufgewachsen, und oft kannte ich auch ihre Familien. Ich weiß noch, wie einmal vor mehr als einem Jahrzehnt ein Stammkunde im Verlauf mehrerer Monate langsam immer dünner wurde. Ich hatte ihn seit der Highschool gekannt und wusste über seine Vergangenheit Bescheid. Er war schwer drogenabhängig gewesen, hatte die Sucht überwunden, steckte aber offenbar erneut in Schwierigkeiten. Deshalb rief ich seinen Bruder an, mit dem ich seit Langem befreundet war, und der kam aus einem anderen Staat herübergefahren und kümmerte sich um ihn. Das ist das Gute an einer Stadt wie Spencer: Man hält zusammen. Hilfe und Freundschaft sind oft nur einen Anruf entfernt.

Die Bibliothek zog Besucher aus neun Countys an – als ich in den Ruhestand ging, hatten wir achtzehntausend eingetragene Nutzer, fast doppelt so viele, wie Spencer Einwohner hat –, ich konnte also beim besten Willen nicht alle persönlich kennen. Eine der vielen regelmäßigeren Besucherinnen, die ich nie näher kennenlernte, war eine Frau namens Yvonne Barry. Sie war fünfzehn Jahre jünger als ich, wir waren also nicht zusammen zur Schule gegangen. Sie stammte ursprünglich nicht aus dem Clay County, deshalb kannte ich auch ihre Familie nicht. Den Obdachlosen, der Dewey jeden Morgen besuchte, behielten wir immer im Auge, um sicherzugehen, dass er nichts anstellte, Yvonne aber war stets gepflegt und gut angezogen, sodass wir keinen Grund zur Sorge hatten. Außerdem war sie ein stiller Mensch. Sie begann nie von sich aus ein Gespräch. Wenn man »Guten Morgen, Yvonne« sagte, bekam man bestenfalls ein geflüstertes »Hallo« zur Antwort. Sie las gern in Zeitschriften, und sie entlieh immer Bücher. Darüber hinaus wusste ich nur eines von ihr: Sie liebte Dewey. Das sah ich daran, wie sie jedes Mal lächelte, wenn er sich ihr näherte.

Wir dachten alle, sie hätte eine einzigartige Beziehung zu Dewey. Ich weiß nicht, wie oft mir jemand unter dem Siegel der Verschwiegenheit zuflüsterte: »Sagen Sie es nicht weiter, es soll ja niemand eifersüchtig werden, aber Dewey und ich, das ist was ganz Besonderes.« Dann lächelte ich und nickte und wartete darauf, dass mir jemand anderer genau dasselbe sagte. Dewey war so großzügig mit seiner Zuneigung, dass jeder sich ihm verbunden fühlte. Für Yvonne war Dewey einzigartig. Für Dewey war dagegen jeder nur einer von dreihundert … fünfhundert … tausend Freunden. Er konnte sie unmöglich alle ins Herz geschlossen haben.

Deshalb ging ich davon aus, dass Yvonne auch nur eine Gelegenheitsfreundin von ihm war. Sie beschäftigte sich mit Dewey, aber sie rannten nicht direkt aufeinander zu. Ich erinnere mich nicht, dass Dewey je auf sie gewartet hätte. Doch irgendwie waren sie am Ende von Yvonnes Besuch jedes Mal zusammen und wanderten stillvergnügt mit unbekanntem Ziel durch die Bibliothek.

Erst nach Deweys Tod begann Yvonne zu reden. Ein wenig. Neunzehn Jahre lang hatte ich mit vielen Stammkunden der Bibliothek regelmäßig über Dewey geplaudert. Nach seinem Tod war er dann anscheinend unser einziges Gesprächsthema. Doch erst gegen Ende des ersten Ansturms, als die Februar-kälte uns in ihren Klauen hielt und das Bewusstsein, dass Dewey von uns gegangen war, sich tief in uns festgesetzt hatte, kam Yvonne nervös auf mich zu und sprach über Dewey. Sie erzählte mir, wie sehr sie sich immer auf ihn gefreut habe. Wie gut er sie verstanden habe. Wie sanft und tapfer er ge-wesen sei. Wiederholt erzählte sie mir von dem Tag, an dem Dewey eine Stunde lang auf ihrem Schoß geschlafen hatte, und welches Glück das für sie gewesen sei.

»Das ist nett«, sagte ich. »Danke.«

Ich wusste ihre Bedachtsamkeit zu schätzen, zumal mir klar war, wie schwer es ihr fiel, von sich aus ein Gespräch anzu-fangen. Aber ich hatte zu tun und stellte ihr deshalb keine weiteren Fragen. Warum auch? Dewey setzte sich jedem auf den Schoß. Natürlich war das für jeden etwas Besonderes.

Nach ein paar kurzen Gesprächen zog sich Yvonne wieder zurück, und ihr besonderer Augenblick mit Dewey war für mich nur einer von vielen Pinselstrichen im großen Gemälde seines Lebens. Erst zwei Jahre später, nachdem ich gehört hatte, wie begeistert sie war, weil sie in *Dewey* vorkam, setzte ich mich einmal mit ihr zusammen. Bis dahin hatte ich bereits so viele hübsche Geschichten anderer Bibliotheksstammgäste über Dewey gesammelt – Geschichten, die meist auf kaum mehr hinausliefen als ein »Ich kann es nicht erklären, er hat mich einfach glücklich gemacht« –, dass ich mir von dieser auch nicht mehr erwartete.

Doch Yvonnes Geschichte war anders. Etwas in ihrer Schilderung erinnerte mich daran, warum ich schon immer Bibliotheken geliebt hatte. Und Kleinstädte. Und Katzen.

Yvonne war zugegebenermaßen so verschlossen, dass ich nicht viel über sie erfuhr. Das war mir damals nicht bewusst, aber als ich diese Geschichte las, wurde mir klar, dass sie mir im Grunde genommen ein Rätsel war und immer bleiben würde.

Wohl aber erfuhr ich, wie unterschiedlich zwei Menschenleben sein können, auch wenn sie dicht nebeneinander verlaufen. Und wie leicht man in die Irre gehen kann, auch in einer übersichtlichen Kleinstadt wie Spencer, Iowa. Ich erfuhr, wie schwer es ist, jemanden wirklich kennenzulernen, und wie unwichtig das ist, wenn man sein Herz seinen Bedürfnissen öffnet. Wir müssen nicht verstehen, wir müssen nur Anteil nehmen.

Auch das ist etwas, was ich von Dewey gelernt habe. Das war seine Magie. Letzten Endes ist wohl auch dies wieder eine Geschichte über ihn.

Yvonne wuchs in Sutherland, Iowa, auf, einem Ort mit etwa achthundert Einwohnern, fünfundvierzig Kilometer südwestlich von Spencer. Ihr Vater muss eine Art Tüftler gewesen sein. Er bewirtschaftete eine kleine Pachtfarm unweit der County Road M12, bekleidete nacheinander verschiedene Posten in County-Behörden und besaß einen alten Tankwagen, mit dem er Wasser aus einem Brunnen auf seinem Grund zu umliegenden Zuchtbetrieben transportierte. Ich habe viele Männer seines Schlages gekannt: wortkarg und mit leicht schlurfendem Gang, oft unbemerkt, aber immer zur Stelle, ein guter Kerl auf der Suche nach der Chance im Leben, die nie kommt. Nachdem er in seinem letzten Amt abgewählt worden war, musste die Familie schließlich die Farm aufgeben und bezog ein Haus in der Stadt. Er wurde Fabrikarbeiter. Yvonne, fünf Jahre alt und das Jüngste von fünf Kindern, kümmerte sich in ihrer neuen Umgebung um herrenlose Katzen.

Ich erinnere mich gut an meine eigene Kindheit auf dem Lande: die langen, langsam verstreichenden Jahreszeiten, die vielen Stunden, die ich mit meinen Brüdern im Garten spielte, während meine Eltern auf dem Feld oder im Stall arbeiteten. Ich erinnere mich noch, als wäre es gestern gewesen, an den Nachmittag, an dem mein Vater Snowball heimbrachte, das erste Tier, das ich je geliebt habe. Es war ein heißer Frühsommertag, und ich stand im Garten und sah ihn aus dem kniehohen Mais immer näher kommen. Er schwitzte so stark unter seinem Hut, dass die Tropfen fast wie Tränen aussahen, und während ich ihm ins Haus folgte, sah ich, dass er etwas in den Händen hielt, erkannte aber nicht, was es war.

»Es muss auf dem Feld geboren worden sein«, sagte er zu meiner Mutter. »Es war ein ganzer Wurf. Die Mutter und die anderen Jungen sind vom Pflug getötet worden. Dem hier« – er hielt das Kätzchen hoch, das voller Blut war – »sind die Hinterbeine abgetrennt worden.«

Die meisten Farmer hätten das schwer verletzte Tier sterben lassen, der Natur ihren Lauf gelassen, aber als mein Vater sah, dass das Kätzchen noch lebte, hob er es auf und lief nach Hause. Meine Mutter, die genauso tierlieb war wie mein Vater, nahm sich seiner an und päppelte es einen Monat lang mit Milch aus einem Fläschchen auf. Sie deckte es nachts mit einer warmen Decke zu, und tagsüber durfte es in der heißen Küche bleiben. Ich schaute ihr über die Schulter, wenn sie es pflegte, und staunte, wie gut es sich erholte. Bis zur Mitte des Sommers waren Snowballs Beinstümpfe verheilt. Viele meinen ja, Katzen seien faul, aber Snowball strengte sich ungeheuer an. Sie hatte einen unbändigen Lebenswillen. In kürzester Zeit, so kam es mir vor, lernte sie, auf den Vorderbeinen zu balancieren und dabei den hinteren Körperteil nach oben zu recken. Dann lernte sie zu hüpfen, wobei ihr hinteres Ende hin und her schwankte und ihr Schwanz zum Himmel zeigte. Ich fand das toll. Diesen Sommer spielten Snowball und ich jeden Tag miteinander. Ich rannte im Hof herum, lachte und schrie, und sie hüpfte mit wedelndem Hinterteil hinter mir her. Wenn ich im Herbst von der Schule heimkam, sprang ich aus dem Bus, ließ meine Schultasche fallen, rannte in den Hof und rief nach ihr. Sie lebte nicht lange, und als sie starb, war ich eine Zeit lang untröstlich, aber ich werde nie vergessen, wie sie in Zeitlupe im Hof herumtanzte wie beim Jitterbug. Ihr Lebenswille und der Grundsatz meiner Eltern, dass man jedes Lebewesen achten und schützen muss, waren die bleibenden Lehren, die ich aus meinem Sommer mit Snowball zog.

Hatte die fünfjährige Yvonne ganz andere Erfahrungen gemacht? Ich weiß es nicht. Ich weiß nicht, ob sie mit ihren älteren Geschwistern gespielt hat oder ob sie im Garten sich selbst überlassen war. Ich weiß nicht, ob sie die Gesellschaft von Katzen aus Einsamkeit oder aus einer natürlichen Liebe heraus suchte. Ich weiß aber, dass ihre Eltern wie viele Farmer nicht viel von Katzen hielten und ihr nicht bei der Pflege der Katzen halfen, die immer wieder in ihrem Garten auftauchten. »Andauernd starben oder verschwanden die Katzen«, erzählte mir Yvonne. »Es hat mir das Herz gebrochen. Aber meine Eltern wollten nicht, dass ich ihnen Futter kaufte, auch wenn ich sie noch sooft bat. Das könnten sie sich nicht leisten, haben sie gesagt.«

Meine deutlichste Kindheitserinnerung ist die an meinen Vater, wie er das verletzte Kätzchen in den Händen hält und mit meiner Mutter spricht. Yvonnes deutlichste Erinnerung bezieht sich auf ein Foto. Sie war sechs Jahre alt. Ihre Mutter wollte ein Foto von ihren Kindern mit ihren Lieblingskatzen haben. Yvonne fand ihren Liebling nicht, ein schwarz-weißes Kätzchen mit dem Namen Black-and-White. Ihre Mutter sagte, sie solle endlich mit der Sucherei aufhören und sich zu ihrem Bruder und ihrer Schwester stellen, die beide eine zappelnde Katze in die Kamera hielten.

»Komm schon, lächle«, kommandierte ihre Mutter.

»Ich kann mein Kätzchen nicht finden.«

»Das macht doch nichts. Lächle einfach!«

Hinterher suchte Yvonne die umliegenden Felder ab. Es gibt in Iowa auch mitten in den Städten leere Flächen, wo man sehen kann, wie sich die Welt vor einem erstreckt. Man kann ewig dastehen und schauen, aber Yvonne wandte sich schließlich ab, ging zu ihrer Mutter hinüber und fragte sie, ob sie ein Foto von ihr mit einer der anderen Katzen machen würde.

»Nein«, sagte ihre Mutter. »Der Film ist zu Ende.«

»Ich hätte am liebsten losgeheult«, erzählte mir Yvonne, »aber ich tat es nicht. Die anderen hätten mich bloß ausgelacht.«

Zehn Jahre später, als Yvonne sechzehn war, bekam ihr Vater Arbeit in einer Witco-Fabrik, und die Familie übersiedelte nach Spencer. Ich weiß noch, wie ich mich als Teenager selbst nach Spencer wagte, als wir in der benachbarten, viel kleineren Stadt Hartley wohnten. Es war furchterregend. Die Mädchen an der Highschool von Spencer kamen mir so mondän vor, sie waren modisch gekleidet, redeten mit Jungen und lungerten an Straßenecken herum wie die leichten Mädchen in dem Musical *Grease*. Ich weiß noch, dass ich den Eindruck hatte, sie seien körperlich größer als wir Landkinder, sie könnten uns zerquetschen, wenn sie wollten. Das war Spencer für mich, aber ich hatte den Vorteil, dass meine Großmutter in Spencer wohnte und ich deshalb die Straßen und die Geschäfte kannte. Ich ging auf die Highschool in Hartley, eine der größeren Schulen der Gegend; ich war ein extrovertiertes, beliebtes Mädchen und fühlte mich so gut wie nie fehl am Platz oder überfordert. Ich kann mir deshalb gut vorstellen, wie es für

Yvonne gewesen sein muss, ein schüchternes Mädchen, das noch nie in Spencer und immer schlecht in der Schule gewesen war und sich unter Leuten stets unbehaglich gefühlt hatte, sogar in Sutherland. Ich wusste, was sie meinte, als sie mir sagte, ihre anderthalb Jahre Highschool in Spencer seien eine einzige Quälerei gewesen.

Ihre Eltern schenkten ihr etwas gegen ihre Einsamkeit: eine Katze. Unmittelbar vor dem Umzug nach Spencer brachte die Katze von Yvonnes Tante May einen Wurf von Halb-Siamesen zur Welt. Als Yvonne sie sah, verliebte sie sich sofort in sie. Irgendwie überredete sie ihre Eltern, sie eines der Kätzchen adoptieren zu lassen. Als sie ankamen, damit sie sich eines aussuchte, tollten die rauflustigen Gesellen im Hof herum, rannten und hüpften und fegten einander Dreck ins Gesicht. Yvonne war untröstlich. Sie starrte sie an und fragte sich: *Wie soll ich mir denn da eine aussuchen?*

Da kam eines der Kätzchen, das sich versteckt haben musste, herangeschlichen und schaute aus großen Augen scheu zu ihr auf, als wollte es ihr mit leisem Stimmchen zuflüstern: »Hi.«

»Okay, ich nehm dich«, flüsterte Yvonne zurück.

Sie taufte die Katze Tobi. Sie war brauner und rundlicher als eine typische Siamkatze, hatte aber das weiche, seidige Fell und die wunderbaren blauen Augen, die für die Rasse charakteristisch sind. Und »weich« war nicht nur ihr Fell. Tobi war eine durch und durch weiche, sanfte Katze. Mit sanfter Stimme und sanften Bewegungen. Sie war auch ein Angsthase. Sie lief davon, wenn jemand ins Zimmer kam; sie lief davon, wenn sie irgendwo im Haus eine Tür aufgehen hörte, und sie versteckte sich in Yvonnes Bett, wenn sie Schritte auf der Treppe vernahm. Sie lief nur ein einziges Mal ins Freie, an Yvonne vorbei, die in der Tür stand. Yvonne trat auf die Betontreppe hinaus und sah Tobi um die Hausecke verschwinden. Sie lief andersherum ums Haus, und die beiden trafen sich im Garten. Tobi kam auf sie zugerannt und sprang ihr direkt in die Arme, im Gesicht einen Ausdruck blanken Entsetzens.

»Mach das bitte nie wieder, Tobi«, bat Yvonne. »Bitte mach das nicht noch mal.« Es war schwer zu sagen, wer von beiden mehr erschrocken war.

»Tobi war total verschmust«, erzählte mir Yvonne. »Sie wollte immer auf mir liegen. Sie hat jede Nacht bei mir im Bett geschlafen.«

»Das muss schön gewesen sein«, erwiderte ich.

»Ja, stimmt«, sagte sie. Dann schaute sie mich an und wartete auf meine nächste Frage.

Nach der Highschool fing Yvonne ebenfalls bei Witco an. In der Fabrik wurden hydraulische Handwerkzeuge hergestellt, sogenannte Abschmierpressen, mit denen man Schmierfett in kleinste Innenräume in Automotoren und in andere Maschinen pressen kann. Nach der Plackerei an der Highschool von Spencer war das Fließband geradezu eine Erholung für sie. Die Arbeit musste schnell gehen und war körperlich anstrengend, aber Yvonne war jung und kräftig. Sie konnte Muttern genauso schnell festschrauben wie jeder andere am Band, und sie musste sich nicht mit ihren Arbeitskollegen und -kolleginnen unterhalten.

»Es war nicht gerade ein Traumjob«, sagte sie, als schämte sie sich, weil sie stolz war, dass sie damals ihre Arbeit so gut gemacht hatte. »Aber ich hatte Arbeit.« Und wie ich sehr gut weiß, geht nichts über eine sinnvolle Arbeit.

Ein nennenswertes Privatleben hatte Yvonne nicht, aber nach Schichtende konnte sie sich immer auf eines verlassen: Zu Hause würde Tobi auf sie warten. Die Katze hielt sich gern in luftiger Höhe auf, außer Reichweite von tretenden Füßen und schwingenden Armen, und beobachtete Yvonne oft vom obersten Bord des Bücherregals aus. Manchmal schaute sie auch vom oberen Treppenabsatz herab, wenn Yvonne zur Haustür hereinkam. War sonst niemand im Haus, lief Tobi wie ein Hündchen hinter ihr her: in die Küche, ins Wohnzimmer. Doch sobald jemand kam, gingen sie beide in Yvonnes Zimmer, und Yvonne machte die Tür zu. Sie stellte bald fest, dass Tobi fast den ganzen Tag unter ihrer Bettdecke verbrachte und darauf wartete, dass der einzige Mensch, bei dem sie sich wohlfühlte, nach Hause kam. Und obwohl sie sich das nie bewusst machte, war es genau das, was Yvonne wollte: Ein befreundetes Wesen, das immer für sie da sein würde.

Mit Mitte zwanzig zog Yvonne zusammen mit ihrer älteren Schwester in ein vierstöckiges Mietshaus. Tobi genoss die Ruhe. Yvonne genoss es, ihre eigenen vier Wände zu haben. Sie arbeitete weiter am Fließband und befestigte kleine Muttern an Abschmierpressen. Jahrelang hatte Spencers Raster nummerierter Straßen sie eingeschüchtert, und jeder, dem sie begegnete, erschien ihr als Fremder. Doch nach und nach gewöhnte sie sich an das Straßengitter und erkannte auch das eine oder andere Gesicht. Sie kaufte in den Geschäften an der Grand Avenue oder in der neuen Mall auf der Südseite der Stadt ein. Sie kaufte Kleider im Fashion Bug und Tobis Lieblingsfutter, Tender Vittles, in einer kleinen Tierhandlung. Einmal erstand sie zu Halloween eine furchterregende Maske. Sie setzte sie auf und stampfte die Treppe hinauf. Sie trat durch die Schlafzimmertür und stieß dabei ein dunkles Stöhnen aus. Tobi fielen schier ihre schönen blauen Siamesenaugen aus dem Kopf. Sie wich mit gesträubtem Fell zurück, und Yvonne kam sich so gemein vor, dass sie die Maske sofort abnahm.

»Ach, Tobi«, sagte sie. »Ich bin's doch bloß.«

Tobi starrte sie noch ein paar Sekunden lang an, dann drehte sie sich weg, wie um zu sagen, *weiß ich doch*.

Tags darauf beschloss Yvonne, Tobi erneut zu erschrecken. Sie setzte die Maske auf und ging in ihr Zimmer. Tobi warf ihr nur einen kurzen Blick zu und wandte sich dann angewidert ab, als wollte sie sagen, *Also bitte, ich weiß doch, dass du's bist.*

Yvonne musste lachen – »Du bist ganz schön schlau, Tobi, was?« – und nahm sie auf den Arm. Das Leben war einfach, das Leben war schön. Yvonne Barry hatte ihre behagliche Nische gefunden; sie hatte eine Gefährtin gefunden, und sie war glücklich. Ihr Leben bestand aus kleinen Glücksmomenten. Zu Weihnachten baute Yvonne einen kleinen Tunnel aus Geschenken, und Tobi saß tagelang in diesem Tunnel. »Ich dachte, das wäre etwas Besonderes: Ah, Tobi mag Christbäume. Dann erfuhr ich, dass sie das mit vielen anderen Katzen gemeinsam hatte.«

Abends wirbelte sie Tobi auf einem Drehstuhl herum, und die kleine Katze schlug jedes Mal, wenn sie vorbeikam, mit der Pfote nach ihr. Noch Jahrzehnte danach musste Yvonne lächeln, wenn sie daran dachte. Tobi liebte diesen Drehstuhl. Und weil Tobi ihn liebte, liebte Yvonne ihn auch.

Als sich Mitte der Achtzigerjahre die wirtschaftliche Lage in unserer Gegend verschlechterte und Yvonne kurzarbeiten musste, zog sie wieder zu ihren Eltern. Ich weiß nicht, wie das für sie war, denn sie sagte es mir nicht, aber ich glaube nicht, dass sich dadurch viel für sie veränderte. »Ich konnte die Miete nicht mehr zahlen.« Mehr sagte sie mir nicht. »Ich fragte meine Eltern, ob ich wieder bei ihnen einziehen durfte, und sie waren einverstanden.«

»Manchmal wackelte mein Vater unter der Zeitung mit dem Finger«, fuhr sie fort. »Tobi sprang danach, und dann lachte mein Vater. Wir haben es das Zeitungsspiel genannt. Aber die meiste Zeit saß Tobi nur auf der Sessellehne und schaute unverwandt aus dem Fenster, während mein Vater Zeitung las.«

Ich weiß nicht recht, was ich von so einer Geschichte halten soll. Gab es in Yvonnes Elternhaus mehr Spaß und Gelächter,

als ich mir vorstellte? Konnte Tobi den Panzer eines wort-
kargen Mannes durchbrechen, oder war das Zeitungsspiel nur
ein kurzer Moment der Heiterkeit in einer ansonsten stillen
und staubigen Welt? Ich möchte das Lachen hören, aber ich
stelle mir unwillkürlich die Stunden und Tage und Wochen
vor – ja, sogar Monate, wenn ich Yvonnes Andeutungen
richtig verstanden habe –, die vergingen, bis wieder einmal
das Zeitungsspiel gespielt wurde. Ich stelle mir einen älteren
Mann vor, der hinter einer Zeitung verschanzt still in seinem
Sessel sitzt, eine kleine Katze, die zum Fenster hinausschaut,
und eine junge Frau, die halb verborgen in der Tür steht und
beide beobachtet. Yvonnes Geschwister waren ausgezogen,
und ich kann nicht glauben, dass die langen Stunden in dem
Haus mehr bargen als Leere. Yvonnes Mutter las in ihrem
Zimmer Liebesromane. Ihr Vater schaute sich im Fernsehen
Baseballspiele an. Yvonne und Tobi verzogen sich leise wie
Mäuschen nach oben und spielten Katzenkarussell. Aber es
gab ja, nur zwei Straßen weiter, Dewey.

Eine Bibliothek ist mehr als nur ein Lagerraum für Bücher.
Die meisten guten Bibliothekarinnen und Bibliothekare, die
ich kenne, sind sogar der Meinung, dass eine ihre Hauptfunk-
tionen gar nichts mit Büchern zu tun hat. Diese Funktion
ist Offenheit, Verfügbarkeit. In einer Welt, in der sich viele
Menschen von der Gesellschaft ausgeschlossen fühlen, ist
eine Bibliothek ein Ort, wo sie jederzeit hingehen können.
Wie oft haben Sie schon einen erfolgreichen, aber in Armut
aufgewachsenen Menschen sagen hören, eine Bibliothek habe
ihm das Leben gerettet? Ja, das in den Büchern – und heute
in den Computern – gespeicherte Wissen hat sein Univer-
sum erweitert, über den kleinen Teil der Welt hinaus, den er
bewohnte. Aber die Bibliothek hat ihm auch etwas anderes
zur Verfügung gestellt: Raum. Wenn es zu Hause Streit gab,

konnte das Kind sich in die Stille flüchten. Wenn es sich vernachlässigt fühlte, fand es dort Ansprache. Dabei ist es in einer Bibliothek nicht einmal nötig, mit irgendjemandem zu reden. Das ist eine erfreuliche Seite unserer Veranlagung – dass es oft genügt, einfach unter Menschen zu sein, auch wenn wir kein Wort sagen.

Als ich Leiterin der Stadtbibliothek von Spencer wurde, kümmerte ich mich als Erstes darum, die Bibliothek offener, zugänglicher, freundlicher zu machen. Neue Bücher und Materialien standen auf meiner Liste, aber ich wollte auch die Atmosphäre verändern. Die Leute sollten sich bei uns wohlfühlen wie Angehörige einer Gemeinschaft und nicht wie Besucher in einem städtischen Gebäude. Ich ließ die Wände in helleren Farben streichen und ersetzte die imposanten schwarzen Möbel durch bequemere Tische und Stühle. Ich gründete einen Fonds zur Anschaffung von Kunstwerken für die Wände und Plastiken für die Bücherregale. Ich wies meine Mitarbeiter an, jeden Besucher mit einem Lächeln auf den Lippen zu begrüßen. Als ich ein knappes halbes Jahr später Dewey in der Rückgabebox fand, war mir sofort klar, dass er perfekt in meinen Plan passen würde. Ich sah, dass er ein ruhiges Kätzchen war; ich wusste, dass er nie Probleme machen würde. Aber ich dachte, er würde im Hintergrund bleiben wie eines der Kunstwerke, die dazu da waren, die Bibliothek wohnlicher, gemütlicher erscheinen zu lassen.

Doch Dewey dachte gar nicht daran, im Hintergrund zu bleiben. Von dem Moment an, als seine Pfoten geheilt waren (er hatte in der Rückgabebox Erfrierungen erlitten) und er ohne Schmerzen in der Bibliothek herumlaufen konnte, wollte er immer ganz vorn und im Mittelpunkt sein. Das Paradoxe für einen Bibliothekar ist, dass man, wenn die Bibliothek funktionieren soll, nicht allzu freundlich sein darf. Die Leute sollen sich herzlich willkommen, aber nicht bedrängt fühlen. Eine Bibliothek ist kein gesellschaftlicher Treffpunkt. Man kann sie jederzeit betreten, braucht sich aber nur so weit einzulassen, wie man möchte. Man hat die Wahl. Wenn man das Gespräch sucht, kann man den ganzen Tag plaudern. Möchte man anonym bleiben, verspricht einem die Bibliothek auch das. Viele Menschen, vor allem solche, die am Rand der Gesellschaft leben oder sich in gesellschaftlichen Situationen nicht wohlfühlen, finden in Bibliotheken genau die Mischung aus privat und öffentlich sehr angenehm – man hat die Möglichkeit, unter Menschen zu sein, ohne mit ihnen interagieren zu müssen.

Das kann Bibliothekare in eine Zwickmühle bringen. Wie beispielsweise im Fall von Bill Mullenberg. Jahrzehntelang war Bill der Direktor der Highschool von Spencer, eine angesehene und wichtige Stelle, die auch von ihm verlangte, dass er jede Woche mit Hunderten von Menschen sprach. Ich weiß, dass der Ruhestand ihm zu schaffen machte; es ist immer problematisch, sein Lebenswerk zurückzulassen. Für Bill wurde der Übergang noch ganz erheblich dadurch erschwert, dass seine geliebte Frau starb.

Nach ihrem Tod kam er jeden Morgen in die Bibliothek, um die Zeitung zu lesen – und das nicht, um sich das Geld für das Abo zu sparen. Bill fühlte sich zu Hause einsam, und er brauchte etwas, wo er hingehen konnte. Was sollten wir tun? Wir sagten hallo, aber es hätte gegen das ungeschriebene Gesetz einer Bibliothek verstoßen, regelmäßig längere Gespräche mit ihm zu führen. Außerdem hatten wir zu arbeiten. Die Stadt bezahlte uns nicht als Freunde oder Therapeuten; alle Bibliotheksangestellten mussten mindestens vierzig Stunden in der Woche arbeiten, damit alles ordnungsgemäß funktionierte.

Hier sprang nun Dewey ein. Als Kater unterlag er nicht den gesellschaftlichen Beschränkungen eines Bibliothekars.

Und als unser offizieller Empfangschef war er nicht ständig mit irgendwelchen Büroarbeiten beschäftigt. Dewey scheute sich nicht, auf Fremde zuzugehen und ihnen auf den Schoß zu springen. Wenn sie ihn wegstießen, probierte er es noch zwei oder drei Mal, dann wusste er, dass er unerwünscht war – er ging davon, und nichts war passiert. Eine zudringliche Katze ist nun einmal längst nicht so lästig wie ein übertrieben »hilfsbereiter« Bibliothekar, denn bei Katzen hat man nicht das Gefühl, dass sie einen beurteilen oder unter Druck setzen oder einem indiskrete Fragen stellen.

Ging ein Besucher jedoch auf Deweys Annäherungsversuche ein, löste das einen tiefgreifenden Effekt aus. So kam es dann auch, dass sich Bills Verhalten einen Monat, nachdem er Dewey als Schoßtier akzeptiert hatte, von Grund auf änderte. Zum einen lächelte er jetzt. Ich glaube, das erste Mal seit dem Tod seiner Frau sah ich ihn lächeln, als Dewey auf seinen Schoß sprang, die Zeitung beiseitestieß und Zuwendung forderte. Schon bald lächelte Bill ständig, genau wie früher im Beruf. Er unterhielt sich öfter mit den Angestellten, und er blieb länger da, um zu lesen oder zu plaudern. Während ich Bill beobachtete, wurde mir zum ersten Mal klar, dass Dewey mehr war als ein kuscheliges Kunstwerk, das in der Bibliothek herumlief.

Seit Dewey bei uns war, stieg die Zahl der Bibliotheksbesucher stark an. Ich bin nicht sicher, ob er auch Erstbesucher anlockte, aber ich glaube, dass er für viele der Grund war, wiederzukommen. Yvonne beispielsweise kam zum ersten Mal in die Bibliothek, als Dewey vier oder fünf Monate alt war. Sie hatte kurz nach seiner Rettung den Artikel über ihn im *Spencer Daily Reporter* gelesen, sich aber erst im Sommer zu einem Besuch der Bibliothek durchgerungen. Zu der Zeit war Dewey schon halb ausgewachsen. Mit seinem buschigen Schwanz, seinem leuchtend kupferroten Fell und seiner prachtvollen Halskrause sah er bereits aus wie der verwöhnte, seiner selbst sichere König der Bibliothek. Der er auch war. Der coole, selbstbewusste Dewey war in seiner Umgebung völlig entspannt. Als Yvonne ihn zum ersten Mal entdeckte, stolzierte er herum, als sei die Bibliothek sein Eigentum.

Was für ein wunderschöner Kater, dachte sie.

Ich weiß nicht, wie sie sich näherkamen. Ich vermute, Dewey ging auf Yvonne zu, denn das machte er immer, aber es ist auch gut möglich, dass sie ihn anlockte. Man konnte sich gut mit ihm unterhalten – ich weiß keinen besseren Ausdruck –, denn man ist keinem gesellschaftlichen Druck ausgesetzt, wenn man eine Katze streichelt. Erst als sie sich schon gut kannten, fiel mir einmal ganz nebenbei auf, dass Dewey kaum von ihrer Seite wich. Er rieb sich an ihrem Bein, schnupperte an ihrer Hand, wenn sie ihn streichelte, und hörte aufmerksam ihrer geflüsterten Begrüßung zu. Wenn sie ein Blatt Papier zerknüllte und ihm die Kugel zuwarf, schnappte er sie sich, rollte sich auf den Rücken und warf sie mit den Hinterbeinen in die Luft. Da warf sie ihm noch mehr Kugeln zu.

Sie kaufte ihm in der Mall allerlei Kinkerlitzchen, dieselben Spielsachen, die sie auch für Tobi kaufte. Sie hielt ihm die Sachen gern in unterschiedlicher Höhe hin und ließ ihn danach springen. Einmal hielt sie ein Spielzeug etwa anderthalb Meter über den Boden. »Na los, Dewey«, sagte sie. »Du schaffst das.«

Dewey schaute zu dem Spielzeug hinauf, dann senkte er den Blick. *Er schafft es nicht*, dachte Yvonne. Dann drehte sich Dewey herum, sprang – wie eine Rakete, erinnerte sich Yvonne, *genau wie eine Rakete* – und schnappte sich das Spielzeug aus ihrer Hand. Sie schaute ihn verblüfft an, dann musste sie lachen. »Du hast mich reingelegt, Dewey«, sagte sie. »Du bist mir vielleicht einer!«

Im November kam sie zu Deweys erster Geburtstagsfeier.

Sie ist nicht auf dem Video, aber das überrascht mich nicht. Yvonne ist jemand, die eine Stunde lang neben dir stehen kann, bis du dann einmal hinschaust und sagst: »Ach, ich habe Sie gar nicht gesehen.« Sie ist die stille, aber fleißige Mitarbeiterin, die anscheinend nie aus ihrem Büro herauskommt, die Nachbarin, die man nur selten sieht, die Frau im Bus, die nie von ihrem Buch aufschaut. Es ist falsch, sich das als traurig oder frustrierend vorzustellen, denn wer gibt uns das Recht, das Innenleben eines anderen zu beurteilen? Woher sollen wir wissen, wie die Tage eines anderen Menschen ablaufen? Die Nachbarn von Emily Dickinson hielten sie für eine bedauernswerte alte Jungfer, die in aller Stille bei ihren Eltern lebte, dabei war sie eine der größten englischsprachigen Dichterinnen und führte eine rege Korrespondenz mit vielen bedeutenden Autorinnen und Autoren ihrer Zeit. Menschenscheu ist schließlich kein Problem, sondern ein Charakterzug.

Dewey war natürlich das genaue Gegenteil. Wenn man ihn auf dem Geburtstagsvideo sieht, merkt man sofort, dass man eine echte Stimmungskanone vor sich hat. Die Kinder umringten ihn und versuchten, sich vorzudrängen, aber Dewey machte das offenbar nichts aus. Auch wenn sie noch so sehr kreischten und nach ihm grapschten, genoss er die Zuwendung. Er schlürfte sie fast so begierig in sich hinein, wie er seinen mausförmigen Geburtstagskäsekuchen verspeiste. Er zögerte nicht, vor versammelter Mannschaft in diesen Kuchen zu beißen. Und ich könnte wetten, dass er, als die Videokamera ausgeschaltet war, noch etwas genauso Magisches tat: Er ging zu Yvonne – oder nahm zumindest Blickkontakt mit ihr auf –, um sie dafür zu belohnen, dass sie gekommen war.

Dass er das ein Jahr danach, auf einer Bibliotheksparty im Jahr 1989, tat, weiß ich sicher. Es waren ungefähr zweihundert Leute da, um die Wiedereröffnung der Bibliothek zu feiern – sie war wegen Umgestaltung kurze Zeit geschlossen gewesen –, und ich war damit beschäftigt, den Besuchern zu zeigen, was wir alles verbessert hatten. Yvonne war auch gekommen, blieb aber im Hintergrund; wahrscheinlich hatte sie das Gefühl, wieder in der Highschool zu sein, denn Anonymität in einer Bibliothek ist ein Segen, Anonymität auf einer Party dagegen ist peinlich und verstörend. Ihr Unbehagen hatte jedoch ein Ende, als sie sah, dass Dewey sich durch die Menge schlängelte. Niemand achtete auf ihn, und das schien ihn sehr zu irritieren. Dann erblickte er Yvonne und trabte zu ihr hinüber. Sie nahm ihn hoch und drückte ihn an ihr Herz. Dewey schmiegte den Kopf an ihre Schulter und fing an zu schnurren.

»Irgendjemand hat ein Foto von uns gemacht«, erzählte mir Yvonne mehrmals im Lauf unseres Gesprächs. »Ich weiß nicht mehr, wer es war, aber er hat ein Foto von uns gemacht. Ich war nur von hinten drauf, aber Deweys Gesicht war zu sehen. Es gab ein Foto von uns beiden zusammen.«

Ich möchte nicht zu viel Aufhebens von Deweys Beziehung zu Yvonne machen. Es liegt mir fern, anzudeuten, dass die Bibliothek im Mittelpunkt ihres Lebens stand. Ich weiß, dass sie ein begrenztes Dasein führte, aber keine Emily Dickinson war, und ich weiß, dass Yvonne Barry ihr Seelenleben zum größten Teil vor anderen verbarg. Ich weiß, dass sie regelmäßig mit Freundinnen korrespondierte. Ich weiß, dass sie, wie die meisten von uns, eine Hassliebe zu ihrem Beruf hegte. Sie war stolz auf ihre Arbeit, aber auch zunehmend verbittert, weil sie bei der Vergabe besser bezahlter Stellen regelmäßig übergangen wurde. Ich weiß, dass sie ihre Familie liebte und dass sie ein Netzwerk vielseitiger Beziehungen mit ihren Angehörigen verband, obwohl sie sich die meiste Zeit nur anschwiegen. Wie diese Beziehungen im Einzelnen aussahen … das wollte sie immer für sich behalten, was natürlich ihr gutes Recht ist.

Was sie mit mir teilte, war Tobi. Ich glaube, Dewey war Yvonnes Kontakt zur Außenwelt, vielleicht, weil er so ganz anders war als sie. Tobi war Yvonnes bester Freund. Mit Dewey war sie gern zusammen, aber Tobi liebte sie. Und Tobi erwiderte diese Liebe. Yvonne Barry war für Tobi das Allerwichtigste auf der Welt, und sie war jedes Mal aufs Neue begeistert, wenn Yvonne zur Tür hereinkam. Tobi und Yvonne waren nämlich keine Gegensätze, sie waren seelenverwandt. Yvonne sagte zu mir: »Sie war eine ruhige Katze. Sie war sanft. Sie wollte nie Ärger mit irgendjemandem bekommen, sie wollte nur leben und leben lassen, wenn Sie wissen, was ich meine.« Da war mein erster Gedanke: *Sie könnte über sich selbst sprechen.*

Die beiden waren immer füreinander da. »Ich bin nie über Nacht weggeblieben«, erzählte sie mir, »weil ich es nicht übers Herz brachte, Tobi allein zu lassen.« Einmal verreisten sie gemeinsam, um Yvonnes Schwester Dorothy in Minneapolis zu besuchen. Auf den ersten fünfundzwanzig Kilometern schrie Tobi und stieß immer wieder heftig mit dem Kopf gegen die Stäbe ihrer Transportbox. Erst in Milford, Iowa, begriff sie, dass sie nicht zum Tierarzt musste, und beruhigte sich. Ein paar Kilometer weiter miaute sie Yvonne an, als hoffte sie auf eine Erklärung. Aber wie sollte eine Katze einen Begriff wie Minnesota verstehen? Schließlich verzog sie sich in den hinteren Teil der Box und schlief … fünf Stunden am Stück. In Minneapolis ging Tobi schnurstracks ins Gästezimmer. Sie benutzte ihr Katzenklo, fraß ihre Tender Vittles und verkroch sich jeden Tag unter der Bettdecke, bis Yvonne abends hereinkam. Dann kletterte Tobi an ihr hoch und schmiegte sich an Yvonnes Hals, überglücklich, ihre beste Freundin wiederzuhaben. »Ich hab dich lieb, Tobi«, flüsterte Yvonne und streichelte ihre Katze. Bis auf die Fahrt war es wie jedes andere Wochenende ihres gemeinsamen Lebens.

Man ist versucht zu sagen, das sei der Grund, weshalb

Yvonne Tobi so sehr liebte: Die Katze war die einzige Konstante in ihrem Leben. Aber ich sehe es eher so, dass Yvonnes Leben fast nur aus Konstanten bestand. Immer derselbe Job am Fließband, immer dieselben Handgriffe. Dieselben Besorgungen. Die gleichen Mahlzeiten. Die gleichen schweigsamen Abende zu Hause bei ihren Eltern. Sogar ihr Leben mit Dewey hatte eine tröstliche Vertrautheit, weil sie wusste, dass er immer da war. Es gab vielleicht nicht viel Aufregendes zwischen ihnen, aber Tobi und Yvonne hatten ihre Routine. Sie hatten einander. Und das war genug.

Über eines müssen wir uns jedoch alle im Klaren sein: In den meisten Fällen überleben wir unsere Katzen. Dreizehn Jahre waren für Yvonne nur ein kleiner Teil ihres Lebens, für Tobi jedoch das ganze Leben. Im Jahr 1990 wurde die Katze schon merklich langsamer, und wegen ihrer Arthritis fiel ihr das Treppensteigen schwer. Ihr Fell wurde schütter, und immer öfter fand Yvonne beim Heimkommen Tobi so eng zusammengerollt im Bett, dass sie sie nicht wecken wollte.

Etwa zur selben Zeit entdeckte Yvonne die Bibel. Sie sagt, Anlass seien die Vorbereitungen auf den ersten Golfkrieg gewesen. Die drohende Gewalt flößte ihr Zukunftsängste ein, und diese Unsicherheit lastete schwer auf ihr. Ich habe keinen Grund, das in Zweifel zu ziehen, aber es könnte sein, dass noch andere Schmerzen im Spiel waren, über die eine stille Person nicht so leicht sprechen kann. Etwa ihre Frustration in der Witco-Fabrik, wo sie nie eine besser bezahlte Arbeit bekam, obwohl sie dazu in der Lage gewesen wäre. Und ihre Kniebeschwerden, die davon herrührten, dass sie täglich acht Stunden am Fließband stehen musste. Und der sich verschlechternde Gesundheitszustand ihrer Mutter. Nicht zu vergessen die Sorge um den unausweichlichen und offenkundigen Verfall ihrer geliebten Katze.

Während der Krieg näher rückte und Tobis Gesundheit

sich rapide verschlechterte, las Yvonne immer öfter in der Bibel. Anfangs hatte sie sich besonders für biblische Prophezeiungen von Krieg und Untergang interessiert, doch bald schon suchte sie vor allem Hoffnung und Trost im Herrn. Sechs Monate, nachdem sie die Bibel zum ersten Mal zur Hand genommen hatte, als die Truppentransporter über die irakische Grenze rollten und Explosionen den Himmel über Bagdad schwärzten, kniete Yvonne Barry neben ihrem Bett nieder und bat Jesus, in ihr Herz einzutreten.

»Mir war, als hätte ich den Finger in eine Steckdose gesteckt«, beschrieb sie diesen Augenblick. »Ich fühlte mich ganz anders als sonst, und danach habe ich die ganze Nacht so tief geschlafen wie nie zuvor in meinem Leben. Da wusste ich, dass sich etwas verändert hatte.«

Yvonne begann, täglich mindestens eine Stunde lang in der Bibel zu lesen. Sie ging sonntags zweimal in die First Baptist Church und jeden Donnerstag in die Gebetsstunde. Oft gab es in der Kirche irgendwelche Gruppenaktivitäten, und Yvonne fühlte sich zu der Gemeinschaft hingezogen. An stillen Abenden zu Hause suchte sie Trost in der Heiligen Schrift. Manchmal lag Tobi neben ihr, doch die meiste Zeit schlief sie in ihrem Katzenkorb, den Yvonne ihr mit Schafwolle auspolsterte, damit sie es warm hatte. Yvonne hatte gehört, dass Fancy Feast Katzen länger leben ließ, und so kaufte sie Tobi dieses Futter anstelle von Tender Vittles, obwohl sie es sich eigentlich nicht leisten konnte. Sie liebte Tobi über alles; sie kümmerte sich um sie wie eh und je. Doch anstatt nach dem Abendessen Katzenkarussell mit ihr zu spielen, nahm Yvonne wieder ihre Bibel zur Hand, sodass Tobi mehr und mehr sich selbst überlassen blieb.

Und dann, ein Jahr, nachdem Yvonne Christin geworden war, begann Tobi zu taumeln. Eines Sommerabends brach sie im Schlafzimmer zusammen und konnte den Urin nicht mehr halten. Zu Tode erschrocken schaute sie zu Yvonne auf und flehte sie an, ihr das zu erklären. Yvonne fuhr mit ihr zu Dr. Esterly, der feststellte, dass Tobis Leber versagt hatte. Er hätte die Katze noch ein paar Tage am Leben erhalten können, aber sie hätte sehr starke Schmerzen gehabt.

Yvonne schaute zu Boden. »Das will ich nicht«, sagte sie leise.

Sie hielt Tobi in den Armen. Sie streichelte sie, während Dr. Esterly die Spritze aufzog. Die Katze legte den Kopf in Yvonnes Armbeuge und schloss die Augen, als fühlte sie sich bei ihrer Freundin sicher und geborgen. Als sie den Stich spürte, stieß sie einen furchtbaren Schrei aus, aber sie versuchte nicht zu flüchten. Sie schaute einfach in Yvonnes Gesicht hinauf, entsetzt und fragend, dann sank sie zusammen und starb. Mit Unterstützung ihres Vaters begrub Yvonne sie in einer entfernten Ecke ihres Gartens.

Sie hatte so viele schöne Erinnerungen. Der Christbaum. Der herumwirbelnde Drehstuhl. Die gemeinsamen Nächte im Bett. Aber dieser letzte Schrei, ein Geräusch, wie Tobi nie zuvor eines von sich gegeben hatte ... diesen Schrei konnte Yvonne nicht vergessen. Er zerriss ihr das Herz und stürzte sie in tiefe Schuldgefühle. Tobi hatte Yvonne ihr Leben gewidmet, doch Yvonne dachte jetzt, dass sie sich in den letzten Jahren, als Tobi alt und krank war und sie am meisten gebraucht hätte, von ihr abgewandt hatte. Sie hatte nie mehr Katzenkarussell mit ihr gespielt, hatte ihr keinen Tunnel mehr unter dem Christbaum gebaut und nicht bemerkt, wie krank Tobi geworden war.

An diesem Abend ging sie in die Gebetsstunde. Ihre Augen waren gerötet und verschwollen, und Tränen liefen ihr noch über die Wangen. Ihre Glaubensbrüder und -schwestern fragten sie: »Alles okay mit Ihnen, Yvonne? Fehlt Ihnen etwas?«

»Meine Katze ist heute gestorben«, erwiderte sie.

»Oh, das tut mir leid«, sagten sie und tätschelten ihr den Arm. Und dann wussten sie nichts mehr zu sagen und gingen fort. Sie meinten es gut, das wusste Yvonne. Es waren gute Menschen. Aber sie begriffen nicht. Für sie ging es nur um eine Katze. Wie wir alle wussten sie nicht einmal, wie die Katze geheißen hatte.

Als Yvonne am nächsten Tag in die Bibliothek kam, fühlte sie sich noch immer nicht besser. Es ging ihr sogar schlechter. Sie fühlte sich noch schuldiger und noch mehr allein. Ihr wurde klar, dass sie nicht die geringste Lust hatte, auch nur in irgendwelchen Büchern zu blättern. Deshalb setzte sie sich einfach auf den nächstbesten Stuhl und dachte an Tobi.

Eine Minute später bog Dewey um die Ecke und kam auf sie zu. Seit mehreren Jahren hatte er jedes Mal, wenn er sie sah, miaut und war zur Tür der Damentoilette gelaufen. Yvonne öffnete die Tür, Dewey sprang aufs Waschbecken und miaute, bis sie den Hahn aufdrehte. Nachdem er den Wasserstrahl eine halbe Minute lang angestarrt hatte, schlug er mit der Pfote danach, sprang erschrocken zurück, schlich sich dann wieder an und wiederholte die Prozedur. Und dann wieder und wieder. Es war das besondere Spiel der beiden, ein Ritual, das sie im Lauf von hundert gemeinsam verbrachten Vormittagen entwickelt hatten. Und Dewey war es nie langweilig geworden.

Doch diesmal wollte er nicht. Diesmal blieb er stehen, legte den Kopf schräg und sah Yvonne unverwandt an. Dann sprang er ihr auf den Schoß, rieb sachte sein Köpfchen an ihr und rollte sich in ihrem Arm zusammen. Sie streichelte ihn sanft und wischte sich hin und wieder eine Träne ab, bis er ruhig und entspannt atmete. Innerhalb weniger Minuten war er eingeschlafen.

Sie liebkoste ihn weiter, langsam und sanft. Nach einer Weile schien ihr, als würde die Last ihrer Traurigkeit langsam von ihr genommen, um sich schließlich ganz aufzulösen. Es lag nicht nur daran, dass Dewey gespürt hatte, wie tief verletzt sie war. Und auch nicht nur daran, dass er sie kannte oder dass er ihr Freund war. Während sie zusah, wie Dewey schlief, verschwand ihr schlechtes Gewissen. Ihr wurde bewusst, dass sie das Beste für Tobi getan hatte. Sie hatte ihre kleine Katze geliebt. Das brauchte sie nicht jede Minute zu beweisen. Es war nichts dagegen zu sagen, dass sie auch ein eigenes Leben haben wollte. Es war an der Zeit, Tobi gehen zu lassen, um ihrer beider willen.

Mein Freund Bret Witter, der mir bei diesen Büchern hilft, kann eines überhaupt nicht leiden: Er hasst es, wenn andere ihn fragen: »Und, was war jetzt so besonders an Dewey?«

»Vicki hat zweihundertachtundachtzig Seiten gebraucht, um das zu erklären«, sagt er. »Wenn ich es in einem Satz zusammenfassen könnte, hätte sie stattdessen eine Postkarte geschrieben.«

Er fand das witzig. Dann wurde ihm klar, dass die Frage ihn immer an etwas denken ließ, was in seinem eigenen Leben passiert war, etwas, was nichts mit Katzen oder Bibliotheken oder auch nur Iowa zu tun hatte, trotzdem aber eine kurze Antwort liefern konnte. Also machte er erst seinen Witz mit der Postkarte und erzählte dann, wie er in seiner Heimatstadt Huntsville, Alabama, mit einem geistig und körperlich schwerbehinderten Kind aufgewachsen war. Der Junge war in dieselbe Schule und in dieselbe Kirche gegangen wie er, und als sich in der siebten Klasse der Zwischenfall ereignete, hatte Bret ihn sieben Jahre lang sechs Tage pro Woche und neun Monate pro Jahr gesehen. In dieser ganzen Zeit hatte der Junge, der aufgrund seiner Behinderung nicht sprechen konnte, niemals Glück oder Unzufriedenheit zum Ausdruck gebracht und überhaupt nie die Aufmerksamkeit auf sich gelenkt.

Eines Tages fing er dann in der Sonntagsschule ganz plötzlich zu schreien an. Er stieß einen Stuhl um, packte einen Behälter mit Bleistiften und warf die Stifte durch den Raum. Die anderen Kinder saßen starr vor Schreck am Tisch. Die Sonntagsschullehrerin zögerte zunächst und herrschte ihn an, er solle mit dem Unsinn aufhören und nicht länger den Unterricht stören. Der Junge schrie weiter. Die Lehrerin wollte ihn schon aus dem Zimmer schicken, als plötzlich ein Junge namens Tim aufstand, um den Tisch herumging, den Arm um den Jungen legte »wie um einen Menschen«, wie Bret es immer formuliert, und sagte: »Ist ja gut, Kyle. Alles okay.«

Und Kyle beruhigte sich. Er legte die übrigen Bleistifte hin und fing an zu weinen. Und Bret dachte: *Ich wollte, ich hätte das getan. Ich wollte, ich hätte begriffen, was Kyle brauchte.*

Das ist Dewey. Er begriff anscheinend immer, und er wusste immer, was zu tun war. Ich will Dewey damit nicht auf eine Stufe mit dem Jungen stellen, der Kyle in den Arm nahm – schließlich war Dewey ein Kater –, aber er besaß ein seltenes Einfühlungsvermögen. Er spürte, was in der Luft lag, und reagierte darauf. Dadurch werden Menschen – und Tiere – zu etwas Besonderem. Sehen. Kümmern. Lieben. Handeln.

Das ist nicht einfach. Die meiste Zeit sind wir so beschäftigt und abgelenkt, dass wir es nicht einmal merken, wenn wir eine Gelegenheit verpasst haben. Heute wird mir bewusst, dass das erste Ritual, das Yvonne mit Dewey entwickelte, vor dem Spiel am Wasserhahn in der Damentoilette, das mit der Katzenminze war. Jeden Tag pflückte sie in ihrem Garten frische Katzenminze und legte sie in der Bibliothek auf den Teppich. Dewey kam sofort angerannt und schnupperte daran. Nach ein paar tiefen Atemzügen wühlte er mit dem Kopf darin herum und kaute wie wild, schmatzend und mit der Zunge in die Luft leckend. Er wälzte sich in der Minze, sodass die grünen Blättchen in seinem Fell hängen blieben. Er rollte sich auf den Bauch, drückte das Kinn auf den Teppich und schlitterte über den Boden wie der Grinch beim Stehlen von Weihnachtsgeschenken. Yvonne kniete dabei immer neben ihm, lachte und sagte leise zu ihm: »Du liebst die Katzenminze wirklich, Dewey. Du liebst sie wirklich, stimmt's?« Und Dewey kickte wild mit den Beinen, bis er schließlich erschöpft zusammensank, den Bauch gen Himmel reckte und alle viere von sich streckte.

Eines Tages dann, als Dewey wieder voll im Katzenminze-Rausch war (die Bibliotheksangestellten nannten es den Dewey-Mambo), blickte Yvonne auf und sah, dass ich sie unverwandt anschaute. Ich sagte nichts, aber ein paar Tage später nahm ich sie einmal beiseite und sagte: »Yvonne, bitte bringen Sie Dewey nicht so viel Katzenminze mit. Ich weiß, dass er das mag, aber es ist nicht gut für ihn.«

Sie erwiderte nichts. Sie schaute nur zu Boden und wandte sich ab. Ich hatte nur gemeint, dass sie das nicht mehr soooft tun sollte, vielleicht nur noch ein Mal pro Woche, aber sie brachte von da an nie wieder Katzenminze mit in die Bibliothek.

Damals war ich der Meinung, richtig zu handeln, weil die Katzenminze Dewey verrückt machte. Er drehte für zwanzig Minuten durch, dann ging Yvonne wieder, und Dewey war stundenlang völlig lethargisch. Das war unfair. Yvonne hatte ihren Spaß mit Dewey, aber seine anderen Freunde hatten das Nachsehen.

In der Rückschau finde ich, dass ich mich in Sachen Katzenminze feinfühliger hätte verhalten müssen. Ich hätte begreifen müssen, dass das nicht nur eine Gewohnheit für Yvonne war, sondern ein wichtiger Teil ihres Tages. Anstatt mich zu fragen, warum sie sich so verhielt, richtete ich mich nur nach dem äußeren Anschein und wies sie an, damit aufzuhören. Anstatt sie in den Arm zu nehmen, stieß ich sie weg.

Dewey dagegen tat das nie. Bei tausend Gelegenheiten und auf tausend verschiedene Arten war er zur Stelle, wenn ihn jemand brauchte. Er tat das auch bei Dutzenden von Menschen, die sich, da bin ich ganz sicher, mir nie anvertraut hätten. Er tat es für Bill Mullenburg, und er tat es für Yvonne, genau wie Tim es in Brets Sonntagsschule für Kyle getan hatte. Wenn niemand sonst begriff, was los war, machte Dewey die entscheidende Geste. Er wusste natürlich nicht, was jeweils dahintersteckte, aber er spürte, dass etwas nicht in Ordnung war. Und er handelte aus seinem tierischen Instinkt heraus. Auf seine eigene Weise legte Dewey den Arm um Yvonne und sagte: *Es ist alles in Ordnung. Du bist eine von uns. Alles wird gut.*

Ich behaupte nicht, dass Dewey Yvonnes Leben verändert hat. Ich glaube, er hat ihren Kummer gelindert, aber er hat ihn natürlich auch nicht aus der Welt geschafft. Einen Monat nach Tobis Tod rastete Yvonne am Fließband aus und wurde fristlos entlassen. Sie hatte sich schon lange über ihre Vorgesetzten geärgert, aber ich bin mir ziemlich sicher, dass Tobis Tod der Tropfen war, der das Fass zum Überlaufen brachte.

Doch damit nicht genug. Ein paar Jahre später starb ihre Mutter an Darmkrebs. Abermals zwei Jahre später wurde bei Yvonne Gebärmutterkrebs festgestellt. Sechs Monate lang fuhr sie jeweils sechs Stunden nach Iowa City zur Behandlung. Als sie den Krebs besiegt hatte, versagten die Beine ihr den Dienst. Sie hatte jahrelang fünf Tage in der Woche acht Stunden in derselben Stellung am Fließband gestanden und sich dadurch die Knie ruiniert.

Aber sie hatte noch ihren Glauben. Und ihre tägliche Routine. Und sie hatte noch Dewey. Er lebte nach Tobis Tod noch fünfzehn Jahre, und in all diesen Jahren kam Yvonne Barry mehrmals die Woche in die Bibliothek, um ihn zu besuchen. Hätte man mich damals gefragt, hätte ich nicht gesagt, dass die beiden eine ganz besondere Beziehung hatten. Es kamen jede

Woche viele Leute in die Bibliothek, und fast alle befassten sich irgendwie mit Dewey. Wie hätte ich unterscheiden sollen zwischen denen, die Dewey süß fanden, und denen, die seine Freundschaft und Liebe brauchten und schätzten?

Nach dem Gedenkgottesdienst für Dewey erzählte mir Yvonne von dem Tag, als Dewey auf ihrem Schoß saß und sie tröstete. Das bedeutete ihr noch immer etwas, nach über zehn Jahren. Und ich war gerührt. Bis dahin hatte ich nicht gewusst, dass Yvonne einmal eine Katze gehabt hatte. Ich wusste nicht, wie wichtig Tobi für sie war, aber ich wusste, dass Dewey sie – genau wie mich – dadurch getröstet hatte, dass es ihn in ihrem Leben gab. Kurze Augenblicke können alles bedeuten. Sie können ein Leben verändern. Das habe ich von Dewey gelernt. Yvonnes Geschichte (als ich mir endlich die Zeit nahm, sie anzuhören) bestätigte das. Dieser Augenblick, als er auf ihrem Schoß saß, symbolisierte Deweys Verständnis und seine Freundschaft, seinen Einfluss auf die Einwohner von Spencer auf eine Weise, die ich mir nie bewusst gemacht hatte.

Ich weiß nicht, ab wann Yonne nach Deweys Tod nicht mehr in die Bibliothek kam. Ich hatte gemerkt, dass ihre Besuche seltener wurden, aber sie verschwand genauso, wie sie aufgetaucht war – geräuschlos. Als ich sie zwei Jahre nach Deweys Tod einmal besuchte, lebte sie in einem Rehabilitationszentrum und hatte eine Schiene am rechten Bein. Sie war erst Mitte fünfzig, aber die Ärzte wussten nicht, ob sie jemals wieder würde laufen können. Selbst wenn sie sich erholte, hätte sie kein Zuhause mehr gehabt. Ihr Vater lebte in dem Pflegeheim nebenan, und das Haus der Familie war verkauft worden. Yvonne sagte zu den neuen Besitzern: »Graben sie diese Ecke des Gartens nicht um, denn da liegt meine Tobi begraben.«

»Tobi ist immer noch da unten«, sagte sie zu mir. »Ihr Körper jedenfalls.«

Auf ihrem Nachttisch lag eine Bibel, und an der Wand hing ein Zitat aus der Heiligen Schrift. Ihr Vater saß im Rollstuhl in ihrem Zimmer, ein gebrechlicher alter Mann, der inzwischen blind und taub war. Sie stellte uns einander vor, aber darüber hinaus schien sie kaum wahrzunehmen, dass er anwesend war. Sie zeigte mir ein Figürchen von einer Siamkatze, das sie auf einem Tablett neben ihrem Bett stehen hatte. Ihre Tante Marge hatte es ihr geschenkt, zum Andenken an Tobi. Nein, sie hatte keine Fotos von Tobi, die sie mir hätte zeigen können. Ihre Schwester hatte all ihre Habseligkeiten eingelagert, und Yvonne besaß keinen Schlüssel. Falls ich ein Foto brauchte, sagte sie, gebe es ja noch das von ihr

und Dewey, das auf dem Bibliotheksfest vor zwanzig Jahren entstanden war. Irgendjemand müsse einen Abzug davon haben.

Als ich sie nach Dewey fragte, lächelte sie. Sie erzählte mir von der Damentoilette und seiner Geburtstagsfeier, und schließlich auch von dem Nachmittag, den er auf ihrem Schoß verbracht hatte. Dann senkte sie den Blick und schüttelte traurig den Kopf.

Ich bin mehrmals zur Bibliothek gegangen, um sein Grab zu sehen«, sagte sie. »Ich war auch drinnen. Ich hab mich umgeschaut. Es ist einfach nicht mehr so wie früher. Ohne Dewey. Sicher, ich hab die Plastik von ihm gesehen und dachte: *Die ist hübsch, sieht genauso aus wie Dewey*, aber man hatte nicht das Gefühl, dass Dewey wirklich da war.

Jetzt gehe ich nicht mehr hin. Es war dieser Kater, wissen Sie. Dewey, er war immer da gewesen. Sogar wenn er sich irgendwo versteckte, sagte ich mir: *Na schön, dann eben das nächste Mal.* Aber eines Tages bin ich hingegangen, und es war kein Dewey mehr da. Ich schaute auf die Stelle, wo er immer gesessen hatte – sie war leer. Und ich dachte mir, *Tja, hier hab ich nichts mehr verloren.* Es war eben nur noch ein Haus mit Büchern drin.«

Ich hätte ihr gern noch mehr Fragen gestellt, um mir über einiges klar zu werden, um etwas Tiefgründiges über Katzen und Bibliotheken und über die Gegenströmungen von Einsamkeit und Liebe unter der Oberfläche, selbst in den friedlichsten Kleinstädten und den friedlichsten Lebensläufen, zu entdecken. Ich wollte Yvonne kennenlernen, weil es letzten Endes so war, als sei sie in ihrer eigenen Geschichte kaum vorgekommen.

Aber sie lächelte nur. Dachte sie daran, wie Dewey auf ihrem Schoß schlief? Oder dachte sie an etwas anderes, etwas Tieferes, das sie nie jemand anderem anvertrauen, das nur sie selbst je verstehen würde?

»Er war mein Dewey Boy.« Mehr sagte sie nicht. »Big Dew.«

2

Mr Sir Bob Kittens
(alias Ninja, alias Mr Pumpkin Pants)

»Ich wollte Ihnen einfach nur danken, dass Sie in so beredte Worte gefasst haben, was viele von uns, die eine Katze oder ein anderes Tier lieben oder geliebt haben, jeden Tag fühlen. Die Tiere sind unsere Familie, und wir lieben sie genauso tief und vermissen sie genauso verzweifelt, wenn sie uns verlassen haben.«

Ich habe in meinem Leben viele Katzen gekannt, deshalb weiß ich, dass jede Katze anders ist. Manche Katzen sind etwas Besonderes, weil sie so lieb sind. Bei anderen liegt es daran, dass sie überlebt haben. Wieder andere waren genau das, was irgendjemand genau zu dem Zeitpunkt brauchte: eine verwandte Seele, einen Gefährten, eine Ablenkung, einen Freund. Und manche Katzen sind schlicht und einfach verrückt.

Dabei denke ich vor allem an Mr Sir Bob Kittens, früher Ninja, der in einem normalen Vororthaus in Michigan bei seiner Familie lebt: James und Barbara Lajiness mit ihrer Teenager-Tochter Amanda. Mr Kittens ist kein verschmuster Kater. Er ist ein launischer Kater, ein Kater mit Grundsätzen, der immer macht, was er will, und das meist auf eine Art, die einem nicht ganz einleuchtet. Vielleicht war das der Grund, warum er als Letzter seines Wurfs in der Humane Society in Huron Valley, Ann Arbor, Michigan, eine Familie fand, die ihn aufnehmen wollte. Vielleicht lag es aber auch an dem Zettel an seinem Käfig: NINJA, stand darauf. Und: VERTRÄGT SICH NICHT MIT ANDEREN KATZEN ODER HUNDEN. Offenbar raufte er lieber mit ihnen.

Als Barbara Lajiness Ninja sah, war es nicht Liebe auf den ersten Blick. Ja, sicher, er war prachtvoll, mit großen Bernsteinaugen, leuchtend orangerotem Fell und den längsten Schnurrhaaren, die sie je bei einem Katzenjungen gesehen hatte. Sicher, er wirkte intelligent und brav. Aber er war nicht aktiv. Er kletterte nicht hoch und versuchte nicht, auf sich aufmerksam zu machen, wie die anderen Katzen in dem

Tierheim. Mit einem Wort: Er tat überhaupt nichts. Er lag nur allein in seinem großen leeren Käfig und würdigte die vorbeigehenden fremden Menschen kaum eines Blickes.

»Er kommt sehr gut mit Menschen aus«, sagte die freiwillige Helferin, als sie sah, dass Barbara Ninja betrachtete. »Nur mit anderen Tieren hat er so seine Probleme.«

Barbaras Mann und ihre Tochter wollten ihn haben. Sie hatten etwas Besonderes in seinen Augen und seiner scheinbaren Seelenruhe entdeckt. Als Barbara ihn auf den Arm nahm, spürte sie es auch. Eine potentielle Energie vielleicht, die nur mühsam gezügelt wurde. Deshalb setzte sie ihn wieder auf den Boden und sagte zu ihrer Tochter: Nein, tut mir leid, der kommt nicht infrage. Die Familie hatte erst einen Monat zuvor ihre geliebte Katze verloren. Barbara sagte es ihrer Tochter nicht, aber sie hatte große Angst davor, sich erneut emotional an ein Lebewesen zu binden, das dann früher oder später sterben würde.

Aber Ninja war so ein eleganter, schöner Kater. Und ihre Tochter und ihr Mann ließen nicht locker. Und mit jedem Mal, das sie in das Tierheim fuhr – was sie nicht hätte tun sollen, aber sie konnte einfach nicht anders –, wurde ihr klarer, dass der arme Ninja nie eine Familie finden würde. Jedenfalls nicht, solange er in seiner Einzelzelle untergebracht war wie der schlimmste Verbrecher, und nicht mit der Warnung am Gitter. »Er war kein Schmusekater, der schnurrt wie ein Güterzug«, erinnerte sich Barbara, »aber er hatte ein Recht auf ein Zuhause. Jedes Tier verdient ein Zuhause. Es war traurig, dass niemand in seinem Leben Platz für ihn hatte.« Barbara fand es wichtig, Tiere zu retten, und Ninja war ein Kater, der offensichtlich gerettet werden musste. Er brauchte ein gutes, liebevolles, haustierfreies Zuhause, und genau das konnte sie ihm bieten. Sie konnte sich nicht abwenden. Ihr Leben lang hatte sich Barbara Lajiness, vor allem dank ihrer Mutter, niemals von einem Lebewesen in Not abgewandt.

»Warum nennen Sie ihn Ninja?«, wollte Barbara von der Helferin wissen, als sie die Formalitäten erledigte und bezahlte.

»Keine Sorge«, erwiderte die Helferin lächelnd, »das merken Sie schon noch.«

Barbaras Eltern ließen sich 1976 scheiden. Sie war erst acht Jahre alt, hatte aber schon gemerkt, dass es so weit kommen würde. Ihre Eltern waren seit Jahren nicht mehr gut miteinander ausgekommen, und das Leben zu Hause war unangenehm und spannungsvoll gewesen, weil zwei Menschen, die längst ihre eigenen Wege gingen, versuchten, so etwas wie Normalität herzustellen. Ihre Mutter war auf die Familie konzentriert. Ihr Vater wollte seinen Spaß haben: einen trinken gehen, lange ausbleiben, ohne sich um die Kinder kümmern zu müssen, Reisen machen. Wenn er nach Hause kam, war er schlecht gelaunt und unzufrieden mit seinem Leben. Barbara hatte zwei halbwüchsige Brüder, denen die häufige Abwesenheit und die schlechte Laune des Vaters auch auf die Nerven gingen. Eine Zeit lang schrien sich alle nur noch an. Dann sprachen sie nicht mehr miteinander. Barbaras seelische Stütze in diesen jungen Jahren war die Katze der Familie, Samantha. *Das ist gut*, dachte das kleine Mädchen, als ihre Brüder ihr sagten, dass der Vater endgültig ausgezogen war. *Jetzt kann vielleicht Ruhe im Haus einkehren.* Was für ein trauriger Gedanke für ein achtjähriges Kind.

Aber sie musste schon bald feststellen, dass das Leben ohne ihren Vater viel schlimmer war, als sie gedacht hatte, zumindest in finanzieller Hinsicht. Fast augenblicklich rutschte die Familie, die bis dahin ein komfortables Mittelschichtleben geführt hatte, in die Armut ab. Ihr Vater arbeitete seit vielen Jahren bei der Telefongesellschaft Michigan Bell. Vor ihrer Ehe hatte auch die Mutter bei Michigan Bell gearbeitet, als

Telefonistin. Sie hatte ihren Beruf an den Nagel gehängt, um ihre Kinder großzuziehen. Achtzehn Jahre später stellte sie fest, dass selbst in guten Zeiten Jobs für Frauen mittleren Alters ohne solide Ausbildung dünn gesät waren. Und 1976 gab es in den Orten rings um Flint, Michigan, überhaupt keine. Es gab kaum genug Jobs für die Männer, die früher bei General Motors beschäftigt gewesen waren, inzwischen aber entlassen wurden, weil der Konzern die Produktion teilweise ins Ausland verlagerte. Um sich und ihre Kinder durchzubringen, musste Evelyn Lambert in einem Pflegeheim arbeiten, wo sie für die Bewohner das Frühstück zubereitete. Ihre Schicht begann um drei Uhr früh. Die Bezahlung war schlecht.

Das galt damals nicht als angemessene Arbeit für eine Mutter. In der Kleinstadt Fenton, Michigan, galt 1976 überhaupt keine Arbeit als angemessen für eine Mutter. In Fenton ließen sich Frauen nicht scheiden, sie arbeiteten nicht außer Haus und ließen ihre Kinder niemals längere Zeit allein. Niemand wollte überhaupt richtig zur Kenntnis nehmen, was Evelyn Lambert passiert war. Das war irgendwie zu real gewesen, und wer weiß, womöglich war es ansteckend. Manche ihrer Nachbarinnen bemitleideten sie unverhohlen, was Barbaras Mutter nicht ausstehen konnte. Andere gingen ihr aus dem Weg. Barbara wurde in der Grundschule gehänselt, wo anscheinend jeder genau über ihre Mutter Bescheid wusste. Ihre Freundinnen durften nicht mehr zum Spielen zu ihr nach Hause kommen, weil niemand da war, der auf die Kinder aufgepasst hätte. Barbara musste feststellen, dass sie binnen weniger Monate ihren sozialen Status eingebüßt hatte. Was nicht zuletzt auch daran lag, dass ihr Vater nach Grand Blanc gezogen war, einem Nachbarort von Flint, und seine Zeit und sein Geld mit einer Frau teilte, die sich mehr für den von ihm bevorzugten Lebensstil interessierte.

Schließlich nahm sich eine Nachbarin ihrer an. Sie hieß Ms

Merce und wohnte ein paar Häuser weiter auf der anderen Straßenseite. Ms Merce hatte zusammen mit ein paar anderen Frauen aus dem Ort einen Verein mit dem Namen Adopt-a-Pet gegründet. Die örtliche Humane Society war weniger ein Tierschutz- als ein Tierkörperbeseitigungverein. Die Tiere wurden dort nur ein bis zwei Tage versorgt und dann eingeschläfert. Hunderte von Tieren wurden dort getötet, und Ms Merce und ihre Freundinnen waren der Meinung, dass eine zivilisierte Organisation nicht so handeln dürfe. Adopt-a-Pet nahm Tiere auf und versorgte sie so lange, bis sie ein neues Zuhause fanden. Heutzutage sind Tierheime, in denen die Tiere nicht eingeschläfert werden, auf der ganzen Welt verbreitet. Doch vor dreißig Jahren konnte man sich so etwas in Flint, Michigan, noch nicht vorstellen. Katzen und Hunde waren bloß Tiere, und Tiere hatten keinen Wert. Haustiere waren Spielsachen. Wenn sie starben oder wegliefen, wurden sie durch neue ersetzt. Adopt-a-Pet widersetzte sich der Haltung einer ganzen Kommune.

Als Ms Merce Evelyn fragte, ob sie Tier-Pflegemutter werden wolle, stimmte Barbaras Mutter begeistert zu. Warum? Barbara zögerte lange, bevor sie die schlichte Antwort gab: »Ich glaube, Mom war einfach dafür geschaffen, Tieren zu helfen.« Das ist wahrscheinlich zum Teil richtig. Evelyn Lambert hatte schon immer eine (für die damalige Zeit) geradezu befremdliche Sorge um das Wohl aller Lebewesen an den Tag gelegt. Sie hielt nichts von Herbiziden, deshalb war ihr Rasen voller Unkraut. Sie hielt nichts von Verschwendung, also verwendete sie alte Konservendosen als Blumentöpfe. Sie nahm lieber pflanzliche Medikamente, statt zum Arzt zu gehen, und verachtete Insektenvertilgungsmittel. Sie glaubte an die Heiligkeit des Lebens. Ihr war jedes Leben heilig, auch das der Insekten. Mitgefühl war ihr einfach angeboren.

Aber sie war offenkundig auch einsam und litt unter ihrer

Arbeit, die sie nicht ausfüllte, sowie unter der Zurückweisung durch ihren Mann und die Einwohner ihres Ortes. Außerdem wollte sie sich einer Aufgabe widmen, die ihr Mann oder ihre engstirnigen Nachbarn nie verstanden hätten. Was als Gefälligkeit für Adopt-a-Pet anfing, entwickelte sich gleichsam über Nacht zu einem echten Anliegen. Nicht lange, und zehn nach Alter, Farbe und Vorgeschichte ganz unterschiedliche Katzen lebten zusammen in einem einzigen kleinen Vororthaus.

Es war keine leichte Zeit. Das Geld war knapp. Barbaras Mutter streckte die Milch mit Wasser, damit sie noch ein paar Tage länger reichte, und stellte jeden Sonntag einen Plan auf, in dem genau stand, was die Kinder essen durften, während sie in der Arbeit war. Die größte Leckerei war eine Dose Limonade, die Barbara sich mit ihrem Bruder Scott teilen musste, und der größte Streit ging immer darum, wer von beiden mehr getrunken hatte, als ihm zustand. Manchmal kam freitagabends kaum noch etwas zu essen auf den Tisch, obwohl Barbaras Vater im Nachbarort mit einer anderen Frau lebte, in teuren Restaurants speiste und kostspielige Urlaubsreisen machte.

Barbara übernahm es, den Haushalt zu führen. Sie fühlte sich dazu verpflichtet, aus Angst ebenso wie aus Liebe. Einige Wochen nach der Scheidung ihrer Eltern hatten ihr die Nachbarn angeboten, sie zu einem Ausflug mit dem Wohnmobil mitzunehmen. Doch sie waren noch nicht einmal bis zur nächsten Querstraße gekommen, als Barbara laut zu schreien anfing, aus Angst, ihre Mutter würde nicht mehr da sein, wenn sie zurückkam. Diese Furcht, diese Angst vor dem Verlassenwerden setzte sie in Aktivität um. Sie fütterte und tränkte die Katzen, machte ihr Klo frisch und putzte ihren Dreck weg. Sie bereitete das Essen in der Mikrowelle zu und erledigte den Abwasch, wenn sie und Scott fertig waren. Jeden Abend vor dem Zubettgehen räumte sie die Wohnung auf, damit ihre

Mutter sich nicht ärgern musste, wenn sie mitten in der Nacht nach Hause kam. Wenn es schneite, zog sich die neunjährige Barbara ihre Jacke an und schaufelte die Einfahrt frei, damit ihre Mutter gleich in die Garage fahren konnte. Um ihre Welt zusammenzuhalten, arbeitete sie auf ihre Weise genauso viel wie ihre Mutter.

Geschenke gab es kaum, nicht einmal zu Weihnachten. Im ersten Jahr nach der Scheidung wartete die Familie mit dem Kauf des Christbaums bis zum Heiligen Abend, weil die Bäume dann am billigsten waren. Auf der Heimfahrt fingen Barbara und ihr fünfzehnjähriger Bruder Scott (der älteste Bruder, Mark, war achtzehn und nur noch selten zu Hause) auf dem Rücksitz einen Streit an. Als der Wagen in die verschneite Einfahrt einbog, sagte ihnen ihre Mutter, dass sie aufhören sollten.

»Schluss damit«, schrie sie.

Sie gehorchten nicht.

»Und zwar sofort! Ich sag's nicht noch mal! Hört auf!«

Erschrocken gaben die Kinder Ruhe und schauten wie ihre Mutter auf das dunkle Haus in der stillen Wohngegend. Einen Moment lang gab es nur Schnee und Wind. Dann hörten sie das leise Miauen.

Wie der Blitz war Evelyn Lambert aus dem Auto und suchte im Schnee herum. In Fenton nannte man sie schon längst »Crazy Cat Lady«, und Leute setzten unerwünschte Haustiere oft einfach im Vorgarten der Lamberts aus. Im Lauf der nächsten Jahre passierte es zig Mal, dass die Familie beim Heimkommen ein Tier in der Einfahrt fand, das mit traurigen Augen ihrem Wagen entgegensah. Wenn es ein Hund war, brachten sie ihn zu Adopt-a-Pet. War es eine Katze, behielten sie sie in der Regel, denn das war ihre Art. Die Lamberts hatten ein Herz für Tiere in Not.

Diesmal war es Scott, der schließlich die Katze fand. Die

Leute, die sie loswerden wollten, hatten offenbar eine falsche Adresse bekommen, denn das durchnässte, frierende Kätzchen steckte in einer Schneewehe auf der anderen Straßenseite. Barbara erinnert sich noch gut, wie ihr Bruder, ein schiefes Lächeln im Gesicht und ein Stirnband über den Ohren, in dem Garagenlicht, das vom Schnee reflektiert wurde, mit einem winzigen, frierenden, kohlschwarzen Kätzchen in der Jacke auf sie zukam.

Sie erinnert sich, dass sie das Kätzchen aus der Jacke ihres Bruders zog, es an ihre Wange drückte und sagte: »Er riecht wie Hamburger-Helper-Nudeln.«

Dann musste sie lächeln. Sie hatte sich schon damit abgefunden gehabt, kein Weihnachtsgeschenk zu bekommen, aber wie durch Zauberei, und nicht etwa durch Grausamkeit und Gleichgültigkeit, war nun plötzlich doch eines da.

Sie taufte das Katerchen Smoky. Das Haus der Lamberts war ja bereits voller Katzen, doch Smoky war anders. Als Barbara ihn an dem Abend herumtrug, hatte Smoky sich an sie geschmiegt und sich an ihrer Wange gerieben. Da wusste sie, dass er ihr gehörte. Für immer. Barbaras Mutter nannte ihn Black Spaghetti, weil er in ihrer Gegenwart schlaff wie eine Nudel war. Smoky liebte Barbara so sehr, dass sie mit ihm machen konnte, was sie wollte. Sie zog ihm Puppenkleider an, karrte ihn in einem Puppenwagen herum, trug ihn wie ein neugeborenes Baby auf den Armen. Wenn sie Anziehen spielte, trug sie ihn wie einen Schal über den Schultern. Er war in ihren Händen völlig entspannt. Die anderen Katzen schliefen im Erdgeschoss oder in der wärmeren Jahreszeit im unfertigen Keller. Smoky kuschelte sich jeden Abend an Barbara.

Sie liebte auch die anderen Katzen. Sie hatten ihr an den einsamen Nachmittagen, an denen ihre Freundinnen ausblieben und ihre Mutter bei der Arbeit war, Gesellschaft geleistet. Aber Smoky war ihr Freund und Vertrauter. Sie wollte ihre

Mutter nicht belasten, die genug eigene Sorgen hatte, und vertraute ihre Probleme deshalb Smoky an. Viele Male saßen die beiden bei geschlossener Tür in ihrem Zimmer. »Ich bin heute sehr traurig«, gestand sie ihm. Oder: »Ich hab Angst und bin einsam. Ich weiß nicht, was noch werden soll.« Wenn ihre Mutter sie anschrie, weil sie beim Abwasch Wasser auf den Boden spritzte, verstand Smoky, dass sie nichts dafür konnte, weil sie ja noch ein Kind war und ihr Bestes zu geben versuchte. Wenn sie wieder einmal von einem der nieder-schmetternden Besuche bei ihrem Vater zurückkam, den sie immer mehr hasste, schmiegte sich Smoky an sie und schnurr-te. Sie durfte seinen Kopf streicheln und mit seinen Pfoten spielen. Nichts war tröstlicher, als auf Smokys Fußballen zu drücken und zuzusehen, wie seine Krallen hervorkamen und sich wieder zurückzogen. Er schaute sie nur an, blinzelte auf die für Katzen so typische schläfrige Art und schnurrte tief und laut. Er beklagte sich nie.

Er war zur Stelle, als Barbara zehn Jahre alt war und ihr Vater ihr die Neuigkeit mitteilte. Er hatte inzwischen eine neue Freundin und lebte mit ihr in einem noblen Vorort von Detroit auf großem Fuß: Urlaubsreisen, teure Kleider, Wein-proben. An einem Wochenende ging er mit Barbara und Scott ins Kino, was ihre Mutter sich nicht leisten konnte. Während sie ihre Plätze einnahmen, wandte er sich Barbara zu und sagte: »Ich habe geheiratet.«

»Glaub ich nicht«, erwiderte sie.

»Doch, Barbara. Vorigen Monat.«

Barbara saß in dem dunklen Kino und weinte. Sie wusste nicht, was sie erwartet hatte oder warum sie so erschüttert war. Ihr Vater hatte eine andere Frau geheiratet. Einfach so. Es war bereits passiert. Sie wusste nicht einmal, was sie daran so schrecklich fand. Sie wusste schon seit Langem, dass er nie wieder zurückkommen würde.

Mit Smoky sprach sie nicht darüber. An dem Abend hielt sie ihn einfach nur auf dem Schoß und weinte. Er schmiegte sich an sie und schnurrte.

Auch für ihre Mutter war es ein schwerer Schlag. Es war nicht leicht für sie, zuzusehen, wie ihr Mann ein feudales Leben mit einer anderen führte und manchmal (sehr selten, laut Barbara) den Kindern etwas schenkte, was sie sich nicht leisten konnte, und sich an den Gedanken zu gewöhnen, dass er bei einer anderen sein Glück gefunden hatte. In den 1970er Jahren herrschte in den ganzen Vereinigten Staaten eine Wirtschaftsflaute; in Flint, Michigan, war die Lage katastrophal. Arbeitsplätze wurden massenhaft abgebaut, leer stehende Häuser brannten, und die Arbeitslosenquote stieg auf über zwanzig Prozent. Ganze Wohnviertel verfielen, weil General Motors die Fertigungsanlagen dichtmachte, und die Arbeiter streikten oft. Eines Tages, als die Familie ausnahmsweise einmal in die Courtland Mall gefahren war, klaute jemand den Reservereifen von ihrem Auto. So verzweifelt war die Lage in Flint. Vor diesem trostlosen Hintergrund studierte Barbaras Mutter am örtlichen College, um ein Diplom in Ernährungswissenschaft zu erwerben, obwohl sie Vollzeit arbeiten und drei Kinder großziehen musste. Sie wollte nicht mehr nur als Köchin arbeiten, sondern eine Großküche leiten, aber ihre Träume wurden durch häufige Entlassungen, durch zunehmende Konkurrenz sogar um die miesesten Jobs und auch dadurch durchkreuzt, dass ein Pflegeheim nach dem anderen geschlossen wurde.

Barbaras Mutter hatte nicht viel für die Automobilarbeiter übrig. Sie war wütend auf die Geschäftsleitung von General Motors, die immer mehr Jobs nach Mexiko auslagerte, aber auch die Arbeiter in den Fabriken hatten nicht ihre Sympathie. In Pflegeheimküchen bekam sie für Knochenarbeit in der Früh- und Wochenendschicht 3,35 Dollar pro Stunde.

Die GM-Arbeiter verdienten fünfmal so viel und bekamen obendrein freiwillige Sozialleistungen. Gerüchtweise war zu hören, dass Arbeiter morgens in den Betrieb kamen, um sich an der Stechuhr anzumelden, dann aber den ganzen Tag auf die Hirschjagd gingen und am Abend wieder zur Stelle waren, um bei Arbeitsschluss zu stempeln und sich so den vollen Tageslohn sicherten. In den Bus- und LKW-Fabriken, so erzählte man sich, fanden die Inspektoren mitunter Wodka-flaschen in halb fertig montierten Fahrzeugen. Jedes Mal, wenn die Automobilarbeiter streikten, war der halbe Ort auf ihrer Seite. Die andere Hälfte – ein paar herzlose Manager, aber vor allem die Arbeitslosen oder Niedriglöhner – war jedoch der gleichen Meinung wie Evelyn Lambert, die immer wieder fragte: »Worüber beklagen die sich eigentlich?«

»Ich würde so einen Job mit Handkuss annehmen«, sagte sie voller Erbitterung. »Für das Geld! Oder sogar für die Hälfte!«

Man bekam bei GM aber nur einen Job, wenn man dort einen Bekannten hatte, und dieses Glück hatte Evelyn Lambert nicht. Also arbeitete sie weiter viele Stunden täglich für 3,35 Dollar in den Industrieküchen von Flint. Die Arbeitszeiten waren lang, und Evelyn hatte meist mehrere Jobs, und so kam es, dass Barbara ihre Mutter oft wochenlang nicht zu Gesicht bekam. Evelyn war in der Arbeit, wenn Barbara aus der Schule kam, und sie kam erst von ihrer letzten Schicht nach Hause, wenn am nächsten Tag die Schule bereits angefangen hatte. An ihren freien Tagen machte sie lange Spaziergänge. Damals dachte Barbara, ihre Mutter versuche, sich wenigstens für ganz kurze Zeit ihrer Verantwortung zu entziehen. Rückblickend wurde ihr bewusst, dass ihre Mutter von ihren Spaziergängen immer einen Armvoll Holz mitbrachte und einen Sack mit leeren Getränkedosen hinter sich her schleifte. Das Holz war Brennmaterial für den Winter, und für die leeren Dosen bekam man zehn Cent Pfand pro Stück. So gelang es Barbaras Mutter mit Einfallsreichtum und äußerster Sparsamkeit, den Haushalt so zu führen, dass immer alle satt wurden – sie selbst allerdings ausgenommen.

Zu denen, die satt wurden, gehörten auch die Katzen, im Allgemeinen etwa zwölf an der Zahl. Es ist teuer, so viele Katzen zu halten, aber Barbaras Mutter sparte nie an ihrem Futter und gab auch nur dann eine Katze weg, wenn sie absolut sicher sein konnte, dass sie in gute Hände kam. Es wäre naiv, zu meinen, Evelyn Lambert hätte die Katzen nicht dafür gebraucht, ihrem Leben Sinn und Richtung zu geben. Das durchschaute sogar die zwölfjährige Barbara schon. Aber sie verstand auch, dass ihrer Mutter viel an Katzen lag. Sie verstand und liebte jede Einzelne von ihnen, und diese Liebe war ein Trost für sie. Barbara erinnerte sich besonders gern daran, wie ihre Mutter in einem ihrer seltenen ruhigen Momente in ihrem Lieblingssessel saß, mit dem großen, liebenswerten Harry auf ihrem Schoß. Harry redete ständig, und er hatte ein lautes, rollendes Schnurren, das anscheinend nie aufhörte. Alle nannten ihn Mr Happy, weil dieses Schnurren ständig aus ihm hervorbrach.

Harry war der Liebling von Barbaras Mutter, ein großer, knuddeliger Kater, der auf den Schoß wollte, sooft es ging. Angesichts all dieser Tugenden dachten alle, er würde in kürzester Zeit einen Interessenten finden. Und so kam es auch. Doch nach zwei Wochen brachten ihn die neuen Besitzer zurück. In einem solchen Fall hatten die Leute immer eine Ausrede parat: Er hat mein Sofa zerkratzt, sein Katzenklo stinkt oder auch nur, er ist einfach nicht so, wie ich ihn mir vorgestellt habe. Was war die Ausrede bei Harry? Barbara weiß nur noch, dass der große Harry zurückgebracht wurde.

Zu der Zeit, ein oder zwei Jahre, nachdem sie die erste Katze aufgenommen hatte, ließ Evelyn die Katzen im Haus und draußen frei herumlaufen. Dann fraß eine von ihnen, Rosie, Rattengift, das die Nachbarn gestreut hatten. Barbaras Mutter brachte sie sofort in die Tierklinik, aber es war zu spät. Sie musste Rosie einschläfern lassen. Ein paar Wochen später lief Harry auf die Hauptstraße und wurde von einem Lieferwagen überfahren. Das war der Moment, in dem Evelyn Lambert es sich anders überlegte. Von da an ließ sie nie mehr eine ihrer Katzen aus dem Haus. Harrys Unfall hatte sie zu einer leidenschaftlichen Verfechterin des Grundsatzes gemacht, dass Katzen ins Haus gehören. Inzwischen vertreten sämtliche Rettungsorganisationen natürlich auch diesen Standpunkt, aber 1978 war Evelyn damit ihrer Zeit voraus.

Zum Glück überlebte Harry den Unfall. Eine Nachbarin sah ihn auf der Straße liegen und rief die Katzenlady an. Evelyn rannte mit einer Decke hinaus, bettete Harry darauf, so gut sie konnte, und fuhr mit ihm in die Tierklinik. Der arme Harry war erst verlassen und dann von einem Lieferwagen angefahren worden, aber das alles hatte nur zur Folge, dass er für den Rest seines Lebens wegen seiner gebrochenen Hüfte etwas schief ging. Wenn er auf Evelyns Schoß saß, sank oft ihr Kopf herab, weil sie vor Erschöpfung einschlief, und Harrys Bein stand immer seltsam seitlich ab. Aber trotz seiner Verletzung behielt er sein tiefes, lautes Schnurren bei.

Barbaras Bruder Scott hatte auch eine Lieblingskatze. Sie hieß Gracie und war ein mageres graues Kätzchen, kaum halb so groß wie Happy Harry. Sie war von ihrem Besitzer ausgesetzt worden, weil sie inkontinent war und es nicht immer bis zum Katzenklo schaffte. Sie hatte Katzenleukämie, doch damals konnte diese Diagnose noch nicht gestellt werden; der Tierarzt war der Meinung, dass sie unter Verdauungsproblemen litt. Ein inkontinentes Tier kann in einem Haus voller Katzen zum Problem werden, aber Scott und Barbara taten alles für ihre Mutter. Sie liebten natürlich die Katzen, aber in diese Liebe mischte sich auch Stolz und Bewunderung für ihre Mutter. Ihre leidenschaftliche Liebe zu den Tieren und die Opfer, die sie für sie brachte, waren wesentliche Bestandteile ihrer Kindheit. Alles, was sie erlebten, war durch die beiden Pole Leidenschaft und Opfer begrenzt; und alles, was sie für ihre Mutter taten, wurde durch diese Pole definiert. War auch ein wenig Mitleid dabei? Vielleicht. Barbara verteidigte stets ihre Mutter. Immer wenn jemand sie als verrückt bezeichnete, erwiderte sie: »Aber wer soll es denn sonst machen? Ich frage Sie, wer sonst würde diesen Katzen helfen?«

Auch noch als Teenager dachte Barbara kein einziges Mal, *Wenn die Katzen nicht wären, ginge es mir ein bisschen besser.* Sie half beim Ausschneiden von Coupons. Sie verzichtete beim Abendessen auf einen Nachtisch. Mit dreizehn Jahren fing sie als freiwillige Hilfskraft in einer Tierklinik an. Die Lamberts konnten es sich nicht leisten, mit ihren Katzen regelmäßig zum Tierarzt zu gehen, aber als Gegenleistung für ihre freiwillige Arbeit durfte Barbara in Notfällen eine ihrer Katzen kostenlos behandeln lassen.

Da Evelyn Lambert es nicht fertigbrachte, Gracie abzuweisen – sie konnte nie eine Katze in Not im Stich lassen –, übernahm Scott sie. Er breitete Zeitungspapier auf dem Fußboden des Vorraums aus und stellte ein Katzenklo, eine Futterschale, ein paar Spielsachen und einen Stuhl hinein. Er saß stundenlang mit Gracie im Vorraum, er machte dort sogar seine Hausaufgaben. Immer wenn Gracie ein Malheur passierte, brachte Scott das verschmutzte Zeitungspapier hinaus und breitete frisches aus. Er empfand das nicht als lästige Arbeit, als etwas, was ihm jemand aufgetragen hatte. Er liebte einfach die kleine Katze.

Aber Gracie war nun einmal krank, und ohne Medizin (oder auch nur die korrekte Diagnose) konnte sie nicht lange leben. Sie starb an einem bitterkalten Februarabend, und trotz der Kälte wollte Scott sie unbedingt begraben. Am nächsten Morgen ging er weinend im eisigen Wind hinaus, aber der Boden war so hart gefroren, dass er mit seiner Schaufel nichts ausrichtete. Er fluchte und heulte und hackte auf die Erde ein, bis seine Hände und sein Gesicht taub waren. Schließlich hob er die Schaufel noch einmal hoch über den Kopf, ließ sie in den kleinen Spalt krachen, den er gemacht hatte – und durchtrennte das Kabel der Fernsehantenne.

In dem Augenblick klingelte das Telefon. Es war Adopt-a-Pet. Jemand hatte eine kleine Katze in den Müllcontainer hinter der Pizzeria geworfen. Sie war in der Tierklinik, weil sie sich in der eisigen Nacht die Spitzen der Ohren und den halben Schwanz erfroren hatte. Trotz der Amputationen würde sie aber durchkommen. Die Operation wurde bezahlt, aber die Klinik hatte weder Geld noch Platz, um das Tier noch dazubehalten, wenn es aus der Narkose aufwachte. Barbaras Mutter zögerte nicht. »Wir nehmen sie mit«, sagte sie. »Wir sind schon unterwegs.«

Auch diese Katze fand keinen neuen Besitzer. Sie hieß Amber und lebte neunzehn Jahre bei Barbaras Mutter. Sie war untersetzt und wurstförmig, hatte verkürzte Ohren und einen Stummelschwanz, aber jeder, der Amber kannte, fand sie bezaubernd. Obwohl sie so grausam behandelt worden war, liebte sie die Menschen. Sie setzte sich jedem auf den Schoß und schnurrte. Sie war süß und zutraulich, aber auch sehr selbstbewusst; sie ließ niemandem irgendetwas durchgehen. Als einzige weibliche Katze, die länger als ein paar Wochen blieb, war Amber die Königin, und das wusste jeder. Wie sich Barbara erinnert, aß und trank sie immer als Erste der zwölf Katzen, die im Haus waren. Sie war der Boss, und sie hatte zu viel Respekt vor Barbaras Mutter, um zuzulassen, dass irgendeine der anderen Katzen sich schlecht benahm. Das Haus hatte einen großen, nicht ausgebauten Keller, in dem die Katzen ab und zu eingesperrt wurden, wenn oben Großputz veranstaltet wurde. Amber achtete darauf, dass alle Katzen die Anordnungen befolgten. Sie sorgte dafür, dass sie sich in dem überfüllten Keller beschäftigten. Dann schickte sie die Kater, einen nach dem anderen, hinauf, damit sie an der Tür miauten. Wenn Amber selbst an die Tür kam, war die Zeit für den Hausputz abgelaufen. Wenn die Königin sprach, folgte sogar Evelyn Lambert.

Es gab also Harry für Evelyn, Gracie für Scott, Amber für alle und natürlich Smoky für Barbara. Wenn Evelyn bei der Arbeit war, Getränkedosen sammelte oder einfach erschöpft war, dann war Smoky zur Stelle. Egal, was Barbara brauchte, egal, warum, er war immer für sie da.

Mit der Zeit wurden sie eine richtige Familie, die Lamberts und ihre Katzen: Eine resolute Mutter, zwei hart arbeitende Kinder, drei Katzen als Dauergäste – Smoky, Harry und Amber –, und eine wechselnde Belegschaft von Besuchern, die der Familie einen zusätzlichen Grund gaben, zusammenzurücken. Vielleicht war es keine Familie im herkömmlichen Sinn, aber man ging sehr liebevoll miteinander um. Natürlich gab es auch Durststrecken, vor allem, als die Kinder groß wurden. In ihrem letzten Schuljahr wurden Barbara die ständigen Klagen ihrer Mutter über ihre Arbeit und ihre Rechthaberei zu viel. (Ihre Mutter gestand später, sie habe Angst gehabt, irgendwelche eigenen Fehler zuzugeben, weil Barbara nicht wissen sollte, dass sie schwach war. Sie dachte, dann könnte alles auseinanderfallen.) Die Armut und die ständige Schufterei machten Barbara fertig. Sie verstand nicht, warum ihre Mutter keine bessere Arbeit fand, warum sie, die Lamberts, so anders sein mussten als alle anderen, warum sie ihre Kindheit als das Mädchen mit den vorstehenden Zähnen, den Jeans aus zweiter Hand und der verrückten Katzenlady als Mutter verbringen musste.

Als sie die Highschool abschloss und nach Flint zog, um dort aufs College zu gehen, redete sie einen Monat lang nicht mit ihrer Mutter. Allerdings kam sie bald dahinter, wie grausam die Welt ist und wie schwierig es ist, ein besserer Mensch zu werden, vor allem, wenn man ständig vom täglichen Überlebenskampf erschöpft ist. Oft sehnte sie sich nach dem Komfort ihres Zuhauses und nach ihrem alten Leben: Smokys Kopf auf ihrem Arm, Harrys beharrliches Schnurren, Ambers süßes Miauen. Das »normale« Leben, fern von Armut und Katzen, war ihr ein bisschen zu … normal. Sie sehnte sich nach den Katzen. Aber mehr noch sorgte sie sich um ihre Mutter. Sie fühlte sich ihr verpflichtet. Keinen einzigen Tag in ihrem Leben hatte sie das Gefühl gehabt, dass ihr Vater sie liebte. Ihre Mutter war es, die bei den Kindern blieb. Sie war diejenige, die sie liebte, jede Minute des Tages.

Sie sah zu, wie ihre Mutter Harry und dann Amber verlor. Sie sah zu, wie die Übernahme von Katzenjungen zur Pflege so beliebt wurde, dass Adopt-a-Cat Evelyn nicht mehr brauchte. Sie fuhr nach Hause, ging in ihr altes Zimmer und stellte fest, dass Smoky ganz grau um die Schnauze geworden war. Er liebte sie immer noch so leidenschaftlich wie früher, aber auch er war alt und müde geworden – so müde, wie Evelyn Lambert immer gewesen war. Während sie ihn auf den Armen hielt, kamen Barbara die Tränen bei der Erinnerung an ihr gemeinsames Leben. Sie dachte inzwischen nicht mehr, dass ihre Kindheit ein Fluch gewesen sei, und hatte sich längst mit ihrer exzentrischen Mutter, den abgetragenen Jeans, ihren vorstehenden Zähnen (die ohnehin fast nur in ihrer Einbildung existieren) und ihrer Außenseiterrolle abgefunden und sah all dies als wertvolle Unterweisung in Ausdauer und Liebe. Nie, auch nicht in ihren dunkelsten Momenten, hatte sie aufgehört, die Katzen zu lieben. Sie genoss jeden Augenblick mit Smoky bis zu dem Tag, an dem er starb und wie all die anderen Katzen, die nie einen Platz außerhalb des Heims der Lamberts gefunden hatten, unter den alten Apfelbäumen im Garten begraben wurde.

Aber wenn das Katzenhaus auch für Barbara Lajiness allmählich einen gewissen Charme bekommen haben mochte, hatte ihre Mutter es deswegen immer noch nicht leichter. An dem Tag, als Barbara ihren Highschool-Abschluss machte, verlor ihre Mutter wieder einmal ihre Arbeit. Elf Jahre später, als Barbara heiratete und nach Ann Arbor zog, arbeitete ihre Mutter noch immer als Köchin in einem Altersheim in Flint, Michigan. Ihr Auto ging kaputt, und sie konnte es sich nicht leisten, es reparieren zu lassen, deshalb lief sie täglich zu Fuß zur Arbeit. Jedes Wochenende fuhr Barbara nach Flint, um die Einkäufe für ihre Mutter zu erledigen. Es war ein ständiger Kampf. Seit der Scheidung musste sie Tag für Tag ums Überleben kämpfen.

Als Evelyn mit fünfundsechzig Jahren in Rente ging, holte Barbara ihre Mutter in eine kleine Wohnung, ein paar Straßen von dem Haus in Ann Arbor entfernt. Harry, Amber und Smoky waren alle drei gestorben und die einzige Katze, die aus dem Tierpflegeheim Lambert in Fenton, Michigan, übrig geblieben war, war Bonkers, eine alte Katze, die ein paar Jahre zuvor von einem Nachbarn verlassen worden war. Bonkers war eine flauschige schwarze Katze mit weißer Brust und von ruhiger Wesensart. Am liebsten lag sie herum, vorzugsweise in der Sonne oder auf irgendjemandes Schoß. Sie machte nichts kaputt, außer vielleicht die Wände, an denen sie immer hochsprang. Daher hatte sie ihren Namen Bonkers. Die liebe, harmlose Bonkers.

Unglücklicherweise waren in dem Mietshaus Haustiere verboten. Deshalb nahmen Barbara und ihr Mann James Bonkers in ihre Obhut, sodass Evelyn Lambert zum ersten Mal in ihrem Leben ganz allein war. Fast jeden Tag kam sie zu Barbara herüber, aber nicht, um sie zu sehen, das wusste Barbara. Evelyn Lambert wollte mit Bonkers zusammen sein. Sie setzte sich auf die Veranda oder in den großen Wohnzimmersessel, streichelte Bonkers und schaute dabei auf ihren Rücken, als schaute sie in die Vergangenheit. Zu ihrer Tochter sagte sie: »Ich bin krank, Süße. Du weißt, dass ich krank bin.« Aber Barbara hielt es für eine Depression. Evelyn vermisste das Haus, für das sie sich so viele Jahre abgerackert hatte. Sie vermisste ihren Garten, ihren Katzenfriedhof und die Erinnerungen an ihr ganzes Leben. Was sah sie anderes, wenn sie auf ihr Leben zurückschaute, als einen von Kummer und Enttäuschung geprägten Weg? Was konnte sie sich von der Zukunft erwarten? Evelyn Lambert war aus einem Haus voller Liebe in eine einsame Wohnung in einer neuen Stadt gezogen, wo sie nicht einmal ihre geliebte Katze behalten durfte.

»Mir geht's nicht gut«, sagte sie. »Du verstehst das nicht.«

Barbara dachte, dass ihre Mutter sich mit der Zeit schon eingewöhnen würde. Harry. Amber. Gracie. Smoky. Sie hatte immer eine Aufgabe gefunden, die ihr das Weiterleben ermöglicht hatte. Aber eines Vormittags rief sie an und sagte: »Ich ertrage es nicht mehr, Süße. Der Tod sitzt bei mir in der Wohnung.«

Barbara rannte hinüber. Ihre Mutter hatte starke Schmerzen. Sie hatte die ganze Nacht wachgelegen. »Warum hast du mich nicht angerufen?«, fragte Barbara immer wieder auf der Fahrt in die Notaufnahme. »Warum hast du mich in der Nacht nicht angerufen.«

»Ich wollte dich nicht wecken.«

Es war Brustkrebs, und es hatten sich bereits Metastasen im Rückenmark und in den Beinen gebildet. Nur eine palliative Behandlung war noch möglich, um die Schmerzen zu lindern, die, wie Barbara jetzt erkannte, ihre Mutter schon seit Jahren quälten. Die Ärzte gaben ihr Medikamente und schickten sie nach Hause, aber die Schmerzen waren zu qualvoll, der Krebs zu aggressiv, die Schädigung zu gravierend. Nach vier Wochen musste sie wieder in die Klinik.

»Wie geht's Bonkers?«, fragte sie Barbara, nach Luft ringend. Sie war schon so schwach, dass sie kaum noch verständlich sprechen konnte.

Barbara strich ihrer Mutter eine graue Haarsträhne aus der Stirn. »Bonkers geht's gut«, log sie, mit den Tränen kämpfend. Tatsächlich war Bonkers verschwunden. Barbara hatte am Abend zuvor alles abgesucht, sie aber nicht gefunden.

Barbaras Mutter nickte, lächelte matt und schloss die Augen. »Bonkers«, flüsterte sie. Tags darauf war sie nicht mehr bei Bewusstsein. Sie konnte nicht mehr aus eigener Kraft atmen und wurde deshalb an ein Beatmungsgerät angeschlossen. Sie hatte Barbara wiederholt gesagt, dass sie so nicht weiterleben wolle, an eine Maschine angeschlossen, die sie am Leben hielt. Aber sie hatte keine Patientenverfügung unterzeichnet. Nach einem erbitterten Streit, der Barbara an den Rand eines Nervenzusammenbruchs brachte, erklärten sich die Ärzte bereit, das Beatmungsgerät abzuschalten. Das Morphin unterdrückte ihre Schmerzen, konnte aber ihr Leben nicht verlängern. Sie hatte nur noch wenige Tage. Barbara blieb den ganzen Tag bei ihr und sah ihr beim Sterben zu.

In der Nacht hatte Barbara Lajines einen Traum. Ihre Mutter und Bonkers waren zusammen und winkten ihr aus der Ferne zu. Sie befanden sich an einem nicht erkennbaren Ort, aber ihre Mutter formte mit den Lippen die Worte: *Alles in Ordnung, keine Sorge, alles ist in Ordnung.*

Am nächsten Morgen ging Barbara auf die Veranda, um die Morgenzeitung hereinzuholen, und schaute in die Einfahrt der Nachbarn hinüber. Unter einem Pick-up, der nie bewegt wurde, sah sie Bonkers liegen. Auch ohne näher heranzugehen, wusste sie, dass Bonkers sich zum Sterben dorthin zurückgezogen hatte und dass sie friedlich im Schlaf gestorben war. Barbara stand in der kalten Morgensonne auf der Veranda, die dampfende Kaffeetasse in den Händen, und weinte.

Schließlich rief sie James. Sie begruben Bonkers im Garten unter einem Fliederbusch, den Barbaras Mutter mit Dünger und Eierschalen aufgepäppelt hatte.

Am nächsten Tag starb Evelyn Lambert. Sie war nur sechsundsechzig Jahre alt geworden.

Barbara Lajiness fällt es nicht leicht, über ihre Mutter zu sprechen, auch nach acht Jahren nicht. Obwohl sie einen liebevollen Ehemann und eine hinreißende Tochter hat und sich ständig über Ninja freuen kann, der jetzt Mr Sir Bob Kittens heißt, muss sie immer wieder eine Pause machen, um ihre Tränen zu trocknen.

»Ich bewundere meine Mutter«, sagt Barbara. »Es gab in ihrem Leben vieles, was man kritisieren könnte, aber wie sie das Leben von Katzen über ihr eigenes gestellt hat … das ist schon bewundernswert. Egal, was man über sie sagen kann, und welche Entscheidungen sie auch immer getroffen hat, sie hat sich immer um alle anderen und alles andere gekümmert.«

»Glauben Sie, dass sie es damit ein wenig übertrieben hat?«

»Manchmal, ja, aber wissen Sie, ich bin nicht sicher, ob man sich überhaupt zu viel kümmern kann. Sie hat sich um alle Lebewesen gekümmert, die nicht für sich selbst sprechen konnten. Wirklich. Als ich ein Kind war, beschloss der Stadtrat, Sprühwagen gegen die Stechmückenplage einzusetzen, und die fuhren dann, gelbe Blinklichter auf dem Dach, herum und versprühten etwas, was angeblich die Moskitos abtötete. Nach ein paar Wochen sagte meine Mutter zu mir: ›Hörst du das?‹ Ich sagte: ›Nein, ich höre nichts.‹ Darauf sie: ›Das liegt daran, dass das Zeug nicht nur die Moskitos umbringt, sondern alle Insekten. Deswegen hört man keine Vögel mehr.'«

Barbara hält inne, um sich zu fassen. »Meine Mutter war ziemlich klug, wissen Sie.«

Barbara weiß, dass sie die Probleme in sich hineinfrisst, dass sie sich ihren Gefühlen nicht stellt, dass sie immer noch panische Angst hat, die Menschen, die sie liebt, könnten sie allein zurücklassen. Nachdem ihre Mutter und Bonkers gestorben waren, brachte sie es zwei Jahre lang nicht über sich, eine neue Katze aufzunehmen. Sie führte eine stabile Ehe, hatte eine wunderbare Tochter, eine feste Stelle und ein schönes Haus. Die einfachen Dinge, wie manche Leute sie nennen würden, die Dinge, die man nicht genug schätzt, außer man musste lange auf sie verzichten. Die Familie hatte mehrere Fische, ein paar Hamster und eine Schildkröte, aber keine Katze. Barbara war glücklich, sie wurde geliebt und hatte ein komfortables Leben, aber sie wollte nicht das Risiko eingehen, sich noch einmal an eine Katze zu binden. Sie wollte nicht noch einen Verlust erleiden. Sie wollte nicht erneut eine Katze lieb gewinnen, die ihr dann womöglich wegstarb. Aber die neunjährige Amanda wünschte sich so sehr eine Katze, und wie könnte sich eine Mutter solch einem Wunsch verschließen?

Also bekam sie einen kleinen Kater namens Max. Er war sehr liebevoll und hatte die Gewohnheit, auf dem Kühlschrank zu schlafen und dabei den Schwanz an der Seite herabhängen zu lassen. Aber zwei Jahre später, als er vier Jahre alt war, brach Max zusammen. Er lief durch die Küche, fiel plötzlich hin, begann heftig zu zittern und zeigte alle Symptome eines epileptischen Anfalls. Barbara geriet in Panik. Max war so jung, so gesund, und jetzt starb er vor ihren Augen. Ihr Albtraum war wahr geworden. Während James hektisch telefonierte, hielt Barbara den zuckenden, sich windenden Kater auf dem Arm. Seine Augen trübten sich, seine Lider flatterten, sein

Herz pochte wie wild. Unwillkürlich schrie sie laut nach ihrer Tochter.

Amanda kam angerannt. Sie sah, dass Max Blut vom Maul abschüttelte und begann zu weinen und zu schreien. Das war schwer zu ertragen für eine Zwölfjährige, doch als James und Barbara eine Stunde später heimkamen und berichteten, dass Max gestorben war, lief Amanda zu ihrer Mutter.

»Danke, Mom«, sagte sie, »dafür, dass ich mich von Max verabschieden konnte, als er noch gelebt hat.« Barbara erkannte, dass sie ein starkes Mädchen war, denn zum ersten Mal sah sie in ihrer sehr ausgeglichenen Tochter das verängstigte kleine Mädchen, das sie selbst einmal gewesen war und das sich so lange und so still in einem beschädigten Elternhaus abgemüht hatte.

Es dauerte einen Monat und brauchte drei längere Besuche bei der Humane Society, bis Barbara bereit war, Ninja zu übernehmen. Sie wollte eigentlich nicht, aber ihre Tochter und ihr Mann, vor allem ihr Mann, waren ohne einen tierischen Gefährten unglücklich. *Vielleicht*, dachte sie, *halte ich es ja doch aus mit ihm unter einem Dach. Amanda und James zuliebe. Vielleicht kann ich ja Ninja genauso behandeln, wie viele andere Leute ihre Katzen behandeln: wie Tiere, die zufällig mit ihnen in einer Wohnung zusammenleben.*

Ihr Mann James war von Anfang an hin und weg von Ninja. Er trug ihn morgens in die Küche, auf den Armen wie ein Baby. Er fragte Barbara immer wieder, ob sie ihn streicheln wolle, aber sie sagte: »Nein. Noch nicht. Ich mag ihn, aber wir haben noch keine Beziehung zueinander.« Sie stieß Ninja einfach von sich, immer und immer wieder.

Als er im Alter von zwölf Wochen eine Virusinfektion bekam, fuhr Barbara sofort mit ihm zur Tierärztin. Sie sah zu, wie die Ärztin ihn untersuchte, und plötzlich brach sie in Tränen aus, genau wie vor vielen Jahren, als das Wohnmobil losfuhr und sie davon überzeugt war, ihre Mutter würde verschwinden, während sie von zu Hause fort war.

»Ich habe neulich erst eine Katze verloren«, schluchzte sie. »Ich kann diese nicht auch noch verlieren. Das darf einfach nicht sein. Sie müssen ihm helfen.«

Die Tierärztin legte den Arm um Barbaras Schultern. »Keine Sorge«, sagte sie, »es ist nur eine Erkältung.«

Barbara war schon am zweiten Tag dahintergekommen, warum ihr Kater Ninja hieß, als sie die Haustür öffnete und ihn am Ende des Flurs entdeckte.

In seinem Schreck stellte sich der kleine Kater auf die Hinterbeine und streckte die Vorderbeine von sich wie ein balancierender Zombie. So blieb er ein paar Sekunden stehen und behielt sie im Auge. Dann sprang er seitwärts auf sie zu und wedelte dabei mit den Vorderbeinen herum wie ein durchgedrehter Karatekämpfer. So hüpfte er durch den ganzen Flur, den Kopf schräg gelegt und ohne auch nur ein Mal den Boden mit den Vorderpfoten zu berühren. So etwas Seltsames hatte sie noch nie gesehen, aber es blieb keineswegs bei diesem einen Mal. Ninja, so sollte Barbara bald erkennen, führte diesen bizarren Karatetanz immer dann auf, wenn er erschrocken war oder Angst hatte oder aber angeödet oder aufgeregt war. Vor allem Amandas Teenager-Dramen aktivierten seinen Ninja-Trieb. Wenn Barbara ihre Tochter »Mannoman, Ninja« schreien hörte, wusste sie genau, was sich gerade abspielte.

Dabei war Ninja kein Raufbold. Er war nur etwas seltsam. Er drohte, biss aber nie zu. Und deshalb fand Barbara diesen Namen letztlich nicht richtig. Verständlich vielleicht, ja, aber nicht richtig. Immerhin war Ninja sein Gefängnisname.

Barbara suchte also nach einem neuen Namen für ihn. Eines Abends sahen sie und Amanda im Fernsehen einen Tierfilm über Luchse. Dabei wurde ihnen klar, dass Ninjas Gesicht dem eines Luchses ähnelte.

»Aber Bobcat – so heißt der Luchs auf Englisch – kann es nicht sein«, meinte Amanda. »Dann schon eher Bobkitten.«

Bob Kitten. Gut, aber noch nicht majestätisch genug. Also erfand Barbara den Namen Sir Bob Kittens.

Bei ihrem nächsten Tierarztbesuch erzählte Barbara der Assistentin, dass sie Ninja umgetauft hätten. Er heiße jetzt Mr Sir Bob Kittens. Ja, das sei endgültig. Tragen Sie es auf seiner Karteikarte ein.

Natürlich kann kein einzelner Name groß genug sein für einen Kater wie Mr Sir Bob Kittens, nicht einmal ein vierteiliger. Deshalb hieß er bald auch Mr Pumpkin Pants (Kürbishosen). Natürlich, weil er ein roter Kater mit großen, buschigen Schenkeln ist. Bald kam dann Mr Sparkle Pants (Glitzerhosen) hinzu. Aus demselben Grund. Als Barbaras Mann ihn Fluffalicious nannte – aus »fluffy« (flauschig) und »delicious« (köstlich), nehme ich an –, fand Amanda ihre Eltern absolut sonderbar. Aber das war ihnen egal. Sie lieben Mr Sparkle Pumpkin Kitten Pants.

Die Beziehung war aber nicht vollkommen. Wie Barbara immer sagte, war Mr Kittens kein Schmusekater, sondern eine Persönlichkeit. Er hielt sich nach Möglichkeit immer im selben Zimmer auf wie Barbara, räkelte sich aber am liebsten an einem gemütlichen Plätzchen drei Meter von ihr entfernt, so als sei es purer Zufall, dass sie sich im selben Zimmer befanden. Er kuschelte nur, wenn ihm danach war, und das war nicht oft der Fall und deshalb immer etwas Besonderes. Er war ein ruhiger Kater, voller Zicken und Launen, aber ohne ein ausgeprägtes Bedürfnis nach akustischer Kommunikation. Er schnurrte und miaute so gut wie nie. Nur wenn er ganz, ganz dringend etwas brauchte, ließ er sich dazu herab, mit Mom und Dad zu reden. Das war meist dann der Fall, wenn er seine Leibspeise roch: Speck. Sobald er Speck roch, kam er auf den Hinterbeinen ins Zimmer gehopst und fuchtelte auf diese verrückte Ninja-Art herum. War der Speck richtig knusprig, flippte er total aus. Eines Tages machte James den Fehler, ihm auf dem Esstisch Speck zu fressen zu geben. Von da an sprang er jeden Abend zum Abendessen auf den Tisch. Woanders fraß er überhaupt nicht mehr.

Aber ansonsten war er ein gutes Kind. Wirklich. Sicher, er packte Barbara an den Beinen und versuchte, sie zu Fall zu bringen, wenn sie die Kellertreppe hinaufstieg. Er liebte die Überraschung, die Art, wie sie aufschrie, wenn sie beinahe stürzte. Sicher, er legte sich immer auf den Laptop, wenn James arbeiten wollte. Selbst wenn James den Deckel zuklappen wollte, rührte er sich nicht vom Fleck. Er blieb einfach liegen, an beiden Enden überhängend, im Gesicht ein breites Grinsen. Doch Mr Sir Bob Kittens war mehr als nur der Clown. Jeden Morgen, wenn Amanda sich für die Schule fertig machte, lief er in ihrem Zimmer herum und beschnupperte alles. Er war wie ein großer Bruder, reserviert und stolz, durchaus für einen geschmacklosen Scherz zu haben, aber fürsorglich, was seine kleine Schwester anging.

Vielleicht bildete sich Barbara das aber auch nur ein. Vielleicht gehörte die morgendliche Schnupperrunde einfach nur zum Tagesablauf von Mr Sir Bob Kittens, und Mr Sir Bob Kittens hing an seinen Gewohnheiten. Jeden Morgen weckte er Barbara genau um fünf Uhr, damit sie ihm Frühstück machte. Das war okay an Wochentagen, weil Barbara da früh aufstehen und zur Arbeit gehen musste, aber weniger angenehm an den Wochenenden. Vor allem, da sie nicht einmal einen Nasenstupser als Dankeschön bekam. Seine morgendliche Portion Streicheleinheiten holte sich Mr Kittens lieber bei James, der immer angeschlendert kam, wenn der Kaffee durchlief. Er liebte es, am Morgen gestreichelt zu werden … aber eben nur am Morgen … und nur von James. Das hatte sich in den ersten Wochen so eingespielt, in denen Barbara sich Mühe gegeben hatte, das neue Kätzchen nicht allzu lieb zu gewinnen.

Sicher, er war eine Marke. Sicher, er war wild. Aber man kann es auch anders sehen. Seine Gier nach Speck, seine verrückten Augen, seine Angst vor lauten Geräuschen und Alufolie, seine extraflauschigen »Pluderhosen« und vor allem seine besinnungslosen Karatetänze – all das war erheiternd. Wer hätte sich nicht in einen solchen Kater verliebt? Obwohl er sich nicht gern von ihr streicheln ließ, stand Mr Sir Bob Kittens Barbara genauso nahe wie Smoky oder Harry oder Amber oder Max oder jede andere Katze in ihrem Leben. Wenn sie sich krank fühlte, schaute er sie an. Als sie sich eines Morgens schwach fühlte, erst schmerzhaft gegen den Tisch stieß und sich dann verzweifelt an einen Stuhl klammerte und schließlich hilflos zusammensackte, war Mr Kittens zur Stelle, kletterte ihr auf die Knie, schaute ihr in die Augen, während sie ohnmächtig wurde, und schrie aus Leibeskräften.

Die Ursache waren blutende Magengeschwüre. Bei einem war ein Gefäß geplatzt, und Barbara hatte anderthalb Liter Blut verloren. Durch eine kurze medizinische Behandlung und eine neue Diät wurde das Problem behoben, aber bei einer Nachuntersuchung entdeckten die Ärzte etwas, was sich nicht so leicht heilen ließ: Brustkrebs. Daran war auch ihre Mutter gestorben. Barbaras komfortables Leben, das sie sich trotz einer Kindheit voller Enttäuschungen unter so großen Mühen zusammengebastelt hatte, zerfiel. Sie wurde operiert und anschließend bestrahlt. Als die Ärzte ihr eine Chemotherapie empfahlen, die Entscheidung aber ihr selbst überließen, dachte sie an ihre Mutter in jenen schrecklichen letzten Tagen. Barbara war einundvierzig Jahre alt; sie wollte nicht, dass sie mit fünfundvierzig künstlich beatmet wurde und ihre Tochter an ihrem Krankenhausbett stand und ihr beim Sterben zusah.

Sie entschied sich für die Chemotherapie. Sie hat ihre

Haare verloren, aber sie tröstet sich damit, dass sie sich fünf Monate lang nicht die Beine rasieren muss. Und sie hat eine wunderbare Ausrede, sich dem ganzen Feiertagsrummel zu verweigern. Ihre Tochter, typisch Teenager, hat ihr immer gesagt, sie sehe schrecklich aus und müsse Make-up auflegen, aber wozu das jetzt noch? Wen interessiert's? Jeder Tag kann der Letzte sein. Wenn dich etwas glücklich macht, dann bereue es nicht. Sie isst Cupcakes, nicht ständig, aber manchmal, und zwar ohne Gewissensbisse. Im Gegenteil, sie genießt sie. Sie versucht, alles zu genießen, sogar wenn Mr Kittens sie jeden Tag um fünf Uhr früh anstupst, damit sie aufsteht und ihm sein Frühstück macht. Sie füttert ihn, streichelt ihn – ja,

manchmal lässt er sich jetzt von ihr streicheln –, sitzt in der Küche und staunt über den Morgen und den Kaffee und darüber, wie niedlich Mr Sir Bob Kittens tatsächlich ist.

Sie hat ihren Ehemann James. Ihre Ehe, die immer gut war, ist jetzt noch besser. Sie hatte ihre Tochter Amanda und den überwältigenden Wunsch, sie aufwachsen zu sehen. Sie hat Mr Sir Bob Kittens, der neuerdings zu ihren Füßen schläft, während sie sich von ihrer Behandlung erholt, und sich manchmal sogar an ihre Brust schmiegt. Er ist vielleicht nicht der beste Schmusekater der Welt, aber dank dieser einfachen Dinge weiß sie, dass er Anteil nimmt. Sie weiß, dass das Leben gut ist.

Und wenn das Leben schlecht ist? Nun, dann sieht Barbara Lajiness nach wie vor, wie Mr Sir Bob Kittens sich auf die Hinterbeine stellt, mit den Vorderpfoten wedelt und in seinem herrlich verrückten Karatetanz durch den Flur hüpft.

Wer müsste da nicht lachen?

3

Spooky

*»Ich hatte einundzwanzig Jahre lang einen Kater
… Er hätte gar nicht so lange leben dürfen … aber
er lebte so lange und brachte so viele Jahre lang viele
Stunden der Freude in mein Leben. Und bis zum heu-
tigen Tag spüre ich manchmal seine feuchte Nase an
meinem Bein, als wartete er darauf, dass mein Geist
sich zu seinem gesellt.«*

Bill Bezanson wuchs auf einer Familienfarm in der Nähe der Kleinstadt Romeo, Michigan, auf. Romeo hat auch heute noch nur dreitausend Einwohner, eine Zeitung, die man für achtzehn Dollar jährlich abonnieren kann, und eine Innenstadt, die sich rühmen kann, nie einem Großbrand zum Opfer gefallen zu sein, was offenbar in den alten Holzfällergemeinden im County Macomb recht häufig vorkam. Nachdem ich dreißig Jahre in Spencer, Iowa, gelebt habe, einer Stadt, deren Zentrum 1931 durch einen Brand zerstört wurde, kann ich nur bestätigen, dass das eine ansehnliche Errungenschaft ist.

Ich kenne auch die Einsamkeit einer Familienfarm, zumindest in den 1950er und frühen 1960er Jahren, in denen Bill und ich aufgewachsen sind. Damals gab es kein Fernsehen, keine Videospiele und keine Computer, die einen mit der Außenwelt verbanden. Man hatte ein Radio – und vielleicht noch ein Funkgerät, wenn man an diesem Hobby interessiert war. Man hatte einen alten Laster, in dem es vielleicht CB-Funk gab. Und man hatte ein Telefon. Es war ein Gemeinschaftsanschluss mit Vermittlung übers Amt, und oft war die Verbindung so schlecht, dass man kein Wort verstand. Als meine Eltern sich um 1960 endlich einen Fernseher kauften, erzählte mein Vater das seinen Cousins in South Dakota. Die Telefonverbindung war so schlecht, dass sie dachten, wir hätten Tuberkulose in der Familie – sie verstanden »TB« statt »TV«.

Was man damals ebenfalls auf der Farm hatte, waren Familie und Arbeit. Auch als Kind musste man in der Erntezeit von früh bis spät arbeiten. Man ging bei Sonnenuntergang schlafen. Wenn man nicht einschlafen konnte, schaute man aus dem Schlafzimmerfenster und sah eine Million Sterne am Himmel, aber nur ein einziges beleuchtetes Haus weit in der Ferne. So war es jedenfalls bei uns. Bill Bezanson konnte das Licht in den Fenstern der Nachbarfarm nicht sehen, egal, wie finster die Nacht war, und was die Nachbarskinder anging ... tja, andere Kinder gab es weit und breit keine. In der Umgebung der Stadt Romeo in Michigan gab es für einen Bauernjungen nur Wiesen, Felder und Bäume.

Und Tiere.

Die Farm der Bezansons hatte zwei Scheunen, und Bills Vater gab ihm einen Raum in der kleineren Scheune, in der die Stallungen untergebracht waren, für gerettete Tiere. Bill hatte Dutzende davon: Füchse, Opossums, Hunde, Katzen – was immer ihm über den Weg lief und Hilfe brauchte. Alles, was verletzt war, wurde von Bill gesund gepflegt. Er hatte sogar ein Stinktier, das ihm auf die Schultern kletterte und auf dem Heuboden Verstecken mit ihm spielte. Wenn jemand anderer in die Nähe dieser Scheune kam, hob das Stinktier den Schwanz. Aber mit Bill spielte es wie ein Kätzchen.

Bills Lieblingstier war jedoch der Waschbär, den er gerettet hatte. Das Muttertier war von einem Auto überfahren worden, und die Jungen saßen dicht zusammengedrängt auf einem Baum am Straßenrand und starrten auf ihren leblosen Körper hinunter. Sie waren winzig, verstört, verwirrt, zweifellos hungrig und unterkühlt, und außerdem starr vor Angst. Nur eines kam durch. Alle nannten es Pierre LaPoop, nach dem liebestollen französischen Stinktier Pepé Le Pew in der alten Bugs-Bunny-Samstagmorgen-Zeichentrickserie. Den Namen hatte ihm Bills Mutter gegeben. Das Waschbärjunge hatte ihr prompt auf den Schoß gemacht, als sie es das erste Mal gehalten hatte.

Pierre war ein braver Waschbär, treu und liebevoll. Er und

Bill spielten miteinander in der Scheune, warfen Stöckchen auf dem Hof, wanderten zusammen über die Felder wie der stereotype semmelblonde Junge im Mittleren Westen mit seinem treuen Hund. Oft trug Bill sogar eine Angelrute über der Schulter. Aber Waschbären sind keine Hunde. Sie sind Wildtiere, neugierig und boshaft und ehrlich gesagt schlauer als der durchschnittliche Köter. Pierre konnte mit den Händen Fische fangen, Maiskolben schälen, Abfall sorgfältig durchsuchen und Türen öffnen. Eines Tages kamen die Bezansons nach Hause und fanden Pierre in der Küche, wo er auf der Anrichte saß und in aller Seelenruhe Teller auf den Boden warf. Der Fußboden war mit Scherben übersät. Pierre hatte schon eine ganze Zeit lang typisches Waschbärverhalten gezeigt – Lebensmittel stibitzt, Schlösser aufgebrochen, sich ständig in den Regentonnen die Hände gewaschen (was Waschbären zwanghaft tun) –, und so war dieser neue Streich der sprichwörtliche Tropfen, der das Fass zum Überlaufen brachte. Diesmal konnte kein Argument Pierre vor der Verbannung retten. Bills Vater warf ihn hinten in den Laster, fuhr dreißig Kilometer und setzte ihn auf einer verlassenen Farm aus.

Drei Wochen später waren Bill und sein Vater an einem See in der Nähe beim Angeln, und ein Waschbär schwatzte plötzlich aus einem Baum auf sie herunter. Bill schaute ins Geäst und fragte: »Pierre, bist du's?«

Pierre kam Hals über Kopf den Baum heruntergerannt, kletterte an Bills Bein hoch in seine Arme und fing an, ihm das Gesicht abzulecken und ihn in die Nase zu beißen.

»Tja, denn werden wir ihn wohl behalten müssen«, sagte Bills Vater. »Ein Flugticket kann ich mir nicht leisten.« In Wahrheit war der alte Farmer gerührt von der Bindung zwischen seinem Sohn und dem Wildtier. Er hätte Pierre auch nicht mehr weggebracht, wenn er ein Privatflugzeug gehabt hätte.

Vielleicht brachte Pierre Bill auf den Gedanken, den Traumjob seiner Kindheit zu ergreifen und Förster zu werden. Alle anderen meinten, er müsse Tierarzt werden. Aber die Zeiten ändern sich. Pierre LaPoop wurde erwachsen und schmiedete Heiratspläne. Waschbären sind als Jungtiere zahm und gelehrig, werden mit einsetzender Geschlechtsreife aber oft aggressiv und böse. Nicht so Pierre. Er zog einfach aus der Scheune aus, suchte sich eine Gefährtin und ließ sich an einem fernen Ende der Farm nieder. Eines Tages saßen Bill und sein Vater auf der Hintertreppe des Wohnhauses. Bill schaute über die Felder und entdeckte Pierre, der auf sie zukam. Vier kleine braune Bündel watschelten tapfer neben ihm her. Seine Partnerin stand am Rand des Maisfeldes und trat nervös von einer Pfote auf die andere, während Pierre die Jungen eines nach dem anderen auf die Veranda setzte und sie seinem lebenslangen Freund Bill vorstellte. Sie blieben so lange, dass Bill und sein Vater jedes Kind einmal halten konnten. Dann machten sie sich wieder auf den Heimweg.

»Das ist das Erstaunlichste, was ich je gesehen habe«, sagte Bills Vater, als die Waschbären schließlich verschwunden waren.

Das war das letzte Mal, dass Bill Pierre LaPoop sah. Der Waschbär zog mit seiner Familie in den Wald und tauchte nie wieder auf. Er war nur gekommen, um Lebewohl zu sagen.

Ein paar Jahre später machte Bill seinen Highschool-Abschluss und verabschiedete sich seinerseits von der elterlichen Farm. Er wollte doch nicht Tiermedizin oder Forstwissenschaft studieren. Er wollte überhaupt nicht aufs College gehen. Es war Juni 1964, und Bill trat als Freiwilliger in die Army ein, um Infanteriesoldat zu werden. Am ersten Juli war er bereits auf dem Weg zur Grundausbildung. Drei Jahre später, gerade zwanzig geworden, war er in Vietnam.

Bill wurde der B Company, 123rd Aviation Batallion der

United States Army zugeteilt, den sogenannten Warlords. Ihre Aufgabe: Kavallerie-Verstärkung, Aufklärung, geheime Missionen hinter den feindlichen Linien. Die Einheit bestand aus einundzwanzig Soldaten, sieben pro Hubschrauber, sowie zwei Piloten und zwei Schützen. Wenn eine Infanterieeinheit oder Bomberbesatzung mutmaßliche feindliche Positionen in den fernen Hügeln meldete, wurden die Warlords angefordert. Sie hatten die Aufgabe, das betreffende Gebiet zu durchkämmen und so viel zu schießen wie möglich, um zu sehen, wann und wo sie damit Gegenwehr auslösen würden. Bill war die Tunnelratte. Sein Job war es, allein in jeden erreichbaren Tunnel hinabzusteigen, ohne Deckung und ohne Funkverbindung, um etwaige Vietcong, die sich dort verschanzt hatten, auszuräuchern.

Das war natürlich ein blutiger, gefährlicher und unberechenbarer Job. Derart gefährlich und unberechenbar, dass sich der Betreffende nach ein paar Monaten für unbesiegbar hielt, einfach nur, weil er so lange überlebt hatte. Bill musste so viele Feuergefechte in pechschwarzen Vietcong-Tunneln durchstehen, dass er irgendwann zu zählen aufhörte. Nach einem Einsatz zählten er und seine Kameraden einmal über tausend Einschusslöcher in der Außenhaut ihres Hubschraubers. Es hatten acht Mann darin gesessen. Mehrere hatten Löcher in ihrer Uniform, aber kein Einziger war verwundet. So war das bei den Warlords. Kleinere Wunden, »ein kleiner *Purple Star* und so Sachen«, das ja, sagt Bill, aber nichts wirklich Ernstes. Nichts Tödliches. Fast ein Jahr lang.

Dann kam der September 1968. Der Monat fing schon schlecht an. Einer von Bills engen Freunden – in der Einheit waren alle eng befreundet, aber diese beiden verstanden sich besonders gut – erlitt einen Kopfschuss. Auf dem Rückflug mit dem Hubschrauber zum Lazarett hielt Bill seinen Kopf auf seinem blutgetränkten Schoß, aber das Loch war so groß, dass Bill bei jeden Herzschlag das Gehirn seines Freundes pulsieren sah. »Ich dachte, ich würde ihn nie wiedersehen«, sagte Bill. »Aber 1996 bekam ich einen Brief von ihm. Er ist nie wieder ganz gesund geworden, aber er ist durchgekommen.«

Ein paar Tage später wurden die Warlords in die Nähe der entmilitarisierten Zone hinaufgeflogen, hinter ein Gebiet, das als Rock Pile bekannt war, in der Nähe von Khe Sanh, wo vor einigen Monaten eine Marinebasis volle hundertzweiundzwanzig Tage lang unter feindlichem Dauerbeschuss gelegen hatte. Sie sprangen wie üblich ab, doch diesmal waren sie direkt am Rand eines größeren Vietcong-Feldlagers. Bei jedem Warlord-Einsatz war auch ein Aufklärungshubschrauber dabei, doch als Hunderte von Geschützen gleichzeitig zu feuern begannen, klärte sich der Himmel in kürzester Zeit. Der erste Kampfhubschrauber wurde abgeschossen; der Pilot des zweiten bekam einen Durchschuss durch die Ferse. Es gelang ihm noch, seine Maschine aus der Gefahrenzone zu bringen und zum Stützpunkt zurückzufliegen, doch die Männer am Boden musste er zurücklassen. Sie mussten von der 196th Infanterie-Brigade gerettet werden. Inzwischen hatten die Warlords Verwundete zu beklagen, und Bill Bezanson hatte seinen besten Freund Lurch (Richard Larrick) verloren. Er flog zurück zum Stützpunkt, strich den ganzen letzten Monat aus seinem Gedächtnis und machte weiter mit dem Krieg.

Als er im November 1968 nach Hause kam, wollte Bill Bezanson nichts mehr mit der United States Army oder dem Vietnamkrieg zu tun haben. Und er wollte auch kein Tierarzt und kein Förster werden. Auf dem großen Transparent über der Farm in Michigan stand WILLKOMMEN DAHEIM, BILL, aber er fühlte sich nicht zu Hause. Er und sein Vater fuhren in dem zweieinhalb Meter langen Boot hinaus, das der alte Mann mit eigener Hand gebaut hatte, um Barsche zu angeln. Sie hatten immer auf dem See miteinander geredet. Er war ihr Refugium. Doch diesmal hatten sie nicht viel zu sagen.

Bill wusste nicht, was er tun sollte. Er wusste nicht, wo er hingehörte. Auf dem Heimweg von Verwandten, denen er seine Ausgehuniform und seine Orden gezeigt hatte, hielt ihn ein Polizist an, sah seine Uniform und schnauzte: »Aha, Sie sind also einer dieser Babymörder.« Er wurde gebeten, an seiner Highschool einen Vortrag zu halten, als der heimgekehrte Kriegsheld, und hielt eine leidenschaftliche Antikriegsrede. Als das seiner Mutter zu Ohren kam, war sie entsetzt. Sie war so fromm katholisch, dass sie die Altartücher mit der Hand wusch. Sie liebte ihren Sohn, aber der hatte sich verändert. Er war launisch, mürrisch. Er trank. Und jetzt war er auch noch gegen den Krieg. Der Krieg wurde für Gott und das Land und alles geführt, woran Amerika glaubte, zumindest nach Meinung seiner Mutter und der »schweigenden Mehrheit« der amerikanischen Bevölkerung, die grundsätzlich auf der Seite ihrer Regierung stand. Nach mehreren Monaten zunehmender Reibereien schlug Bills Mutter ihrem Sohn buchstäblich die Tür vor der Nase zu.

Eine Zeit lang hing er an der Flasche, dann ging er auf Tour. Als aktives Mitglied der Vietnam Veterans Against War hielt er Reden in Kirchen, vor Lehrer-Eltern-Verbänden und bei jeder anderen Organisation, die ihn willkommen hieß. Die Berichte über Massaker der amerikanischen Truppen häuften sich, und große Teile der Bevölkerung wandten sich gegen den Krieg. Bill wusste nie, ob seine Zuhörer für oder gegen die Truppen sein würden, doch er sagte allen die Wahrheit: Noch während er für sein Land kämpfte und tötete, hatte er den Glauben an den Krieg verloren. Er hatte zu viele Tote, zu viel Zerstörung, zu viele niedergebrannte Dörfer und zutiefst verstörte Menschen gesehen. Er erzählte den Leuten, wie er einmal seine M16 auf einen Kameraden richtete, der eine

Vietnamesin gefangen genommen hatte. Er hatte zu ihm gesagt: »Wenn du dieser Frau ein Haar krümmst, bring ich dich um.« Man richtet nie die Waffe auf einen Kameraden. Unter keinen Umständen. Vor allem aber nicht in einer Kriegszone, wo man von Feinden umgeben ist. Seine Kameraden dachten, die Frau wisse etwas Wichtiges. Sie hatten keine Beweise, glaubten aber, sie könnten Leben retten, wenn sie sie durch Folter zum Reden brachten. Bill glaubte dagegen, dass sie allesamt Tag für Tag die Werte verrieten, für die sie kämpften, und weigerte sich, die Grenze zwischen richtig und falsch zu verwischen.

»Es war einfach, dort draußen diese Grenze zu überschreiten«, sagte Bill zu mir. »Auch gute Menschen kamen vom rechten Weg ab.« Was hatte Bill verloren? Ich glaube, er verlor nicht nur seinen Glauben an den Krieg, sondern überhaupt den Glauben ans Leben. Er wusste nicht mehr, was Leben bedeutete. Er konnte das Gute nicht mehr vom Bösen unterscheiden. Er wollte nicht, dass das auch anderen guten jungen Männern zustieß. Er wollte nicht, dass Eltern ihre Söhne nach Vietnam schickten.

Doch was konnte er tun, abgesehen davon, dass er hier und da einen Vortrag hielt? Er ließ sich treiben. Er trank. Er suchte sich eine Arbeit, hielt eine Zeit lang durch und zog dann wieder los, meist per Anhalter, ohne ein Ziel vor Augen zu haben und ohne zu wissen, warum. Oft wusste er nicht einmal, dass er wegwollte, bevor er an der Ecke stand und den Daumen hochreckte. Er schloss Freundschaften, doch sie hielten nicht lange. Es gab immer Leute, die in sein Leben traten und wieder verschwanden, meist mit einer Flasche in der Hand. Manchmal zog er weiter, weil er seine neuen Freunde nicht mehr mochte; manchmal zog er weiter, weil er sie zu sehr mochte. Er wollte niemandem nahe sein. Einmal im Sommer fand er sich in Alaska wieder, also kaufte er sich eine Harley-Davidson und fuhr zu den Kernstaaten zurück. Das war das Dümmste, was er je getan habe, sagte er, weil das zweitausend Kilometer mit Schlaglöchern übersäter Strecken und zerfurchter Fahrwege bedeutete, sodass hinterher seine Augen vier Wochen lang auf und ab hüpften.

Aber was machte das alles für einen Unterschied? Bill Bezanson war fünfundzwanzig Jahre alt und felsenfest davon überzeugt, dass er nicht einmal dreißig werden würde. Dieses Gefühl hatte im Krieg angefangen. Er hatte es zusammen mit seinen Narben und seinen Orden mit nach Hause gebracht, doch das war ihm damals nicht klar gewesen. Man gewöhnte sich einfach an den Gedanken, dass man dem Untergang geweiht war. Viele junge Männer kamen auf diese Weise nach Hause. Von der normalen Welt abgeschnitten, redeten sie damals nur davon, dass sie von geborgter Zeit lebten.

Doch Bill starb nicht. Er lebte mechanisch weiter, Tag für Tag, bis er in seinen Dreißigern war, die 1970er Jahre zu Ende gingen und er fast genau dort war, wo er zwölf Jahre zuvor angefangen hatte. Der Krieg war vorbei, und sein Zorn war verraucht oder hatte sich jedenfalls in einen anderen Schlupfwinkel zurückgezogen. Er hatte seine Reisen überwiegend auf die weitläufigen Vororte von Los Angeles beschränkt, aber er übernahm noch immer Gelegenheitsarbeiten, ließ immer noch alle paar Monate sein bisheriges Leben hinter sich und griff immer noch zur Flasche oder stellte sich an den Straßenrand, wenn die Angst ihn übermannte. Irgendwie war es ihm gelungen, am Chaffey College in Alta Loma einen Abschluss in Forstwissenschaft zu machen, doch abgesehen davon war er ein freier Mensch: keine Freunde, keinen Besitz, keine feste Bleibe. Im Juni 1979 wohnte er abermals in einem anderen Vorort von Los Angeles und arbeitete bei einer kleinen Firma, die Wohnanhänger und Lastwagenaufbauten herstellte und deren Name ihm längst entfallen war. Er wartete an einer roten Ampel auf einer namenlosen Straße am Rand der Innenstadt von San Bernardino und sah zu, wie die Morgensonne wieder einmal den Dunst eines kalifornischen Morgens trocknete, als ganz plötzlich eine Veränderung in sein Leben trat.

Es schlug ein wie eine Granate, buchstäblich direkt über seinem Kopf. Er hörte den Aufprall, dann das Echo, und duckte sich instinktiv. Er wartete, aber die Welt um ihn herum blieb ruhig. Er schaute durch die Windschutzscheibe. Die Straße war beiderseits von Häusern gesäumt, aber es war halb sechs Uhr morgens und nichts rührte sich. Die Seitenstraßen waren ruhig, die Schaufenster der Läden dunkel. Kein anderes Auto war unterwegs. Bill stieg aus und inspizierte das Dach seines Autos. Er dachte, Teenager hätten irgendetwas nach ihm geworfen. Und tatsächlich, das Dach hatte eine Delle, mit einem schwarzen Klumpen in der Mitte, und Flüssigkeit lief in verschiedene Richtungen.

Dann wurde ihm klar, dass es sich bei der Flüssigkeit um Blut handelte. Und der Klumpen war ein Kätzchen. Irgendjemand hatte ein Kätzchen auf sein Auto geworfen. Und zwar, nach dem Zustand des kleinen Körpers zu urteilen, aus großer Höhe.

Vorsichtig hob Bill das Kätzchen vom Autodach und hielt es in beiden Händen. Es lag einfach da, mit geschlossenen Augen, der Kopf nach der Seite hängend, die Pfötchen zusammengerollt. Das einzige Lebenszeichen war das heftige Heben und Senken des Brustkorbs und ein blubberndes, rasselndes Atemgeräusch. Bill wusste, was das bedeutete: Der Brustkorb war bis in die Lunge perforiert. Solche Verletzungen – Pneumothorax genannt – hatte er in Vietnam oft gesehen. Die Soldaten in seiner Einheit hatten immer die Zellophanhüllen der Zigarettenpackungen abgezogen und sie in ihrer Ausrüstung aufbewahrt. Man legte eine solche Hülle über den Pneumothorax, deckte sie mit einer Kompresse ab und legte einen Verband an. Wenn man Glück hatte, rettete man dadurch dem Verwundeten das Leben. Bill Bezanson hatte an diesem Morgen in San Bernardino, Kalifornien, keine Zellophanhülle zur Hand, also griff er zum nächstbesten Mittel: Er verschloss die Wunde mit seinem Daumen, wischte dem Kätzchen mit der anderen Hand das Blut von der Nase und sah sich nach Hilfe um.

Ein Stück die Straße hinunter war eine tierärztliche Praxis. Es brannte kein Licht, aber Bill war sich ziemlich sicher, dass er gerade jemanden in das Haus hatte gehen sehen. Er ließ seinen Wagen mit laufendem Motor an der Kreuzung stehen und lief los. Als er vor der Praxis angekommen war, trat er mehrmals gegen die Tür. Das blutüberströmte Kätzchen gurgelte.

Ein Mann öffnete die Tür. Bill hielt ihm das Kätzchen hin. »Rufen Sie den Tierarzt«, sagte er. »Sagen Sie ihm, er soll sich um das Tier kümmern. Ich zahle alles, egal, was es kostet, aber jetzt muss ich zur Arbeit fahren.«

Der Mann nahm das Kätzchen. Bill drehte sich um und rannte zu seinem Wagen zurück, fuhr los und kam noch rechtzeitig zur Arbeit.

Es entsteht jedes Mal eine Bindung, wenn man einem Tier das Leben rettet. Oder auch schon, wenn man nur einen Hund aus dem Tierheim holt. Für einen selbst ist es vielleicht nur ein aufregender Nachmittag, aber der Hund weiß, dass er an einem schlechten Ort gefangen gehalten worden ist und dass man ihn befreit hat. Es geschieht auch, wenn man Hunde von einer Würgekette oder aus einem Hinterhof befreit, in dem sie ohne Futter und Wasser zurückgelassen worden waren. Es geschieht auch, wenn man Katzen aufnimmt – wenn man sie nicht nur füttert, bis sie nicht mehr wegwollen, sondern sie ins

Haus bringt, wenn sie krank oder halb verhungert sind, und sie ins eigene Leben aufnimmt. Und es geschah ganz sicher mit Dewey, als ich ihn im Winter 1988 aus der Rückgabeklappe heraushob. Wie Dewey vergessen die meisten Tiere nie, was man für sie getan hat. Und im Gegensatz zu vielen Menschen, die, egal, was man ihnen Gutes getan hat, immer einen Grund finden, sich abzuwenden, sind einem Tier ewig dankbar.

Und wenn das Tier verletzt ist und gesund gepflegt werden muss? Nun, dadurch wird die Bindung nur noch stärker. Dass ich mich um Deweys erfrorene Pfoten kümmerte, in der Woche, nachdem ich ihn gerettet hatte, schweißte uns ganz besonders fest zusammen. Dewey lernte, dass ich nicht nur ein Mal freundlich zu ihm war. Er konnte sich darauf verlassen, dass ich für ihn da sein würde, solange er wollte und mich brauchte. Und ich lernte ihn kennen. Das klingt banal, ich weiß, aber wie sollte ich es sonst ausdrücken? Schon nach wenigen Tagen kannte ich Dewey: sein extrovertiertes Wesen, seine Freundlichkeit, sein Vertrauen. Ich hatte ihn verletzlich gesehen, also hatte ich sein wahres Selbst gesehen. Ich wusste, dass er mich schätzte – man hätte fast sagen können, er liebte mich, obwohl wir uns erst wenige Tage kannten – und dass er nie von meiner Seite weichen würde. Ich sage gern: Wir hatten einander in die Seele geschaut. Und vielleicht war das auch wirklich geschehen. Vielleicht war das die Grundlage unserer engen Verbindung in den folgenden neunzehn Jahren. Vielleicht hatten wir aber auch nur genug Zeit miteinander verbracht, um zu erkennen, dass wir beide großherzige Wesen waren, dazu bereit, jemanden zu lieben.

Etwas Ähnliches widerfuhr Bill Bezanson. Er liebte das Kätzchen nicht an dem Morgen, als er es als blutendes kleines Knäuel im Laufschritt zum Tierarzt brachte. Das war ein Akt der Güte von einem weichherzigen Mann, der einer leidenden

Kreatur immer half. Wahrscheinlich wäre es übertrieben, zu sagen, dass er das Kätzchen liebte, als er nach Feierabend bei dem Tierarzt vorbeischaute und feststellte, dass das Kerlchen wie durch ein Wunder am Leben geblieben war. Schließlich war Bill Bezanson seit September 1968 keine enge Beziehung mit einem anderen Lebewesen mehr eingegangen. Vielmehr war er zwölf Jahre lang vor jeder sinnvollen Beziehung davongelaufen und hatte sein Herz gegen die Verstrickungen des Lebens verhärtet.

Richtiger ist wahrscheinlich, dass Bill Bezanson das Kätzchen *bewunderte*. Der Kater war winzig – federleicht und erst etwa sechs Wochen alt –, aber er hatte überlebt. Der Pneumothorax in seiner Lunge war nicht, wie Bill angenommen hatte, die Folge von Missbrauch oder Vernachlässigung. Er stammte von den Fängen eines Greifvogels. Die Stirn des Katers war übel zugerichtet, wahrscheinlich, weil der Vogel ihn mit dem Schnabel angegriffen hatte. Um halb sechs Uhr morgens konnte das nur eine Eule gewesen sein. Und eine Eule packt ein Kleintier nicht und trägt es fort, um es anschließend zu töten. Eine Eule führt den Angriff mit solcher Kraft, dass sie dem Beutetier den Hals bricht. Das Kätzchen hatte den Angriff überlebt. Es hatte sich gewehrt – daher die Schnabelhiebe gegen Stirn und Gesicht –, und während dieses Kampfes war es irgendwie den Fängen der Eule entglitten.

»Dieser Kater ist richtig unheimlich«, sagte der Tierarzt – er war es, der am Morgen an die Tür gekommen war – immer wieder, während er mit Bill die Verletzungen des Tiers besprach. »Fällt vom Himmel und landet auf Ihrem Auto … das ist doch unheimlich – *spooky*. Dieser Kater ist *spooky*.«

»Das war sein Name«, sagte Bill am Schluss immer, wenn er später die Geschichte erzählte (was er im Lauf der Jahre viele hundert Mal tat). »Von dem Augenblick an war er Spooky.«

Spooky musste eine Woche in der tierärztlichen Praxis bleiben. Der Veterinär behandelte ihn kostenlos; die Medikamente berechnete er jedoch, und da kam eine erhebliche Summe zusammen. Spooky brauchte intensive Pflege. Er kämpfte gegen Infektionen und musste eine Stichwunde und viele schwere stumpfe Verletzungen verkraften. Jeder Quadratzentimeter seines Körpers war zerkratzt und geprellt, und er hatte so schwere innere Verletzungen, dass er einen Monat lang keine feste Nahrung zu sich nehmen konnte. Bill musste ihn ständig mit dem Löffel füttern. Spooky war an der Brust, wo die Krallen der Eule in seine Lunge eingedrungen waren, mit mehreren Stichen genäht worden und musste eine trichterförmige Halskrause tragen, damit er die Fäden nicht zerbiss. Ich kann mir vorstellten, dass es kaum etwas Rührenderes gibt als den Kopf eines kleinen Katers tief drinnen in der Mitte einer trichterförmigen Halskrause.

Doch auch mit der Halskrause war Spooky wunderschön. Er war noch keine zwei Monate alt und winzig, aber man ahnte schon den majestätischen Kater, der er einmal werden sollte: schlank und kantig, mit knochigen Hüften, die aus einem drahtigen Körper hervorstanden. Sein Gesicht war lang und schmal mit einem fast pantherartigen Zug um das Maul. Es war ein königliches Gesicht, ruhig und klug, mit großen Augen, wie bei den Katzen auf altägyptischen Bildwerken. Bei normaler Beleuchtung war er schwarz. Doch die Sonne, die er liebte, brachte kupferrot schimmerndes Unterhaar zum Vorschein. Er war ein pragmatischer Kater, der nicht dazu neigte, anfallsweise herumzutollen, jämmerlich zu miauen oder manisch Bleistifte zu jagen, aber das kupferne Fell ließ ahnen, welches Feuer in ihm brannte. Spooky würde sich nie von irgendjemandem oder irgendetwas unterkriegen lassen.

Liebte Bill Bezanson Spooky, nachdem er ihn einen Monat lang mit dem Löffel gefüttert hatte? Wenn man in mich dringt, würde ich sagen: Ja, er liebte Spooky. Aber dreißig Jahre später kann man das nicht mit Sicherheit wissen. Wann genau wird denn aus Bewunderung Liebe?

Aber die Frage ist ohnehin falsch gestellt. Wichtig zu wissen ist, dass Spooky, der Kater, Bill Bezanson liebte. Auf den ersten Blick und für immer. Wenn Bill ein neues Haus oder eine neue Wohnung bezog, schnitt er als Erstes ein Loch in einen Fliegendraht. So konnte Spooky seinen Spaß haben, während Bill viele Stunden täglich an Fließbändern oder in Kleinbetrieben arbeitete. Spooky war fast den ganzen Tag draußen. Doch wenn Bill heimkam, war er zur Stelle. Wenn er nicht zur Begrüßung an der Haustür stand, brauchte Bill nur draußen »Spooky« zu rufen, und der kleine Kater kam angesprungen. Oft musste er dazu drei oder vier Nachbargärten durchqueren, und Bill sah, wie er im vollen Lauf über die Zäune setzte. Dann knallte er regelrecht gegen Bill, strich ihm um die Beine und rieb sich an ihm. Bill ließ sich mit einem Bier auf die Couch fallen, und Spooky kletterte ihm auf die Beine, legte ihm die Vorderpfoten auf die Brust und leckte ihm die Nase. Dann machte er es sich auf Bills Schoß gemütlich. Er hatte dann keine Lust mehr, wieder hinauszugehen oder sich in seinen eigenen Winkel zurückzuziehen; er wollte nur bei seinem Kumpel sein. An manchen Abenden saßen die beiden stundenlang so auf der Couch.

Es war nicht nur Freundschaft. Es war eine Art Verwandtschaft, eine Parallele in ihrem Leben, die Bills Unzufriedenheit dämpfte. Wie Bill hatte auch Spooky die dunkle Seite der Welt kennengelernt. Wie Bill hätte Spooky eigentlich gar nicht mehr am Leben sein dürfen. Aber er war es. Spooky war lebendig und gesund und zufrieden, und irgendwie bewirkte das, dass Bill mit seinem eigenen Überleben besser zurechtkam. Abends kletterte Spooky ins Bett. Bill lag immer auf der Seite, und Spooky stieg auf das Kopfkissen und legte sich neben ihn, das Gesicht an Bills Bart gedrückt. Er legte die Pfoten um Bills Arm und zog so lange, bis Bill ihn in die Armbeuge nahm. Selbst wenn Bill ohne Spooky zu Bett ging, wachte er irgendwann auf und stellte fest, dass der Kater auf dem Kopfkissen schlief und er den Arm um ihn gelegt hatte. Und das wirkte sich auf Bills Schlaf aus. Zehn Jahre lang hatte er sehr unruhig geschlafen, doch dank Spooky blieben die Albträume jetzt aus. Bill wusste, bewusst und unbewusst, dass er still liegen musste, weil er Spooky sonst womöglich verletzt hätte.

Aber natürlich herrschten nicht jede Nacht Ruhe und Frieden. Wie viele Vietnam-Veteranen feierte Bill gern turbulente Partys; oft war sein Haus deshalb erfüllt von lauter Musik und rauchenden und trinkenden Leuten. Man kann es Selbsttherapie nennen oder Jugend oder das, was unvermeidlich ist, wenn man glaubt, man sei zu einem frühen Tod verurteilt, aber letztlich war es nur ein bestimmter Lebensstil. Wenn es auf einer Party allzu ausgelassen zuging, zog sich Spooky in ein abgelegenes Zimmer zurück und rollte sich auf Bills Rucksack oder in seinem Schlafsack zusammen, doch meistens machte ihm der Lärm nichts aus. Er saß auf der Rückenlehne der Couch und betrachtete den Trubel. Oder er schnupperte den Rauch. Oder er schlich sich geduckt über den Boden und stieß jemandem seine Nase gegen das Stück blanke Haut zwischen dem unteren Ende des Hosenbeins und dem oberen Rand der Socke. Das war Spookys Trick. Es fühlte sich an wie ein plötzlicher Guss kalten Wassers. So machte sich Spooky bemerkbar. Die Leute bückten sich und streichelten ihn, und wenn er spürte, dass sie freundlich waren, setzte er sich ihnen auf den Schoß. Spooky saß für sein Leben gern bei jemandem auf dem Schoß.

Spookys kalte Nase. Das war sein Ding, seine Visitenkarte. Egal, was am Abend zuvor gewesen war, Bill Bezanson konnte sich darauf verlassen, dass er am nächsten Morgen die kalte Nase seines Freundes Spooky spüren würde. Um punkt halb sechs. Wie viele Katzen hatte Spooky eine innere Uhr. Er wusste genau, wann er normalerweise sein Futter bekam, und wollte auch nicht eine Minute länger darauf warten. Auch wenn es ihm nicht gut ging, tappte Bill um halb sechs in die dunkle Küche und stellte Spooky sein Futter hin. »Er hing an mir«, sagte Bill zur Erklärung. *Er hing an mir.*

Und Bill Bezanson hing auch an ihm. Ohne Spooky fuhr er nirgendwohin. Und wenn Bill zu Hause war, wich Spooky nicht von seiner Seite. Wenn Bill spazieren ging, lief Spooky hinter ihm her, immer in einem Abstand von höchstens ein paar Metern. Allein trampen konnte Bill also nicht mehr. Aber wenn ihn das Fernweh packte, was nach wie vor der Fall war, wenn seine Ängste zurückkehrten, kam Spooky mit. Eine Schüssel, eine Tüte mit Nahrungsmitteln, und sie konnten losziehen. Während Bill den Daumen hochhielt, spielte Spooky im Gras, machte Jagd auf Grashüpfer oder die im Wind wehenden Blütenköpfe von Narzissen. Wenn ein Auto hielt, rief Bill nur »Spooky!«, und Spooky kam angerannt und sprang in das Auto, und ab ging die Post.

Immer wenn Bill seine Harley fuhr – die er sich in Alaska gekauft hatte –, schnallte er Spookys Transportkorb auf den Gepäckträger. Eines Tages sah er einen Mann mit einem Chihuahua, der auf dem Benzintank seines Motorrads saß, unmittelbar hinter dem Lenkrad. *Das wär was für Spooky*, dachte er. Er wusste, dass Spookys Pfoten vom Blech des Tanks abrutschen würden und erbat sich deshalb in einem Geschäft ein Stück Teppich als Unterlage für Spooky. Er befestigte es mit doppelseitigem Klebeband, doch da das nicht hielt, nahm er Klebstoff. Solange Bill langsamer fuhr als vierzig Stundenkilometer, kniff Spooky die Augen zusammen, legte die Ohren an und ließ sich den Fahrtwind durchs Fell wehen. Sobald er jedoch schneller fuhr, sprang Spooky ab. Er war nicht böse, es ging ihm einfach nur zu schnell. In dem Transportkorb war ihm jede Geschwindigkeit recht, aber wenn er oben auf dem Tank saß, wurde ihm der Fahrtwind bald zu viel. Einmal fuhr Bill mit dem Motorrad zur Sturgis Rally in South Dakota – über anderthalbtausend Kilometer –, und Spooky fuhr auf dem Tank mit, als Bill im Schneckentempo die Hauptstrecke abfuhr. Die Leute johlten und lästerten, tranken und machten blöde Witze, aber Spooky war das gleichgültig. Er legte die Ohren an und genoss die Fahrt wie der coolste Kater der Welt.

Bill und Spooky unternahmen auch andere gemeinsame Reisen. Sie campten in den Wäldern des Westens, wo sie Jagd auf Insekten für Bills Sammlung machten. Sie erklommen die Berge der Sierra Nevada. Sie fuhren per Anhalter nach Quartzite, Arizona, um die große Edelstein- und Mineralienmesse zu besuchen. Wenn Bill zu Musikfestivals ging, saß Spooky auf der Decke neben ihm. Wenn er in ein neues Haus umzog, was er jedes Jahr im September tat, ging Spooky mit, ohne sich zu beklagen. Von Barbesuchen und Bills Arbeit abgesehen, fuhren sie überall zusammen hin. Bill und Spooky. Spooky und Bill. Sie waren unzertrennlich.

Im Jahr 1981 kam dann ein neues Familienmitglied hinzu: eine Frau. Das Haus, in dem sie gewohnt hatte, war beim Ausbruch des Mount St. Helens, des großen Vulkans im Westen des Staates Washington, unter der Asche begraben worden, und so kam es, dass sie ein Zimmer in Bills Haus in Südkalifornien mietete. Bill betrieb zu der Zeit eine Bierkneipe; seine Mieterin war Barfrau in einem Lokal ein paar Ecken weiter; sie unterhielten sich oft und genehmigten sich dabei das eine oder andere Bierchen. Bill und Spooky zogen immer noch jeden September um, führten also ein Wanderleben, und als die Frau nach einem Streit wieder nach Washington zurückging, folgten sie ihr nach Norden. Bevor Bill es sich versah, war er

verheiratet. Er nahm eine Arbeit in einem metallverarbeiten-
den Betrieb an, wurde sesshaft und fing an zu trinken.

»Es war alles nur oberflächlich«, sagte er später von seinen
zwischenmenschlichen Beziehungen. Kein Tiefgang. Nichts
auf Dauer. »Alles, was auch nur einen gewissen seelischen
Tiefgang aufwies, hatte mit einem Tier zu tun.«

In dem September zogen sie wieder einmal um. Und auch
im September des folgenden Jahres. Und im übernächsten
Jahr. Er dachte nicht mehr an jenen schrecklichen September 1968 in Vietnam. Das lag fünfzehn Jahre zurück, deshalb
stellte er nie einen Zusammenhang her. Er wusste nur, dass
ihn jeden September der unwiderstehliche Drang packte, woandershin zu ziehen. Dieser Drang war stärker als die Bindung
zu seiner Frau, wichtiger als seine berufliche Laufbahn, sogar
wichtiger als seine Freundschaft mit Spooky. Diese Angst war
selbst nach so vielen Jahren immer noch das Wichtigste in
Bills Leben.

Die Ehe hielt natürlich nicht lange. Sie war schon bei der
Hochzeit zum Scheitern verurteilt, als Bill »ja« sagte und
sich dabei fragte: *Was mache ich eigentlich hier*? Und sie ging
in die Brüche, als Bill etwa ein Jahr danach schreiend seine
Frau aufweckte. Spooky, der damals öfter die Nacht im Wald
verbrachte, hatte ihnen ein Geschenk mitgebracht: eine dicke
fette Gartenschlange. Und die schlängelte sich jetzt in ihrem
Bett.

»Schaff dieses verdammte Katzenvieh aus dem Haus«,
verlangte Bills Frau. »Und zwar sofort.«

Es war ziemlich klar, wie diese Beziehung enden musste.
Im Jahr 1986, nachdem sie ein Jahr getrennt gewesen waren
und dann wieder ein Jahr zusammengelebt hatten, wurden Bill
und seine Frau geschieden. Spooky nahm wieder seinen Platz
auf Bills Schoß ein und lag wieder jeden Abend auf seinem
Kopfkissen. Von da an blieben die Jungs unter sich.

Nein, die Schlange war keine Botschaft. Es war keine Leidenschaft oder Einsamkeit oder dergleichen im Spiel. Spooky brauchte nicht lästig zu werden, um zu wissen, dass er geliebt wurde, denn eine echte Beziehung wirkt nach beiden Seiten. Trost, so habe ich es bei Dewey genannt. Der Glaube an die Liebe des anderen. Die Schlange? Das war nur typisch Spooky.

Er war ein eigenwilliges Tier, dieser Spukkater. Immer wieder stürzte er sich in Abenteuer. Ein Jahr lang lebten Bill und seine Frau in einer Erdgeschosswohnung an einem See. Jede Wohnung hatte einen Balkon – der von Bill war nur etwa einen Meter über der Erde –, und jeden Nachmittag warf die Frau in der Wohnung über ihnen den Enten und Kanadagänsen von ihrem Balkon mit vollen Händen Maiskörner hinunter. Spooky stand dann an der Glasschiebetür und miaute zu den Vögeln hinaus, wobei sein Schwanz vor Erregung zitterte. So war er. Er sah Möglichkeiten. Er konnte nie eine Gelegenheit zum Spielen auslassen.

Eines Tages schob Bill die Tür auf. Spooky drehte nicht durch. Er rannte nicht sofort auf den Balkon hinaus. Stattdessen zog er sich bis an die Innenwand des Raums zurück, nahm Anlauf und sprang mit einem Satz über das Balkongeländer mitten zwischen die fünfzig Enten und Gänse, die allesamt in Panik gerieten und in wilder Flucht unter lautem Geschnatter davonstoben. Spooky reckte seinen Schwanz in die Höhe und spazierte hoch erhobenen Hauptes zur Tür zurück. Er war unheimlich stolz auf sich. Wenn von da an die Vogelschar wieder unten auf dem Rasen war, miaute Spooky jedes Mal und gab Pfötchen, bis Bill die Tür aufmachte.

Eines Tages rannte Spooky wieder los, sprang … und landete auf dem Rücken eines riesigen Ganters. Vor Schreck sprang der Ganter anderthalb Meter hoch in die Luft, kreischte auf und lief flügelschlagend los, hüpfte und schnatterte und versuchte mit aller Kraft, sich in die Lüfte zu erheben.

Spooky, der sich verzweifelt an das Federkleid des Ganters klammerte, schaute einen Moment lang zu Bill zurück. Ihre Blicke trafen sich, und Bill sah, dass Spookys Augen so groß wie Untertassen waren. Dann hob der Ganter ab. Er flog etwa drei Meter weit, dann stürzten sie beide in einem Wirbel aus Federn, Schnabel, Gänsefüßen und Katzenfell ab. Der Ganter rappelte sich sofort auf und rannte zum Seeufer. Spooky stand auf und lief, so schnell er konnte, zur Wohnung zurück. Von da an sprang er nie wieder mitten in eine Gänseschar.

Spooky, wie er leibte und lebte. Er fasste einen Plan. Brachte sich in größte Schwierigkeiten. Rannte in die sichere Wohnung zurück. Das war sein Charme: Er war Liebender und Abenteurer zugleich. Er war ein Stubenhocker, der eine Stunde bei seinem Herrchen auf dem Schoß saß und in der nächsten Stunde Jagd auf Schlangen machte.

Er nahm sogar eine neue Katze in die Familie auf, ein schwarzes Kätzchen namens Zippo. Das war, kurz nachdem Bill seine Frau kennengelernt hatte, als er viel in Bars saß und arbeitete und Billard spielte und deshalb dachte, dass Spooky einen Gefährten brauchte. Irgendwann hatte sich Spooky mit FIV, »Katzen-Aids«, angesteckt, und deshalb suchte Bill per Annonce eine freundliche FIV-positive Katze. Es meldete sich ein junges Paar, das sich die Medikamente für seinen kranken kleinen Kater nicht leisten konnte, und ein paar Tage später kam Zippo in die Familie.

Spooky liebte ihn auf den ersten Blick. Er akzeptierte den Kater nicht nur vom ersten Moment an, sondern behandelte ihn wie einen Bruder. Wenn es jemals zwei Tiere gab, die füreinander geschaffen schienen, dann waren das Spooky und Zippo. Spooky war der Anführer, der stets etwas im Schilde führte, während Zippo … nun ja, Zippo war ein freundliches, niedliches Dickerchen. Spooky jagte Insekten, Zippo lag im Haus herum. Spooky folgte Bill die Straße hinunter, Zippo sah den beiden durchs Fenster nach. Wenn er sich doch einmal aus dem Haus bequemte, kam Zippo nicht zurück, wenn er gerufen wurde. Er ließ sich von einem Grashalm oder einem Schatten auf einem Zaun ablenken und kam erst wieder ins Haus, wenn ihm sein Futter hingestellt wurde. An einem Wochenende war Zippo gerade in eines seiner wenigen Abenteuer im Freien verstrickt, als er eine riesige Wolfsspinne im Gras entdeckte. Er spielte den ganzen Nachmittag mit der Spinne. Als er ihrer überdrüssig war, kam er ins Haus getrottet. Spooky hielt gerade ein Nickerchen auf dem Bett. Zippo sprang hinauf und schaute ihn an. Mit einem Ruck hob Spooky den Kopf. Er »horchte« auf die lautlose Nachricht, sprang augenblicklich vom Bett, rannte schnurstracks hinaus und fing an, ebenfalls mit der Spinne zu spielen.

Wie nahe standen sich die beiden Kater? Bill machte einmal kurz nacheinander drei Fotos von ihnen. Auf dem ersten leckte Zippo Spooky das Ohr. Auf dem zweiten hing Zippo die Zunge aus dem Maul, und sein Gesichtsausdruck war so schrecklich, als hätte er gerade etwas Scheußliches gefressen. Spooky sah so aus, als lachte er. Auf dem dritten Bild leckte Spooky Zippo das Ohr. *Schon gut, Bruder*, hätte er sagen können. *Diesmal hab ich dich reingelegt, aber wir sind immer noch Freunde.*

Die drei Jungs wussten, was sie aneinander hatten. Es war ein gutes Leben. Aber das hieß nicht, dass es ein leichtes Leben war. Nach der Scheidung war Bill verletzt und verwirrt, wusste nicht recht, was eigentlich passiert war, und dachte, dass mit ihm etwas nicht stimmte. Warum konnte ihn niemand lieben? Warum war es ihm nicht gelungen, eine gute Ehe zu führen? Zwischen ihnen war eine Mauer gewesen. In fünf Ehejahren hatte keiner von beiden auch nur ein Wort gesprochen, das von Herzen kam. Er gab nicht seiner Frau die Schuld. Er gab sich selbst die Schuld.

»Nach der Scheidung habe ich zeitweise sehr viel getrunken«, gesteht Bill, »und auch manchmal sehr viel gearbeitet.«

Als Kind auf der elterlichen Farm in Michigan hatte Bill davon geträumt, Förster zu werden. Er hatte einen Abschluss in Forstwissenschaft, hatte Waldbrände bekämpft und sogar für das Bureau of Land Management gearbeitet, aber auf seine alljährliche Bewerbung beim U. S. Forest Service hatte er immer wieder eine höfliche Absage bekommen. Er schnitt stets sehr gut bei den Eignungstests ab, doch die Jobs bekamen weniger qualifizierte Leute. Voller Verzweiflung über seine elfte Absage (nicht zu reden von seiner Scheidung) und überzeugt, dass die ganze Welt gegen ihn war, fuhr er aufs Gelände der ersten Fabrik, an der er vorbeikam. Während er das Bewerbungsformular ausfüllte, kam ein Vorarbeiter in das Büro, warf eine Akte auf den Tisch und sagte zu der Sekretärin: »Schreiben Sie ihm seinen letzten Scheck aus. Er ist fristlos entlassen.«

Er wandte sich an Bill und fragte: »Können Sie hartlöten?«

»Ja, sicher«, log Bill.

»Dann sind Sie eingestellt. Bringen Sie mir morgen früh Ihre Bewerbung.«

Bill verließ das Büro und ging in die nächste Bibliothek, um nachzusehen, was »Hartlöten« bedeutete. Er hatte keine Ahnung, was damit gemeint war. Es stellte sich heraus, dass Hartlöten das Löten bei höheren Temperaturen ist, wie man es zum Beispiel zur Verbindung von Kupferrohren anwendet. Er entdeckte darin eine Metapher für zwei ähnliche Substanzen (einen Mann und einen Kater), die eine unauflösliche Verbindung eingingen. Aber er sah auch berufliche Chancen. In der Fabrik wurden Schaufeln für Düsentriebwerke hergestellt; über das Hartlöten kam er in die Luftfahrtindustrie. Er arbeitete dann zweiundzwanzig Jahre in dieser Branche und war vor seiner Pensionierung im Jahr 2001 bei Boeing angestellt. Während dieser Zeit arbeitete er sehr oft bis an den Rand der körperlichen Erschöpfung und kämpfte so gegen seine Frustration an.

Doch auch wenn er sehr spät von der Arbeit heimkam und auch wenn das monatelang so ging, hielten ihm Spooky und Zippo die Treue. Manchmal war er sechzehn Stunden oder auch ganze Tage hintereinander außer Haus, doch sobald er todmüde oder betrunken durch die Tür trat, war Spooky immer zur Stelle, um ihn zu begrüßen. Bevor er sich hinsetzte, um zum Ausspannen ein bisschen fernzusehen, legte Bill sich alles, was er vielleicht brauchen würde, in Reichweite zurecht: Bier, Chips, Fernbedienung, Bücher, Papierhandtücher. Er wusste, dass Spooky auf seinem Schoß sitzen würde, bevor er selbst richtig auf der Couch saß, und wollte ihn nicht stören, indem er aufstand. Wenn er zu Bett ging, kroch Spooky wie immer neben sein Gesicht und verlangte, in den Arm genommen zu werden. Bill schlief mit seinem Schnurren im Ohr ein und atmete in sein Fell. Zippo schmiegte sich an Bills Rücken.

Als er sich nach und nach aus dem Nebel von Arbeit und Trinken befreite, war Bill bereit für eine Veränderung. Er wollte sich nicht mehr im Kreis drehen: die Trinkerei, die lange Reihe billiger Wohnungen, die geisttötenden Jobs und Spooky und Zippo als seine einzige Gesellschaft. Kurz vor seiner Heirat hatte sich eine Freundin mit AIDS infiziert. Das war Anfang der 1980er Jahre gewesen; alle waren damals entsetzt. Niemand ging mehr in ihre Nähe. Nur Bill berührte sie. Also sorgte er für sie: Er bekochte sie, badete sie, machte sie sauber. Er tat alles, nur Spritzen gab er ihr nicht. Er war dabei, als sie immer dünner wurde, und er war da, als sie starb. Seit 1968 hatte er sich nicht mehr so nützlich gefühlt.

Zehn Jahre später schränkte er das Trinken ein und suchte sich eine Nebenbeschäftigung im Gesundheitswesen. Nach seiner Zehnstundenschicht am Fließband der Flugzeugfabrik arbeitete er weitere zehn Stunden als Nachtwache in einem Rehazentrum für Drogenabhängige, aber mit nur drei Stunden Schlaf hält man nicht lange durch. Als ein Freund einen Gehirntumor bekam, bewarb er sich um eine Stelle in einer Klinik für traumatische Gehirnschäden, wo er Menschen half, die einen schweren Unfall erlitten hatten. Er wurde Hypnotherapeut. Er half Verbrechens-, Unfall- und Vergewaltigungsopfern in ihrem Kampf gegen ihre posttraumatischen Belastungsstörungen, ohne sich bewusst zu machen, dass er selbst unter einer solchen Störung litt. Es war eine körperlich, emotional und mental erschöpfende Arbeit.

Warum machte er das?

»Ich hatte das Gefühl, dass ich etwas zurückgeben musste.«

Warum?

Schweigen. »Wegen einiger der Situationen, in denen ich überlebt hatte, ohne getötet oder verstümmelt zu werden.« Wieder eine Pause. »Weil mir damals auch jemand geholfen hat.«

Während einer langen Flaute in der Flugzeugindustrie, in der er wie viele andere seinen Job verlor, arbeitete er in der Hospizbewegung und versorgte die Sterbenden zu Hause. Gleich zu Beginn schickte ihn seine Firma zu ihrer schwierigsten Patientin. Sie war bösartig und eigensinnig und nörgelte an allem herum, und kein Betreuer hatte es länger als ein paar Tage bei ihr ausgehalten. Am zweiten Tag brüllte sie Bill so laut und feindselig an, wie sie konnte, und da wandte er sich ihr zu und fragte: »Sie haben Angst vor dem Sterben, stimmt's?«

Sie beruhigte sich. Sie starrte ihn an. Sie sah aus, als wollte sie etwas sagen, doch dann schlug sie die Augen nieder und schaute auf ihre Hände. Bill setzte sich neben sie aufs Bett, und sie sprachen über ihr Leben, darüber, wie es gewesen war und wie es enden würde. Sie sprachen so lange, bis sie nichts mehr zu sagen wussten.

Ein paar Tage danach, an seinem freien Tag, bekam er einen Anruf von den Kindern der Frau. »Mom liegt im Sterben«, sagten sie. »Sie möchte Sie sehen.«

Als er ankam, bat er die Kinder, aus dem Zimmer zu gehen. »Sagen Sie mir noch einmal, wie es ist«, bat sie mit zitternder Stimme.

»Stellen Sie sich den schönsten Ort vor, an dem Sie je gewesen sind«, sagte Bill, »und Sie werden hinkommen.«

Sie schloss die Augen. Als sie wieder etwas sagte, klang es, als riefe sie aus weiter Ferne. »Sie hatten recht, Bill«, sagte sie leise und starb.

Dafür bin ich da, dachte Bill.

Er hängte seinen Beruf als Flugzeugmechaniker an den Nagel und widmete sich ganztägig der häuslichen Betreuung unheilbar Kranker. Er fand eine Krankenschwester, der er vertraute, und gründete eine Firma; sie arbeiteten abwechselnd jeweils fünf Tage, um eine ununterbrochene Pflege sicherzustellen. Wenn er arbeitete, ließ er Spooky und Zippo mit einem großen Eimer voll Katzenfutter allein. In der Fliegendrahttür war ein Loch, sodass die Kater draußen spielen konnten. Zippo blieb gern im Haus und schlief meistens, aber Spooky liebte die alten Holzfällerstädte in der Nordwestecke von Washington – Städte wie Darrington und Granite Falls –, die bei Bills jährlichen Umzügen abwechselnd an die Reihe kamen. Der Wald reichte bis dicht an die Häuser, und Spooky hatte nie so riesig hohe Bäume gesehen. Er jagte ohne Bedenken Eichhörnchen über zehn Meter hoch in die Bäume und streckte sich dann geruhsam aus, während das nervöse Eichhörnchen keckernd am dünnen Ende eines Astes saß. Nichts fand Spooky lustiger, als Eichhörnchen zu jagen. Es war, als sei er der Meinung, diese Tiere seien einzig zur Unterhaltung von Katzen auf der Welt. Die Wühlmäuse, die sich Gänge in den Waldboden gruben, waren zum Fressen da. Spooky grub sich durch die Kiefernnadeln, stellte sich auf die Hinterbeine, wenn er fand, wonach er gesucht hatte, und stürzte sich auf die hilflosen Kreaturen. Wenn er sich selbst überlassen war, konnte Spooky den ganzen Tag Wühlmäuse fangen.

Doch sobald Bill nach Hause kam und »Spooky! Spooky!« rief, ließ der Kater von seinen Wühlmäusen ab und kam angesprungen. Manchmal war er im Garten, manchmal zehn Häuser weiter. Bill rief laut »Spooky!« und sah ihn in der Ferne. Ein paar Sekunden, und Spooky setzte über den letzten Zaun. Bill erfuhr nie, was Spooky allein da draußen machte, aber er sah ihm für sein Leben gern bei seinen Hürdenläufen über die Gartenzäune zu. Manchmal konnte er nicht mehr rechtzeitig bremsen und knallte Bill voll gegen die Füße, und manchmal verbrachten sie einen ganzen Tag aneinandergeschmiegt im Haus, während Bill sich von den fünf Tagen mit einem sterbenden Menschen erholte und Spooky von seinen fünf Tagen allein mit Zippo.

Doch die Natur ist launisch: Manchmal ist man der Kater, manchmal die Wühlmaus. Eines Abends in Granite Falls brachte Bill den Abfall hinaus, als er ganz in der Nähe mehrere Kojoten hörte. Er nahm eine Bewegung wahr, den Schwanz eines Kojoten im Schatten, und dann sah er Spooky. Der Kater schwebte gewissermaßen in der Luft, er tanzte den vier Kojoten buchstäblich auf den Nasen herum, während sie nach ihm schnappten. Bill holte seine Axt, schrie so laut er konnte »Spooky!« und rannte los. Spooky tanzte weiter, stieß sich immer wieder von den Kojotengesichtern ab und sprang aus ihrer Reichweite, doch gerade als Hilfe kam, schlug ein Kojote die Zähne mit aller Macht in Spookys Gesicht und wollte ihn wegzerren. Bill schwang seine Axt und schrie, und der Kojote ließ sein Opfer fallen und rannte in den Wald.

Spooky sprang auf und lief in die entgegengesetzte Richtung, ins Haus. Als Bill nachkam, lag Spooky in einer Blutlache auf seinem Lieblingskissen. Bill brachte ihn auf dem schnellsten Weg zum Tierarzt. Er hatte eine klaffende Wunde und einen gebrochenen Kiefer, aber nach ein paar Wochen, in denen er nur flüssige Nahrung zu sich nehmen konnte, hatte er sich vollständig erholt. Trotz des Kojotenbisses hatte Spooky noch immer Spaß am Leben und noch immer sein prachtvolles ägyptisches Gesicht.

In Darrington, Washington, einer Holzfällerstadt nordöstlich von Seattle, am Rand des Mount Baker-Soqualmie National Forest, war es ein Bär. Bills Haus in diesem Jahr stand direkt am Sauk River, und jeden Tag trottete der Bär durch den Garten zum Fluss, fing einen Lachs, setzte sich ans Ufer und fraß ihn auf. Und jeden Tag schlüpfte Spooky zwischen den Beinen des Bären hindurch, schnappte sich ein Stück Lachs und rannte davon. Der Bär schlug jedes Mal mit der Tatze nach ihm, allerdings so uninteressiert, dass er Spooky nie traf. Eines Tages beobachtete Bill dann vom Küchenfenster aus, wie der Bär einen Fisch fing. Spooky klaute ihm einen Brocken. Der Bär schlug wie üblich mit der Tatze nach ihm. Doch diesmal hing das Stück Lachs, das sich Spooky geschnappt hatte, noch am Knochen, sodass seine Flucht jäh gebremst wurde. Der Bär erwischte ihn voll mit der Tatze, und er flog zehn Meter weit über ein paar Büsche in einen Nachbargarten.

Bill war untröstlich. Er dachte: *Das war's. Spooky ist erledigt. Sobald der Bär weg ist, gehe ich rüber und suche seine Überreste.*

Zwei Minuten später kam Spooky durch das Loch in der Fliegendrahttür herein. Er hatte drei gebrochene Rippen und eine klaffende Wunde an der Seite, aber das Stück Lachs hing ihm immer noch seitlich aus dem Maul.

Das war Spooky. Er war ein absolut treuer Freund. Aber

er war auch ein Kater, der ein Eichhörnchen in zwölf Metern Höhe auf einem Ast verfolgte und immer wieder sein Leben riskierte, um einem Bären ein Stück Fisch abzujagen. Und er war ein zäher Bursche. Keine Verletzung, mochte sie noch so ernst sein, konnte ihn dauerhaft außer Gefecht setzen. Spooky ließ nichts unversucht – er ritt auf einem fliegenden Ganter, legte Bill eine Schlange ins Bett, ärgerte einen Bären –, aber eines stand fest: Er würde immer zu Bill zurückkommen.

Bis er eines Tages doch wegblieb.

Es war in den Neunzigerjahren, während einer Wirtschaftsflaute. Nach acht Jahren hatte Bill seine Arbeit in der Betreuung Sterbender aufgegeben. Die emotionale Belastung war ihm zu viel geworden. Deshalb arbeitete er wieder in seinem früheren Beruf als Flugzeugmechaniker, erst in der Flugzeugindustrie und dann, nach erneuten Massenentlassungen, bei einem Hersteller von Bootsrümpfen. An einem Freitag kam der Besitzer in die Fertigungshalle und sagte: »Die Geschäfte gehen schlecht. Richtig schlecht. Ab Montag sind alle Bartträger entlassen.« Absurd. Aber ernst gemeint. Der Mann hasste Bärte, und in Washington durfte man offenbar entlassen werden, wenn es dem Boss nicht genehm war, wie man sein Haar scheitelte.

Bill fuhr nach Hause und überlegte das ganze Wochenende, was er tun sollte. Er war in Vietnam schwer verwundet worden. Drei Monate hatte er im Lazarett gelegen, mit einer Verletzung, über die er noch heute nicht spricht. Als die Verbände endlich abgenommen wurden, schaute er in den Spiegel und sah einen Vollbart. Er wollte nichts mehr mit der Army zu tun haben, und die Army wollte nichts mehr mit ihm zu tun haben, aber Bill Bezanson hing an seinem Bart. Über zwanzig Jahre hatte er ihn nie abgenommen. Kein einziges Mal. Und er würde auch jetzt nicht damit anfangen, beschloss er. Nicht für einen Job in einer Bootsbauerklitsche. Am Montagmorgen wurde er prompt entlassen. Wegen seines Bartes! Aber auch alle, die ihren Bart abrasiert hatten, wurden noch im Lauf desselben Monats entlassen.

Ein paar Tage später kam Bill abends ins Gespräch mit der Barfrau im örtlichen Elks Club und erzählte ihr von seiner Situation, und sie bot ihm an, für ein paar Tage in ihrem Haus zu wohnen. Sie werde den Sommer über wegfahren und brauche jemanden, der sich um ihre Ziegen kümmerte. Zwei Tage später bezogen Bill, Spooky und Zippo ein schönes neues Zuhause im Nordwesten von Washington. Nach zwei weiteren Tagen war die Frau wieder da. Sie hatte sich mit dem Mann zerstritten, den sie besuchen wollte, und hatte ihren Sommerurlaub kurzerhand gestrichen. Bill und die Katze sollten das Haus wieder räumen.

Das war keine erfreuliche Wende für einen arbeitslosen Metallarbeiter mitten in einer wirtschaftlichen Rezession. Bill konnte ohne feste Anstellung und ohne Rücklagen keine Wohnung mieten, und so fand er keine Lösung für sein Wohnungsproblem. Zwei Wochen lang suchte er vergeblich einen neuen Job, während die Hausbesitzerin immer ungeduldiger wurde. Schließlich fand er eine Arbeit als Pfleger von Schwerkranken. Es war ein guter Job und durchaus eine Erleichterung. Als Bill am Abend seines ersten Arbeitstags nach Hause kam, rief er lauthals »Spooky! Spooky!«. Er wollte feiern.

Kein Spooky.

Kein Spooky beim Abendessen.

Und auch zur Schlafenszeit kein Spooky.

Es musste etwas passiert sein. Bill suchte das ganze Viertel ab. Keine Spur von Spooky. Die Frau meinte, sicher hätten die Kojoten ihn erwischt. Bill glaubte das nicht. Er wusste, wie sich der Tod anfühlte, und er hatte dieses Gefühl nicht. Er glaubte einfach nicht, dass Spooky tot war. Er vermutete, Spooky müsse einen Unfall gehabt haben, versehentlich in einer Garage oder einem Schuppen eingesperrt worden sein, und werde heimkommen, sobald er wieder in Freiheit war. Abends stand Bill immer auf der Veranda und lauschte nach Spooky. Jede Nacht meinte er, Spooky in der Ferne miauen zu hören. Zippo war die ganze Zeit draußen und suchte auf seine Art nach Spooky, also konnte es auch Zippos Miauen sein, das der Wind herantrug. Aber Bill meinte, nein. Immer wieder wachte er mitten in der Nacht auf und war felsenfest davon überzeugt, er habe Spooky gehört. Er erklärte sich das damit, dass Spooky in einen alten Brunnen oder ein Erdloch gefallen sein müsse, und durchsuchte die Gärten und den Wald nach ihm. Noch nie im Leben war er so viel zu Fuß gegangen. Aber er konnte Spooky nicht im Stich lassen.

Doch die Tage vergingen, und Spooky tauchte nicht auf. Die Frau wollte Bill und Zippo endlich aus dem Haus haben. Sie war überzeugt, dass die Kojoten Spooky erwischt hatten; der blöde alte Kater war ihr ohnehin egal, sie wollte nur ihr Haus wieder für sich haben. Bill stritt sich jeden Tag mit ihr. Er werde auf keinen Fall ohne Spooky weggehen. Unter keinen Umständen.

Drei Wochen später waren er und Zippo immer noch in dem Haus. Die Frau stand an der geöffneten Haustür und schrie ihn an, er solle sich zum Teufel scheren. Bill weigerte sich. Wieder einmal. Nicht ohne Spooky, sagte er zu ihr. Nicht, solange die Möglichkeit bestand, dass Spooky noch lebte. Fuchsteufelswild drehte sich die Frau um, schaute in den Garten und wurde leichenblass. Sie musste sich am Türpfosten festhalten, um nicht zu Boden zu sinken. Durch den Vorgarten kam Spooky aufs Haus zu. Er war bis auf die Knochen abgemagert und verdreckt, aber er lebte.

Bill schloss ihn in die Arme. »Spooky, Spooky«, sagte er und vergrub sein Gesicht in seinem Fell. »Ich wusste, du würdest heimkommen.«

Noch am selben Abend zogen sie aus: Bill, Spooky und der pummelige Zippo. Bill hatte noch keine neue Bleibe gefunden. Er nahm nur seine Katzen und seine wenigen Habseligkeiten und fuhr los. Er schlief mit den Katzen in seinem Auto, bis er sein erstes Gehalt bekam.

Ein Jahr danach unterhielt er sich in einer Bar mit einem Fremden. Nach ein paar Drinks sagte der Mann: »He, Moment mal, Sie müssen der Typ sein, der bei meiner Mutter gewohnt hat. Die hat ihren Kater zusammen mit ihrem Abfall auf eine Müllkippe gefahren. Sie ist fast gestorben, als der Kater zurückgekommen ist.«

Die Müllkippe war dreißig Kilometer weit weg. Dreißig Kilometer! Spooky musste drei Wochen laufen, aber er kam zurück. Er hatte den Angriff einer Eule überlebt. Er hatte Kojoten ausgetrickst und den Tatzenhieb eines Bären überlebt. Er war auf eine Müllkippe geworfen worden und hatte den Weg nach Hause gefunden. Er war ein Überlebender.

Irgendwann kommt jedoch der Punkt, an dem es kein Zurück mehr gibt. Zippo erreichte ihn als Erster, 2001, im Alter von achtzehn Jahren. Er war zu einer Routineoperation in die Tierklinik gebracht worden – ein Tumor musste entfernt werden. Bill rief gegen Mittag frohgemut an und fragte, wie es Zippo gehe. Der Veterinär, Dr. Call, war Zippos und Spookys Tierarzt, seit sie vor fünfzehn Jahren nach Washington gezogen waren. Bald danach hatte Bill mit angesehen, wie ein Hund von einem Auto überfahren wurde. Er lief auf die Straße hinaus, hob den Hund hoch und fuhr ihn zum nächsten Tierarzt. Der Hund biss sich selbst und schrie vor Schmerz. Als Bill ihn beruhigen wollte, wich der Hund vor seiner Hand zurück und biss ihn dann in Nacken und Schulter. Auf dem Untersuchungstisch biss er um sich und heulte. Er war besinnungslos vor Schreck und Angst. Dr. Call kam herein, berührte den Hund sanft mit der bloßen Hand, und das Tier beruhigte sich auf der Stelle.

Bill war so beeindruckt, dass er tags darauf Spooky zu Dr. Call brachte. Spooky liebte den Arzt vom ersten Moment an. Und Dr. Call liebte Spooky. Später behandelte und pflegte er ihn nach dem Kojotenbiss und dem Tatzenhieb des Bären. Als er von der Geschichte mit der Eule hörte, schüttelte er fassungslos den Kopf. Er nannte Spooky immer seinen Wunderkater.

Doch jetzt musste sich Dr. Call zusammennehmen, damit seine Stimme nicht brach. Zippo, so erzählte er Bill, hatte allergisch auf die Narkose reagiert. Er war während der Operation gestorben. Der süße, dickliche Zippo. Noch am Tag zuvor war er springlebendig gewesen. Jetzt war er tot. Bill war erschüttert. Spooky untröstlich.

Auch Spookys Gesundheit hatte sich schon seit einigen Jahren verschlechtert. Er war fast einundzwanzig Jahre alt, und das Katzen-Aids hatte allmählich doch die Oberhand gewonnen. Er konnte kaum noch Nahrung bei sich behalten und bekam immer wieder schreckliche, auszehrende Fieberanfälle. Ohne Zippo wurde er nun obendrein lethargisch und übellaunig. Er vermisste seinen Kumpel, seinen faulen besten Freund. Wenn Bill von der Arbeit kam, schloss er als Erstes sämtliche Schranktüren. Spooky hatte sie tagsüber auf der Suche nach Zippo aufgemacht.

Bill legte sich eine andere Katze zu: ein schwarzes Kätzchen ganz ähnlich wie Zippo. Spooky sollte einen neuen Gefährten bekommen, aber er wollte nichts von der neuen Katze wissen. Spooky hatte sein Leben lang noch nie etwas oder jemanden gehasst (nicht einmal die armen Wühlmäuse – die waren nur seinem Jagdtrieb zum Opfer gefallen), aber dieses Kätzchen duldete er nicht in seiner Umgebung.

Die Fieberanfälle verschlimmerten sich. An den meisten

Tagen erbrach er alles, was er zu sich nahm. Sein Körper ließ ihn im Stich, und er war tief betrübt. Im August brachte Bill ihn zu Dr. Call, der ihm sagte, dass Spooky bald sterben würde. Er könne nichts mehr für ihn tun. Spooky habe nur noch wenige Tage zu leben. Und werde einen schmerzhaften, schwierigen Todeskampf haben.

Spooky war ein Überlebenskünstler, eine Kämpfernatur, ein Abenteurer und ein Schoßtier, ein treuer Freund und ständiger Begleiter über fast einundzwanzig Jahre hinweg. Er war immer zur Stelle gewesen, wenn Bill ihn brauchte. Er war die Konstante in Bills Leben. Jahrelang war er seine einzige echte Beziehung. Er war der Fixpunkt in all den Nächten, in denen Bill schlecht träumte oder seine Ängste wiederkehrten. Er kam immer nach Hause, wenn Bill ihn rief. Und sogar am Ende wollte er ihn nicht verlassen. Wenn sie die letzte Spritze bekommen haben, legen sich die meisten Katzen hin und schlafen friedlich ein. Spooky fuhr hoch, als die Nadel seine Haut berührte. Er miaute und versuchte verzweifelt, sich loszureißen. Dann drehte er sich um, schaute Bill in die Augen und brüllte wie ein Löwe. Als wollte er kämpfen. Als sei er nicht bereit, abzutreten. Als hätte Bill einen furchtbaren Fehler gemacht.

Der Schrei versetzte Bill Bezanson einen Stich ins Herz und ließ ihn nicht mehr los. Dr. Call schwor, dass Bill die richtige Entscheidung getroffen habe, dass Spooky nur noch weniger als eine Woche gelebt hätte und dass er furchtbare Schmerzen hatte. Doch dieser Schrei setzte Bill schwer zu. Spooky hatte leben wollen! Trotz seiner Schmerzen, obwohl er wusste, dass er starb, wollte er leben.

Ein paar Wochen später, am elften September 2001, stürzten die Zwillingstürme in sich zusammen. Bill Bezanson schaute von seiner Arbeit bei Boeing auf und fragte sich, ob noch mehr Maschinen kommen würden, ob die Helikopter alle abgeschossen wurden, ob er endgültig zurückgeblieben war. Er vermisste Zippo. Er vermisste Spooky. Er vermisste seine Beziehung. Er hatte die Sicherheit ihrer Gegenwart verloren. Er fühlte sich diesmal wahrhaft einsam und allein.

Dann bekam er einen Brief ohne Absender. (Später fand er heraus, dass er aus Dr. Calls Büro abgeschickt worden war.) Als er sieben Jahre später von Deweys Tod hörte, schickte er mir eine Kopie dieses Briefes. »Ich weiß, wie sehr man um eine Katze trauern kann«, schrieb er, »weil ich es selbst getan habe.« Er dachte, der Brief könnte mir helfen, weil er ihm geholfen hatte. Er lautete wie folgt:

TESTAMENT

Ich, Spooky Bezanson, bei schlechter Gesundheit, hinterlasse hiermit meinem Freund und Herrn mein Testament, in der Hoffnung, dass er sich meiner liebevoll erinnert, wann immer er an mich denkt.

Meine Zeit auf Erden war eine glückliche Zeit, voller froher Erinnerungen und sorgloser Stunden. Ich nehme keine weltlichen Besitztümer mit mir, weil Besitz und Eigentum nie zu meinen wichtigeren Anliegen gehört haben. Wichtig war mir, durch Gehorsam und unverbrüchliche Treue Vertrauen und Anerkennung zu gewinnen. Doch eines, das ich besaß und bis in alle Ewigkeit hochschätzen werde, war die Liebe meines Herrn, denn niemand hätte mich mehr lieben können als er.

Wenn ich nicht mehr bin und Du Gelegenheit findest, an mich zu denken, sei nicht traurig, denn ich ruhe in Frieden und spüre kein Unbehagen und keinen Schmerz mehr. All die Gebrechen, die Alter und Umstände mir auferlegt hatten, kümmern mich nicht mehr. Ich bin frei, um mit dem Wind im Gesicht und dem kitzligen Gras unter meinen Pfoten herumzutollen. Ich halte mein Nickerchen in der warmen Sonne und schlafe unter einer Decke aus Sternen. In dieser Freude warte ich auf Dich. Da wir so viele glückliche Stunden miteinander verbracht haben, bist Du sicher der Meinung, dass ich niemals zu ersetzen sei, und Du vielleicht den Rest Deines Lebens ohne ein Haustier als treuen Gefährten verbringen solltest. Mein Freund, versuche nicht, mich zu ersetzen, denn was wir gemeinsam hatten, ist unersetzlich. Wir sind in recht schwierigen (und kalten) Zeiten zusammengewachsen. Aber beraube Dich nicht der Wärme und Liebe, die ein anderer Gefährte Dir bringen kann. Ich würde auch nicht allein sein wollen.

Vor allem aber vergiss nicht, lieber Herr, dass ich immer bei Dir sein werde, in Deinem Herzen, in Deinem Geist und in Deinen Erinnerungen. Denn was wir hatten, war gestern etwas Besonderes, ist es heute und wird es immer sein. Und solltest du jemals eine kalte Nase auf der Haut spüren, obwohl kein Tier in der Nähe ist, dann sollst Du im tiefsten Herzen wissen, dass ich es bin, der Dir hallo sagt.

Bill Bezanson geht es jetzt besser. Die Angst und die Einsamkeit, die durch die Ereignisse vom elften September 2001 ausgelöst wurden, haben ihn dazu bewogen, sich an das örtliche Veterans Affairs Center um Rat und Hilfe zu wenden, und er stellte sich endlich seinen Erinnerungen an Vietnam und vor allem an den September 1968. Er hatte unter dem Kampfoder-Flucht-Syndrom gelitten, einer biologischen Reaktion, ausgelöst durch die unbewusste Überzeugung, dass die Welt unsicher ist, dass man, um am Leben zu bleiben, entweder fliehen oder sich verteidigen muss. Über dreißig Jahre lang war Bill Bezanson auf der Flucht gewesen.

»Was hätten Sie mir von Ihrem Leben vor diesem Durchbruch erzählt?«, fragte ich ihn.

»Ich hätte gar nicht mit Ihnen geredet.«

So einfach war das.

Ein paar Monate später, Ende 2001, ging Bill in Rente. Er nahm noch ein weiteres Kätzchen bei sich auf, damit sich die Katze, die er mitgebracht hatte, als Spooky krank war, nie einsam fühlte. Nachdem er jahrzehntelang zur Miete gewohnt hatte, kaufte er sich eine Eigentumswohnung im nordwestlichen Washington. Er verspürte nicht mehr den Drang, zu fliehen, und in dem September malte er seine gesamte Eigentumswohnung aus.

Im Jahr 2002 kaufte er sich ein Haus außerhalb von Maple Falls, Washington, einer Kleinstadt nicht weit vom Mount Baker und der kanadischen Grenze. Er ist sich immer noch nicht sicher, ob er wirklich irgendjemanden an sich herangelassen hat, aber er hat sich ein Zuhause fürs Leben geschaffen und gute Freunde in der Nachbarschaft gewonnen. Mr Helpful nennen sie ihn. Er baute seinem Nachbarn, der gegen den Krebs kämpft, eine Veranda. Eine Nachbarin, eine neunzig Jahre alte, pensionierte Lehrerin mit Makuladegeneration, fährt er in seinem Auto, wenn sie etwas zu erledigen hat. Sein Vater starb vor zehn Jahren nach einem langen Kampf gegen den Krebs, nachdem er den Schwestern, die ihn betreuten, nur eine einzige Geschichte erzählt hatte – die Geschichte von dem Waschbären, der seinen Sohn Billy so liebte, dass er von einem Baum sprang, um ihn zu begrüßen, und seine Babys auf die Veranda brachte, damit er sie kennenlernte –, aber Bill hat wieder Kontakt zu seiner Mutter. Er ruft sie zwei- bis dreimal pro Woche in Michigan an.

Hin und wieder lädt er sich Freunde ein: andere Rentner, Nachbarn, Menschen, die er bei der Arbeit oder in den letzten paar Jahren kennengelernt hat. Sie trinken ein paar Gläser miteinander, lachen und plaudern. Irgendwann im Lauf des Abends greift dann immer jemand nach unten und reibt sich die Rückseite seiner Wade. »Ich dachte, ich hätte etwas gespürt«, sagt er, wenn Bill ihn dabei beobachtet. »Etwas Kaltes. Aber da ist nichts.«

Bill sagt dann nichts, aber er weiß, dass da doch etwas war. »Es könnte Zippo sein«, sagte Bill zu mir, aber ich sah ihm an, dass er es nicht ernst meinte. Das ist nur ein Gefallen gegenüber einem alten Freund. Im tiefsten Herzen weiß er, dass es Spookys kalte Nase war. Der Kater hat ihn nie verlassen. Er kommt immer noch manchmal vorbei, um hallo zu sagen. Er wartet darauf, dass Bill heimkommt.

4

Tabitha, Boogie, Gail, BJ, Chimilee,
Kit, Miss Gray, Maira, Midnight,
Blackie, Honey Bunny, Chazzi, Candi,
Nikki, Easy, Buffy, Prissy, Taffy ...
und andere

*»Als ich Ihr Buch las, musste ich daran denken,
was für ein tolles Buch es geworden wäre, wenn wir
über unser Leben hier auf Sanibel Island in Florida
Tagebuch geführt hätten. Mein Mann leitet eine Fe-
riensiedlung auf der Insel, und ich bearbeite die Reservierungen. Eines Abends gingen wir auf dem Gelände
spazieren, und eine wunderschöne Katze folgte uns bis
nach Hause, und ich habe sie natürlich gefüttert, und
sie kam natürlich immer wieder ... Tja, um es kurz
zu machen: Am Schluss hatten wir 28 Katzen.«*

Ich liebe Sanibel Island, Florida. Ich bin über die Jahre zu Bibliothekstagungen im ganzen Land gefahren – und habe tanzend und lachend jede Minute genossen –, aber für mich geht nichts über diese Insel. Dank meinem Bruder Mike, der mit dem früheren Manager befreundet war, bin ich über zwanzig Jahre in eine dortige Ferienanlage gefahren, Premier Properties of Pointe Santo de Sanibel. Ich war auch in der Woche nach Deweys Tod dort. Mikes Tochter heiratete, und ich packte gerade für die Reise, als ich den Anruf bekam. Dewey sei nicht so wie sonst.

Ich fuhr sofort zur Bibliothek und brachte ihn zum Tierarzt. Ich dachte, es sei Verstopfung, ein häufiges Problem bei unserem ältlichen Kater. Ich war wie betäubt, als der Tierarzt Wörter wie *Tumor, Krebs, starke Schmerzen* und *keine Hoffnung mehr* gebrauchte. Mir war, als wäre ich von einem Vorschlaghammer getroffen worden, doch als ich Dewey in die Augen schaute, sah ich, dass es stimmte. Er hatte es wochenlang, vielleicht sogar monatelang vor mir verborgen, aber jetzt verbarg er nichts mehr. Er hatte Schmerzen. Und er bat mich um Hilfe.

Ich unterschrieb die Formulare. Ich hielt ihn in den Armen und drückte ihn an mein Herz. Ich sah zu, wie sich seine Augen schlossen. Betäubt vor Schmerz, veranlasste ich seine Einäscherung. Dann hastete ich nach Hause, packte meine Koffer fertig, holte einen Tag später als geplant meinen Vater ab und fuhr nach Omaha. Im Haus meiner Tochter umarmte ich meine Zwillingsenkel und fuhr mit allen zum Flughafen. Wir saßen noch gar nicht richtig, als die Maschine abhob. Dann mussten natürlich die Zwillinge, die erst zwei Jahre alt waren, mit Saft und Buntstiften versorgt und in den Arm genommen werden, bis die Maschine ihre Flughöhe erreicht hatte und den Kindern die Ohren nicht mehr wehtaten. Als ich endlich irgendwo über Missouri durchatmen konnte, nahm ich die völlig zerlesene Bordzeitschrift in die Hand. Das Kreuzworträtsel hatte schon jemand gelöst. Mit Kugelschreiber. Igitt. Doch auf der nächsten Seite war ein Bild von einer Katze. Ich fing an zu weinen und weinte den ganzen Rest der Reise bis nach Sanibel Island.

Ich hätte keinen besseren Ort zum Trauern finden können. Sanibel Island, und vor allem Premier Properties of Pointe Santo, ist der erholsamste Ort auf der ganzen Welt. Der Strand ist kristallweiß und fast leer. Bis auf die bösartigen kleinen Kreaturen, die einen erbarmungslos beißen, wenn die nackte Haut mit dem Sand in Berührung kommt. Aber das ist wirklich ein geringer Preis für dieses Paradies, in dem man (in Flip-Flops) an der Brandung entlanglaufen, korallenrote Muschelschalen sammeln, auf dem Balkon sitzen und Delphinmütter mit ihren Jungen dicht vor der Küste beobachten kann. Nachmittags entspanne ich mich gern zum Gesang der Spottdrosseln. Selbst der über einen Meter lange Alligator auf dem Gelände ist cool. Manchmal sieht man ihn träge über den Rasen schlurfen, ohne die Sonnenliegen eines Blickes zu würdigen.

Und dann die Sonnenuntergänge. In Iowa gibt es ab und zu ein Abendrot mit einem Rausch aus Rosa-, Orange- und Goldtönen. Auf Sanibel Island ist es immer so; die leuchtenden Farben beherrschen den Himmel, versinken dann langsam im tiefblauen Wasser des Golfs und lassen die Sterne erstrahlen. Man schaut vom Strand auf oder von dem Wein, den man auf seinem Balkon trinkt, und fühlt sich glücklich und frei, voller Ehrfurcht vor der Schönheit der Natur und bereit, einen Toast auf das vollkommene Ende eines herrlichen Tages auszubringen.

Jedenfalls ist es fast immer so. Da ich an einer Hochzeit teilnehmen und Verwandte, die ich lange nicht gesehen hatte, beruhigen (oder manchmal absichtlich übersehen) musste, würde die Woche nach Deweys Tod ziemlich verrückt werden. Zum Glück lenkte mich meine Enkelin Hannah, das Blumenmädchen, auf typisch kindliche Art ab: Sie steckte mich mit der Grippe an, ebenso wie siebenundzwanzig weitere Leute bei der Generalprobe zum Hochzeitsessen. Ich verbrachte fast die ganz Woche damit, zusammen mit Hannah auf der Couch zu sitzen und Zeichentrickfilme anzuschauen, und starrte immer nur kniend in die Kloschüssel, statt die Delphine zu beobachten, die sich in der Brandung tummeln. Ich war zu schwach zum Telefonieren, Fernsehen oder E-Mailen (ich war eigentlich sogar zu schwach, um mir die erstaunlichen Abenteuer von Dora the Explorer anzusehen), und deshalb konnte ich nicht ahnen, dass daheim in Spencer Deweys Popularität alle Grenzen sprengte und die Telefone in der Bibliothek heißliefen. Ich konnte nur durchs Fenster aufs Meer hinausschauen und darüber nachdenken, welch winziger Teil der Welt wir alle zusammen sind und wie schön es war, dass es vom Fernseher bis zur Toilette nur drei Meter waren. Selbst wenn man sich fünfmal am Tag übergeben muss, geht eben nichts über Sanibel Island.

Ich wusste deshalb, was Mary Nan Evans meinte, als sie mir sagte, was sie bei ihrem ersten Aufenthalt auf Sanibel Island gedacht hatte: »Ich könnte es mir auf keinen Fall leisten, hier zu wohnen.« Das Paradies war schließlich schon seit Langem für die Reichen und Mächtigen reserviert, und Mary Nan war wie ich ein Mädchen aus einer Kleinstadt im Mittleren Westen. Ihr Mann Larry, Wartungsspezialist in einem

Krankenhaus in Waverly, Missouri, war zum Angestellten des Jahres für den westlichen Teil des Staates ernannt worden, und seine Prämie waren vier Tage auf dieser kleinen Insel vor der Südwestküste Floridas. Mary Nan war schon oft in Florida gewesen – sie hatte eine Tante, die in Fort Myers lebte, nur ein Stück die Küste hinauf –, aber die Verschmelzung des strahlend blauen Himmels mit dem strahlend blauen Wasser rings um den leuchtend grünen Streifen von Sanibel Island war schöner als alles, was sie bis dahin gesehen hatte. Sogar die weißen Häuser am Horizont sahen aus wie scharfe Wolkenränder. Als sie über den langen Damm fuhr, der die Insel mit dem Festland verbindet, dachte sie: *Präg dir das ein, Mary Nan, denn hier wirst du nie wieder herkommen.*

Vier Jahre später, 1984, waren sie und Larry wieder da, zumindest in Florida, aber diesmal nicht für einen viertägigen Urlaub. Vielmehr waren sie auf Arbeitssuche. Angesichts von Larrys fünfzehn Jahren als Wartungstechniker waren sie zuversichtlich, dass er in einer der vielen Ferienanlagen an der Küste eine Stelle finden würde. Und eine Wohnung dazu, denn die technische Leitung eines großen Gebäudekomplexes voller Touristen, die eine kaputte Eismaschine keine zwanzig Minuten, geschweige denn zwei Jahre lang überleben würden, war ein Rund-um-die-Uhr-Job, in dem man sich um die seltsamsten Wünsche und Beschwerden der Gäste kümmern musste. Aber es gab ein Problem. Wenn Larry erwähnte, dass er eine Katze besaß, wiesen ihn die Besitzer der Ferienanlagen ab. Tut uns leid, sagten sie. Haustiere sind verboten.

Sich von Tabitha zu trennen, ihrer geliebten Siamkatze, kam nicht infrage. Larry und Mary Nan hatten sie fünfzehn Jahre zuvor, 1969, aufgenommen, als Larry am Ende seines Militärdienstes in Kalifornien stationiert war. Kurz vor Thanksgiving hatte Mary Nan in der Standortzeitung eine Anzeige gelesen: neugeborene Katzenjunge abzugeben. Sie hatten nur zwanzig Dollar, die sie sich mühsam von Larrys Sold als Wehrpflichtiger abgespart hatten, aber Mary Nan überredete Larry, sich die Kätzchen einmal anzuschauen. Als sie in der Wohnung eintrafen, kamen winzige Siamkätzchen aus einem hinteren Zimmer getapst. Die meisten waren noch sehr wacklig auf den Pfoten und fielen andauernd um, aber eines kam geradewegs zu Mary Nan und taumelte ihr in die Arme. Mary Nan drückte es an ihre Brust, und es streckte sich und schnupperte an ihrem Kinn.

»Eigentlich wollte ich ein Mädchen«, sagte sie der Frau mit den Katzen.

»Na ja, sie halten das Einzige in den Händen«, erwiderte die Frau.

Mary Nan gab der Frau zehn Dollar für ihre Auslagen und nahm Tabitha mit. Von da an gaben sie fast ihr Leben lang den größten Teil ihrer gemeinsamen Ersparnisse für Katzenstreu und Katzenfutter aus. An dem erwähnten Thanksgiving setzten sich Mary Nan und Larry Evans an den Tisch und sprachen bei zwei Fertiggerichten in Alufolie das Tischgebet. Mary Nan erinnert sich nicht mehr genau, aber wahrscheinlich war es Swanson's Truthahn mit Bratensoße. Mit einem Kirschtörtchen als Nachspeise. Nachdem sie Katzenfutter gekauft hatten, konnten sie sich kein anderes Thanksgiving-Essen mehr leisten.

Aber Tabitha war es wert, denn sie war die süßeste, treueste Katze, die sich ein Ehepaar nur wünschen konnte. Sie wollte nie etwas anderes als ihr Futter. Sie gab immer nur höflich leise Laute von sich. Sie sehnte sich nie nach anderer Gesellschaft als der ihrer Eltern, war aber auch nie unfreundlich zu Besuchern oder Handwerkern. Solange sie im Haus war, machte sich Tabitha um nichts Sorgen. Sie schlief. Sie ruhte. Sie ließ sich von Larry den Hals und die Oberseite des Kopfes absaugen – ja, mit dem Staubsaugerschlauch – und schloss die Augen, während die Maschine lose Haare aus ihrem Fell saugte. »Sie freundete sich sogar mit einer Maus an«, erzählte mir Larry. Mehrere Male kam er dazu, wie sie im Wohnzimmer saß und nur unverwandt zuschaute, wie eine uralte Maus mit grauen Schnurrhaaren (laut Larry, der offenbar Experte für Mäuseschnurrhaare ist) zu ihrem Loch taperte. Ich habe keine Ahnung, wie Mary Nan das aushielt. Ich an ihrer Stelle hätte von meiner Katze – oder zumindest von Larry – verlangt, die Maus zu beseitigen. Aber sie kreidete Tabitha diesen Akt der Barmherzigkeit nicht an. Jede Nacht schlief die Katze in der Bettmitte zwischen Larry und Mary Nan. Wenn Mary Nan in der Nacht aufwachte, stellte sie oft fest, dass Tabitha auf ihrer Brust saß und ihr ins Gesicht schaute. Absolut mäusefrei.

Mary Nan genierte sich nicht, Larry oder irgendjemandem aus ihrem Freundes- und Bekanntenkreis von Tabithas Rolle in der Familie zu erzählen. Sie und Larry konnten keine Kinder bekommen (Tabitha konnte das auch nicht, doch das war die Entscheidung ihrer Besitzerin gewesen), und Tabitha war wie die Tochter, die sie nie haben würden, mit der sie hätten streiten oder die sie hätten anflehen können, nicht mit diesem »schrecklichen Jungen« zu gehen, den alle Mädchen »so süß« fanden. Eine Zeit lang trug Mary Nan Tabitha sogar in einer Babydecke herum, die ihre Großmutter ihr gehäkelt hatte.

Natürlich sind Katzen keine Kinder, und sie wurden auch nicht in ihrer Dienstwohnung an dem Militärstützpunkt geduldet. Deshalb verheimlichte Mary Nan Tabitha sorgsam vor den Nachbarn. Wenn sie Tabby ins Auto brachte, um mit ihr zum Tierarzt zu fahren, trug sie sie nicht in einem Transportkorb, sondern in einer braunen Papiertüte, wie Lebensmittel aus dem Supermarkt. Tabitha beklagte sich nie. Kein einziges Mal. Sie liebte es sogar. Braune Papiertüten wurden ihr Lieblingsspielzeug, und sie spielte manchmal stundenlang, den Kopf in so einer Tüte, auf dem Boden herum. Sie liebte auch das Auto. Oft miaute sie in der Wohnung, weil sie zum Auto hinuntergebracht werden wollte. An milden Tagen, und davon gab es viele in Südkalifornien, ließ Mary Nan die Katze auf dem Mittelteil des Rücksitzes, den Tabby bereits mit den Krallen zerfetzt hatte. Etwas Futter und Wasser, und Tabby hätte in dem Auto gelebt, so sehr liebte sie es.

Als Mary Nan und Larry nach Sanibel Island fuhren, kam Tabby schon in die Jahre. Nachdem Larry beim Militär aufgehört hatte, zogen sie in seine Heimatstadt Carrollton, Missouri, eine Kleinstadt mit etwa viertausend Einwohnern zurück, in der er Mary Nan zum ersten Mal gesehen hatte, als sie knapp sechzehn und er gerade mal zwanzig Jahre alt war. In Missouri arbeitete Larry als Wartungstechniker, und Mary Nan führte den Haushalt. Sie waren zufrieden. Doch die kalten Winter in Missouri waren Gift für Tabbys Gelenke, und nach zwölf guten Jahren wurde sie allmählich langsamer. Mary Nan legte eine Decke, die Larrys Großmutter gestrickt hatte, mehrmals gefaltet an der Heizung auf den Boden. Tabby saß auf der Decke, bis sie vor Hitze fast umkam, aber die Katzensauna nützte ihren Gelenken nichts. Tabby war für Mary Nan die Liebe ihres Lebens, und sie war auf dem absteigenden Ast.

Tabby zurückzulassen, das kam für Larry und Mary Nan nicht infrage. Nicht für einen Monat und nicht für eine Woche, selbst wenn das bedeutete, dass Mary Nan ihren Traum von Florida (und es war ihr Traum, nicht der von Larry) begraben und sie beide unverrichteter Dinge die lange Rückreise nach Carrollton antreten mussten.

»Ich hab noch eine Nummer, wo ich anrufen kann«, sagte Larry nach zwei Wochen Suche zu seiner Frau. »Wenn da auch nichts draus wird, fahren wir heim.«

Er rief an. »Ich sage Ihnen gleich«, sagte er, »dass ich eine Katze habe und mich nicht von ihr trennen werde.«

»Ja, und?«, sagte der Mann am anderen Ende. »Ich habe zwei.«

Ein paar Wochen später hatten Larry, Mary Nan und Tabby Evans alle ihre Sachen in einen kleinen Bungalow gegenüber dem Colony Resort auf Sanibel Island verfrachtet. Diesmal wusste Mary Nan, dass sie im Paradies bleiben durfte. Die Ferienanlage befand sich am östlichen Ende der Insel mit seinen Wohngebieten, weit weg von den überfüllten Läden und Hochhäusern. Die einzelnen in Privatbesitz befindlichen Bungalows und Eigentumswohnungen des Colony Resort waren über ein Gelände mit Palmen, Büschen und Rasenflächen verteilt. Nach Osten zu führte ein Plankenweg über einen fünfzig Meter breiten Streifen spärlich bewachsener Sanddünen zu einem breiten, weißen Strand und dem herrlich blauen Wasser des Golfs von Mexiko. Einen kurzen Fußmarsch entfernt lag die Spitze der Insel mit ihrem berühmten Leuchtturm. Nach Einbruch der Dunkelheit war der Himmel schwarz und voller Sterne, weil keine Straßenlaternen das stille Wunder einer Nacht auf Sanibel Island stören durften.

Sogar auf Tabby mit ihren fünfzehn Jahren und ihrer sich ständig verschlimmernden Arthritis wirkte das wie eine Verjüngungskur. Mary zog lässige Khakishorts an, setzte ein Dauerlächeln auf, kaufte sich ein Fahrrad mit Ballonreifen und einem großen Korb am Lenker, und Tabitha konnte überallhin mitfahren. Während die Mädels in aller Ruhe ihre Besorgungen machten, nutzte Larry seine Wochenenden, um die Veranda auf der Rückseite des Bungalows mit Fliegendrahtfenstern zu versehen, und nach einem anstrengenden Vormittag im Fahrradkorb (der Fahrtwind kann das Fell einer Katze ganz schön zerzausen!) ruhte sich Tabitha den ganzen Nachmittag dort aus, in der warmen Sonne und der erfrischenden Brise vom Meer. Mary Nan und Tabby verbrachten auf dieser Veranda viele Stunden miteinander. Mary Nan widmete sich ihren Kreuzsticharbeiten, und Tabby hatte nichts anderes zu tun als ihren Lebensabend zu genießen.

Vielleicht war es der Anblick der auf ihrer Privatveranda sich räkelnden Tabby, der die kleine getüpfelte Katze anlockte. Oder auch die offensichtliche liebevolle Zuwendung (Fressen inklusive), die Mary ihrer hübschen Siamesin angedeihen ließ. Oder vielleicht war es einfach nur unabwendbar. In den 1980er Jahren wimmelte es auf Sanibel Island von wild lebenden Katzen. Man konnte sie überall sehen: Sie liefen neben der Straße durchs Gebüsch, strichen um Gartengrills herum und suchten die mit Seegras bewachsenen leeren Grundstücke ab, die im Lauf der Zeit mit Privatvillen, Hotels und mehrstöckigen Eigentumswohnhäusern bebaut werden würden. Aber vielleicht wollte die kleine getüpfelte Katze auch nur einen leichteren Weg finden, in dem Paradies zu überleben, als sie Mary Nan und Larry bei einem Abendspaziergang nachlief. Sie konnte nicht auf die Veranda, aber jedes Mal, wenn einer von beiden hinausging, saß sie vor der Haustür.

»Ich geb jetzt dieser Katze ein bisschen Milch«, sagte Mary Nan zu Larry, nachdem sie einige Tage zugesehen hatte, wie die Katze sie beobachtete. Das arme Ding war dünn wie ein Uferläufer und fast genauso nervös, aber nachdem Mary Nan sie einmal gefüttert hatte, verließ sie den Garten nicht mehr.

»Hab ich mir gedacht«, murmelte Larry und verdrehte mit einem gedankenverlorenen Lächeln die Augen.

»Welchen Namen soll ich ihr geben?«, fragte Mary Nan die beiden kleinen Jungen, die im Haus nebenan wohnten.

»Nennen Sie sie Boogie«, sagten sie.

»Was ist denn ein Boogie?«

Die Jungen sahen sich an. »Weiß nicht«, antwortete der eine.

»Also gut«, sagte Mary Nan lächelnd. »Dann heißt sie ab sofort Boogie.«

Zwei Monate später blieb Larry auf dem Weg zur Arbeit vor dem Haus stehen. »Mary Nan«, rief er mit einem unüberhörbaren Unterton genervter Gutmütigkeit, »komm mal raus und schau dir an, was du gemacht hast.«

Auf der Vorderveranda waren drei hinreißende, zappelige, schlappohrige Kätzchen. Boogies Junge.

»Dann haben wir jetzt wohl fünf Katzen«, sagte Mary Nan und eilte ins Haus, um Milch zu holen.

Ein Jahr darauf ging der Geschäftsführer der Ferienanlage in Pension. Larry wurde sein Nachfolger, und die ganze Familie zog über die Straße in einen Bungalow auf dem Resort-Gelände. Tabitha war inzwischen gestorben. Ihre Gesundheit hatte sich gravierend verschlechtert, aber Mary Nan und Larry brachten es nicht über sich, sie einschläfern zu lassen. In ihrer letzten Woche musste Larry geschäftlich aufs Festland verreisen, und Mary und Tabitha fuhren wegen der Autofahrt mit. In dem Auto auf dem zerfetzten Rücksitz zu fahren, war nach wie vor Tabbys Lieblingsbeschäftigung – besser noch als das Fahrrad oder die Veranda. Um sie ins Hotel zu schmuggeln, wickelte Mary Nan sie in eine Decke und tat so, als sei sie ihr Baby, genau wie sie es mit der jungen Tabby getan hatte, aber die Umstände lohnten sich. Während Larry arbeitete, fuhr Mary Nan Tabitha in Fort Myers herum und dreißig Kilometer die Küste hinauf und hinunter.

Wieder zu Hause, brachten sie Tabby zum Tierarzt. »Es ist Zeit«, sagte er schlicht. Mary Nan und Larry antworteten nicht. Sie wussten, dass er recht hatte, und es war die schwerste Entscheidung, die sie je treffen mussten. Tabitha war für sie wie eine Tochter gewesen; sie hatte sie durch ihre bloße Anwesenheit getröstet, durch ihre unverbrüchliche Liebe und ihren Verzicht darauf, sich mit den falschen Katern abzugeben. Obwohl sie wussten, dass sie litt, brach es ihnen das Herz, sie einschläfern zu lassen. An diesem Nachmittag saßen Larry und Mary Nan zusammen auf einer Bank, schauten schweigend aufs Meer hinaus und lagen sich weinend in den Armen.

Aber sie hatten ja noch vier andere Katzen: Boogie, die getüpfelte Katze, die Mary Nans Herz erobert hatte, und ihre drei Jungen. Alle vier hielten sich am liebsten im Freien auf, hatten aber offenbar nicht die Absicht, sich jemals außer Sichtweite zu entfernen. Da es im Sommer auf Sanibel Island viele heiße Tage gibt, baute Larry neben der Veranda eine Katzenhütte. Der Kasten hatte gut einen Meter im Quadrat, ein Holzdach als Sonnenschutz und Wände aus feinmaschigem Drahtgeflecht, damit die kühle Luft hindurchstreichen konnte. Er baute sogar einen Ventilator mit Drahtgeflecht davor, damit die Katzen es auch an den seltenen schwülen Tagen kühl hatten, an denen kein Wind vom Meer her wehte.

Von ihrer gemütlichen Veranda aus beobachtete Mary Nan ihre Katzen, dachte an die stillen Tage mit Tabitha und wünschte sich ebenfalls so einen schönen Ventilator im Haus. Bald darauf schaute sie zu, wie eine der Katzen auf dem Dach des Katzenhauses einen Wurf nasser Jungen zur Welt brachte. Und am nächsten Tag sah sie, wie eines der wimmernden Katzenbabys, das die Augen noch geschlossen hatte und noch nicht laufen konnte, vom Dach rollte und verschwand. Mary Nan lief hinunter, um nach dem vermeintlich verletzten oder toten Kätzchen zu sehen, aber das Baby lag unversehrt und quicklebendig im Gras und rief leise nach der Mutter.

Ich sollte diese Katzen wirklich kastrieren lassen, dachte sie.

Da nun so viele Katzen – inzwischen sieben an der Zahl – zu füttern waren, stellte Larry mehrere Schüsseln in einer Reihe neben der Haustür auf. Jeden Morgen, bevor er selbst frühstückte, tat er in alle Schüsseln Futter. Die Katzen kamen angelaufen … aber alle rannten zur selben Schüssel. Egal, wie viele Möglichkeiten ihnen angeboten wurden, sie wollten immer alle gleichzeitig aus ein und derselben Schüssel fressen. Die jungen Kätzchen krabbelten übereinander, stolperten, fielen hin und balgten sich, während die größeren die Schnauze in die Schüssel steckten, sich gegenseitig beiseitedrängten und das Futter gierig hinunterschlangen. Mary Nan und Larry mussten unwillkürlich lachen.

Mit der Zeit lockte das reichliche Futter immer mehr wild lebende Katzen an. Erst waren es zehn. Dann zwölf. Und dann … Wo kam diese Katze her?, fragte sich Larry jedes Mal. *Kenne ich diese Katze? Jedenfalls benimmt sie sich so, als ob sie hierhergehört.* Aber … *Ach, was soll's*, dachte Larry, *geben wir ihnen noch eine Handvoll Futter.* Mary Nan war es, die anfing, ihnen Namen zu geben. Zusammen mit der Kastration jener Katzen, die sie als ihre eigenen ansah, hielt sie dies für die beste Art, Ordnung in der Kolonie zu schaffen. Aber die Katzen machten nicht mit. Sie kamen und gingen, vor allem aber kamen sie in immer größerer Zahl. Nicht lange, und man konnte kaum noch zehn Schritte im Colony Resort machen, ohne dass einem eine Katze über den Weg rannte. Jedes Mal, wenn Mary Nan und Larry den Plankenweg zum Strand hinuntergingen – und sie gingen jahrzehntelang jeden Abend Hand in Hand zum Strand –, folgten ihnen viele Katzen wie eine Entenschar. Sie konnten das Getrappel der Pfoten auf den Planken hören, ein Geräusch, das sich schließlich mit dem leisen Rauschen der Brandung vermischte, wenn die kleine Gruppe die letzten Dünen hinter sich ließ. Manche der Katzen wanderten in die Dünen – Katzen lieben bekanntlich den Sand –, aber die meisten warteten auf dem Plankenweg, balgten sich oder machten Jagd auf die für das menschliche Auge unsichtbaren Insekten, bis Larry und Mary Nan von ihrem Abendspaziergang zurückkehrten. Dann machte die Schar auf dem Plankenweg kehrt und lief nach Hause.

Chazzi, Taffy, Buffy, Miss Gray.

Maira. Midnight. Blackie. Candi. Nikki. Easy.

»Kannst du dich noch an mehr erinnern?«, fragte Mary Nan über die Schulter, den Telefonhörer noch am Ohr.

»Ich weiß nicht«, sagte Larry im Hintergrund. »Hast du Chimilee erwähnt?«

»Natürlich hab ich Chimilee erwähnt, Larry. Er war mein Liebling.«

Als kleines Kätzchen hatte sich Chimilee eine schwere Verletzung an der Vorderpfote zugezogen, wahrscheinlich bei einem Kampf, und die Rechnung des Veterinärs belief sich auf einhundertsechzig Dollar. Nach der Operation sagte Mary Nan zu Larry: »Dieser Kater gehört mir. Ich hab zu viel in ihn investiert, um ihn einfach gehen zu lassen.« Also zog Chimilee – der Mary Nans Behauptung zufolge wie Dewey aussah – in den Bungalow. Er war ein großer, schwerer gelber Kater, der gern bei Mary Nan oder Larry auf dem Schoß saß, aber auch nichts dagegen hatte, sie mit einer wachsenden Zahl von Artgenossen zu teilen. Nach Chimilee, argumentierte Mary Nan, gebe es keinen Grund mehr, die anderen Katzen nicht auch ins Haus zu lassen, deshalb öffnete sie jeden Abend das Fenster, um die Nachtluft einzulassen. Sie dachte, die meisten Katzen würden sich nicht die Mühe machen, ins Haus zu kommen, da sie es ja draußen auch gemütlich hatten, doch ein paar Nächte später wollte sich Larry im Bett umdrehen und stellte fest, dass er unter einem Berg Katzen begraben war.

Was, zum Teufel, ist denn hier los?, dachte er. »Es müssen an die zwanzig Katzen in dem Bett gewesen sein«, erzählte er mir lachend.

»Also bitte, Larry, übertreib doch nicht so«, widersprach Mary Nan, »es waren nur fünf. Aber dick waren sie schon, das stimmt. Wir haben Nacht für Nacht mit einem halben Zentner Katzen geschlafen.«

Nach ein paar Tagen schloss Mary Nan das Fenster, deshalb waren es wirklich nur fünf. Außer an richtig heißen Tagen – dann ließ sie das Fenster offen, und zehn oder zwölf Katzen kamen herein. Es waren jedoch nie die zig Kilo Katzen, die Mary Nan Sorgen machten. Oder das zerkratzte Sofa und die mit Haaren bedeckten Sessel. Es waren die Eidechsen, die die Katzen ins Wohnzimmer schleppten, um dort mit ihnen zu spielen und eine furchtbare Schlange.

»Es war Schwerstarbeit«, gab Mary Nan zu und brachte Larry damit zum Lachen. Schließlich war es seine Aufgabe, die Katzenstreu auszuwechseln und die Katzen zu füttern. Er war es, der mitten in der Nacht aufstand, wenn die verdammten Katzen nicht aufhörten, an dem Küchenschrank zu kratzen, in dem ihr Futter aufbewahrt wurde. Er war es, der mit ihnen zum Tierarzt fuhr, wenn es nötig war, und einen besonderen Käfig für BJ baute, der sich bei einem Kampf eine Schnittwunde zugezogen hatte. Der Tierarzt gab ihm Medikamente und ein Pflaster namens New-Skin zur Abdeckung der Wunde. BJ hatte keinen einzigen Zahn mehr im Maul – »er hatte einen Mund wie ein Steinbrecher« wie Larry es ausdrückte –, ließ sich aber immer wieder auf Balgereien ein, und das Pflaster hielt nicht. Mr Pflaster nannte Carl, der Hausmeister, den Kater, weil die New Skin ein halbes Jahr lang an ihm herabbaumelte oder irgendwo im Gras lag. Deshalb baute Larry einen speziellen Käfig, und BJ kam in Quarantäne, bis sein Bein verheilt war. Anschließend reparierte Larry die Fliegendrahttüren, die die Katzen zerrissen hatten. Und er reparierte ihre Katzenhütte und flickte die zerrissenen Vorhänge und scheuchte die Katzen von dem Brunnen im Hof weg, wo sie ständig trinken wollten.

Eines Tages kam Mary Nan an einer Leiter vorbei und sah auf jeder Sprosse zwei Katzen sitzen. *Larry muss seine Sachen wegräumen*, dachte sie. Ein paar Tage später öffnete Larry abends den Gartengrill, um ihn anzuzünden, und fand darin eine Katze. Er schleppte ein riesiges Stück Treibholz vom Strand herauf, damit sie sich daran die Krallen schärfen konnten. *Damit können sie sich beschäftigen*, dachte er. Nach ein paar Jahren war nur noch ein kleines Stück davon übrig, und das Sofa hatte immer noch eine zehn Zentimeter lange Stelle an jeder Ecke, wo die Katzen Bezug und Polsterung bis auf den Rahmen weggekratzt hatten. Larry musste jeden Abend den Staubsauger hervorholen, um die Holzspäne und Textilfetzen aufzusaugen.

Da an den Futterschüsseln vor dem Bungalow nach wie vor großes Gedränge herrschte, beschloss Larry, noch weitere Schüsseln auf dem Grundstück zu verteilen. Jeden Morgen, während Mary Nan Frühstück machte, fuhr Larry mit seinem Golfwagen zu den verschiedenen Schüsseln. Dabei saßen Katzen hinten auf dem Wagen, und andere klammerten sich an die Seiten und versuchten, die Futterpackungen zu öffnen. Anfangs machte er sich deswegen Sorgen, doch nach einer Weile sauste er unbekümmert über das Gelände, und ab und zu fielen ein paar Katzen von dem Wagen und landeten im Gras auf den Füßen. Die Futtertour dauerte fast eine Stunde, und wenn er endlich wieder zu Hause war und sich an den Frühstückstisch setzte, schaute er zum Fenster hinaus und sah fünf oder sechs Katzen, die begehrliche Blicke auf seinen Toast mit Marmelade warfen.

»Die haben schon wieder Hunger«, nuschelte er dann, den Mund voll von dem gesunden Hafermehl, das Mary Nan ihm aufzwang, obwohl er viel lieber Eier mit Speck gegessen hätte.

Und sie lachten. Es gab sowieso nie einen Moment, in dem nicht irgendeine Katze Hunger hatte. Sie begleiteten Larry auf seinen Futterfahrten mit dem Golfwagen und bettelten um Futter. Sie folgten Mary Nan zu ihrem Auto, und dann musste sie *sehr* langsam zurücksetzen, um keine zu überfahren.

Sie folgten ihr ins Büro und liefen in einer langen Reihe hinter ihr her, wenn sie die Gehwege kontrollierte und Geckoschwänze aufsammelte, denn wenn Geckos Angst bekommen, fällt ihnen der Schwanz ab, und die armen Eidechsen im Colony Resort lebten ja in ständiger Angst vor den Katzen.

Die einzige Zeit, in der sich im Colony Run keine Katze blicken ließ, war kurz nach dem Bomberflug. Damals wurden auf Sanibel Island alte Bombenflugzeuge zum Sprühen von Insektenvertilgungsmitteln eingesetzt. Die Maschinen flogen dicht über den Baumwipfeln und besprühten jeden Quadratmeter der Insel mit dem Gift. Gerade war es noch himmlisch ruhig gewesen, da tauchte plötzlich mit ohrenbetäubendem Dröhnen ein altes Flugzeug am strahlend blauen Himmel auf. Dann sprangen die Katzen wie von der Tarantel gestochen auf und suchten in panischer Angst das Weite. Es war jedes Mal beschämend, sie so panisch zu sehen, aber Mary Nan musste zugeben, dass es auch amüsant war, wenn zwanzig Katzen gleichzeitig in alle Richtungen davonstoben.

Eines Tages traf Mary Nan an einem der Bungalows in der hintersten Ecke des Geländes den Hausmeister Carl an. Er rechte in aller Seelenruhe den Rasen, als sei alles wie immer, doch in Wirklichkeit hing ihm an jedem Hosenbein eine Katze.

»Die wollen Leckerli von mir haben«, erklärte Carl Mary Nan. Er hatte sich angewöhnt, Katzenleckerli in seinen Hosentaschen herumzutragen, und offenbar war es für ihn nichts Besonderes, dass sich Katzen an seine Hüften hängten und versuchten, eine der begehrten Köstlichkeiten zu ergattern.

»Das war nicht nur zeitraubend«, sagte Larry lachend, »sondern auch teuer.« Aber Larry und Mary Nan wollten es auch nicht anders. Mit den Katzen, den Angestellten und den Gästen der Ferienanlage konnten sie sich darauf verlassen, dass ihre kinderlose Ehe immer von Kameradschaft und Liebe erfüllt war.

EIN TAG IM LEBEN VON LARRY

7:30 Aufwachen. Zwanzig Kilo Katzen vom Bett schieben. In die Küche tappen, um den Unterschrank zu öffnen, in dem das Katzenfutter aufbewahrt wird. Wie immer kommt eine eingeschlossene Katze heraus und leckt sich die Schnauze.

7:40 Golfwagen für die morgendliche Rundfahrt zum Katzenfüttern starten. Die neun Futterschüsseln abfahren wie die Löcher eines Golfplatzes. Aufpassen, dass keine der als Anhalter mitfahrenden Katzen in der Kurve vom Wagen geschleudert wird.

8:30 Frühstück, Haferbrei statt Eier. Mary Nans leidiger Gesundheitsfimmel.

9:00 Offizieller Beginn des Arbeitstages. Katzen rennen hinaus, wenn die Werkstatttür geöffnet wird, weil sie in der Werkstatt schlafen, sobald die Temperatur sich dem Nullpunkt nähert. Das finden sie schrecklich kalt. Grund Nr. 103, warum Sanibel Island am besten ist! Buffy schläft wieder in der Werkzeugkiste.

9:18 Über Nacht eingegangene Arbeitsaufträge im Büro durchsehen. Mary Nan am Empfang einen Kuss geben. Für Katzen verboten, aber Gail hat sich wie üblich hereingeschlichen.

9:32 Zerrissenen Fliegendraht entsprechend Auftrag ausbessern. Im Drahtgeflecht steckende Katzenkrallen wahrnehmen.

9:45 Garage öffnen, um neuen Fliegendraht zu holen. Keine Katzen! Ups, auf der Leiter hat doch eine geschlafen.

11:18 Neuen Fliegendraht einsetzen. Kleiner Junge und Katze sehen zu. Beide wirken enttäuscht.

11:38 Chemikalienkonzentration im Pool überprüfen.

Sehen, dass eine Katze am seichten Ende daraus trinkt. Dann erkennen, dass es keine Katze ist. Es ist ein Waschbär. Er bleibt stehen, um Katzenfutter zu testen, bevor er sich trollt.

12:02 Mittagessen mit Mary Nan im Büro. Gail bettelt, kriegt aber nichts.

12:32 Katzen unter dem Auto hervorscheuchen, zweimal den Wagen umrunden, um sicherzugehen, dass alle weg sind, dann *sehr* langsam zurücksetzen und in die Stadt fahren, um die Post zu holen.

13:13 Inspektionsfahrt mit dem Golfwagen übers Gelände. Katzen schlafen hinten auf der Ablage. Wie viele? Vielleicht vier, aber sie liegen so eng beisammen, dass man nicht sicher sein kann. Katzen an der Fahrtroute schauen kurz auf, dann schlafen sie weiter. Sie wissen, dass es nicht die Fütterungsfahrt ist.

13:40 Zusammen mit dem Hausmeister Bäume zurückschneiden. Katzen kommen angelaufen und schauen zu. Eine Katze fängt an zu würgen und spuckt einen Eidechsenschwanz aus. Eidechsenschwanz entsorgen.

17:00 Offiziell Feierabend, aber die abgesägten Baumäste müssen noch abtransportiert werden.

17:35 Abendliche Fütterungsfahrt. Gail sitzt hinten auf dem Golfwagen und frisst Futter aus der Tüte.

18:23 Spaziergang zum Strand mit Mary Nan. So tun, als würden ihnen keine Katzen nachlaufen.

19:28 Spätes Abendessen. Katzen schauen durchs Fenster herein. Betteln. Wo sind die Vorhänge?

19:31 Die Stange wieder aufhängen, die heruntergefallen ist, als Katzen versucht haben, an den Vorhängen hochzuklettern. So tun, als wären wie gestern immer noch acht Schlitze im Vorhangstoff und nicht dreizehn.

19:42 Zurück zum Abendessen und den großen, starrenden Katzenaugen. Was soll's, geben wir ihnen halt ein paar Handvoll Futter.

20:15 Inspektion des Bungalows auf kleinere Beschädigungen durch Katzen. Nichts zu sehen, außer Splitter vom Treibholz. Wie üblich haben sich drei Katzen in den schmalen Spalt zwischen dem Kopfteil des Bettes und der Matratze gezwängt.

21:00 Maira und Chimi aus dem großen Sessel vertreiben. Ein bisschen fernsehen.

21:36 Chimi sagen, er soll seine Krallen gefälligst nicht am Sofa schärfen, aber dann daran denken, dass beide vorderen Ecken des Sofas ohnehin schon bis auf den Rahmen zerkratzt sind. Stattdessen lieber Mineralwasser trinken. Von wegen Mineralwasser. Es ist Leitungswasser. Blöder Gesundheitsfimmel.

23:30 Ende der Lokalnachrichten. Zeit zum Schlafengehen. Sich auf der Matratze ausstrecken, in der üblichen Reihenfolge: Katze, Mary Nan, Katze, Katze, Larry, Katze.

23:35 Licht ausmachen, die Katzen dreimal neu sortieren, bequeme Lage finden und einschlafen.

00:34 Von lauten Geräuschen in der Küche aufwachen. Katzen versuchen wieder einmal, den Küchenschrank zu öffnen. Erkenntnis, dass das eine Viertelstunde lang so gehen wird, bis sie schließlich Erfolg haben. Überlegen, ob man aufstehen soll, sich dann aber dafür entscheiden, die verdammte Katze, die sich bestimmt die Schnauze lecken wird, gleich als Erstes am Morgen rauszulassen. Mit einem Lächeln wieder einschlafen.

Eines Abends, als Mary Nan und Larry in ihren zerkratzten Sesseln von mehreren lethargischen Katzen beobachtet wurden, klopfte es an der Tür ihres Bungalows. Draußen stand ein etwa elf Jahre alter Junge, der schon seit mehreren Jahren mit seinen Eltern in den Ferien hier gewesen war. Auf den Armen hielt er ein wunderschönes hellbraunes Kätzchen.

»Kann ich die Katze haben?«, fragte der Junge mit flehentlichem Blick. »Ich hab sie so lieb.«

Mary Nan zögerte. Sie kannte die Familie und mochte sie, hatte aber keine Ahnung, wie gut diese Leute für eine Katze sorgen würden. Außerdem war sie sich nicht sicher, woher die kleine Katze gekommen war. Hatte sie sie schon einmal gesehen? Konnte sie sie wirklich verschenken, oder gehörte sie ihr gar nicht? Anscheinend hatte sie sich entgegen den Vorschriften in der gemieteten Ferienwohnung der Familie aufgehalten, also gehörte die Katze wohl in die Anlage. Und da die Eltern genauso begeistert waren wie der Junge, und die Katze sich offenbar ebenfalls an die Familie gewöhnt hatte, willigte sie schließlich ein, dass die Leute sie nach Nord-Florida mitnahmen.

Mehrere Wochen lang war sie nervös. Was hatte sie getan? Wie war es der armen Katze wohl ergangen? Wofür hielt sie sich eigentlich, für eine Vermittlungsagentur? Sie war schon kurz davor durchzudrehen, als sie einen Dankesbrief mit einem Foto von der Katze bekam. Alle paar Monate schickte die Familie ihr ein neues Foto von der Katze in ihrem neuen Zuhause, glücklich über die Aufmerksamkeit liebevoller Menschen. Jedes Jahr, wenn die Familie wieder ins Colony Resort kam, zeigten sie Mary Nan und Larry Fotos und erzählten Geschichten von der Katze, die zu einem richtigen Familienmitglied geworden war.

Eine häufige Besucherin aus Miami ging direkter vor. Conny erklärte Mary Nan rundweg: »Ich nehme diese beiden Katzen mit.« Sie habe schon fünf Katzen zu Hause, könne aber nicht abreisen ohne die beiden Katzen, mit denen sie sich im Lauf mehrerer Aufenthalte hier angefreundet habe.

Solange es den Katzen gut geht, dachte Mary Nan, während zehn andere Katzen sie von den Sprossen einer Leiter herab beobachteten. Larry ließ diese Leiter anscheinend immer herumstehen.

Nicht, dass Mary Nan diese Leute nicht gekannt hätte. Das Colony Resort war eine Familienanlage, und die meisten Gäste kamen seit Jahren. Bei manchen war es schon die zweite Generation, und manche sahen den Aufenthalt als eine Gelegenheit, drei oder sogar vier Generationen unter der Sonne von Sanibel zusammenzubringen. Die allermeisten hatten feste Reservierungen und kamen immer zur selben Jahreszeit für ein oder zwei Wochen; vom zweiten oder dritten Aufenthalt an freuten sich alle auf die Katzen. Sie fragten nach ihnen, wenn sie ihre Buchung bestätigten, und am Swimmingpool machten lustige Katzengeschichten – beim Balgen vom Wäschekorb gefallen, in der Strandtasche ein Nickerchen gemacht, Geckoschwänze verspeist – die Runde. Vor allem die Kinder liebten es, diese Katzen zu jagen, zu füttern, zu knuddeln und zu streicheln – die Katzen vom Colony Resort waren vermutlich die verwöhntesten halb wilden Katzen nördlich von Hemingways polydaktylen Katzen auf Key West. (Er hatte in seinem Testament allen Nachkommen seiner Katzen lebenslanges Wohnrecht in seinem Haus zugesichert, woraufhin sie sich prompt per Inzucht vermehrt hatten.) Jeder Gast der Ferienanlage, so schien es, hatte eine oder zwei Lieblingskatzen.

Aber gleichgültig, wie viele der Katzen ein neues Zuhause fanden oder wie viele Gäste liebevoll von verschiedenen Katzen sprachen, der Star der Anlage war immer Gail, das einzige Mädchen in Boogies ursprünglichem Wurf. Gail war rein weiß, mit einem weichen, flauschigen Fell und einem reizenden rosa Näschen. In der Sonne glänzte sie buchstäblich. Jedem fiel sie sofort in dem Katzengewimmel auf; jeder fühlte sich bemüßigt, ihre einzigartige Schönheit und ihr majestätisches Gebaren zu preisen. Und wie Dewey hatte sie ein warmherziges, ruhiges, großzügiges Wesen.

Ein weiblicher Stammgast, Dr. Niki Kimling, eine Psychologin aus Stamford, Connecticut, war besonders hingerissen von ihr. Dr. Kimling liebte die Colony-Katzen und brachte ihnen jedes Mal exotische Spielsachen mit. In einem Jahr ließ sie fünfundzwanzig Dosen teures Katzenfutter für das Weihnachtsessen zurück – das sie ihrem normalen Trockenfutter bei Weitem vorzogen. Aber wie sehr Dr. Kimling auch die anderen Katzen verwöhnte, Gail war ihr erklärter Liebling. Jedes Jahr rief sie einige Wochen vorher an und verlangte, dass Gail ihr bei ihrem Aufenthalt Gesellschaft leisten würde. Die Katzen durften sich offiziell nicht dauerhaft in der Anlage aufhalten, doch jedes Jahr wohnte Gail acht Tage bei Dr. Kimling, die ihr teures Katzenfutter kaufte, sie bürstete, sie mit in ihr Bett nahm und sie nach Strich und Faden verwöhnte. Wenn es möglich gewesen wäre, Gail zu verwöhnen. Gail ließ sich von ihrer Beliebtheit nie ihren Charakter verderben (genau wie Dewey – Katzen verstehen sich darauf, ihren Egoismus im Zaum zu halten), und sie bestand auch das ganze Jahr nicht darauf, Hauskatze sein zu dürfen. Aber sie erinnerte sich an Dr. Kimling und genoss in vollen Zügen die acht Tage jährlich als die »Mietkatze« der Ärztin.

Ob man nun ein Katze mieten, sie für immer mit nach Hause nehmen oder sie nur streicheln wollte, für Katzenliebhaber war das Colony Resort genau das Richtige. In den zehn Jahren, seit Mary Nan Boogie ins Herz geschlossen hatte, war die Anlage durch puren Zufall ein kleiner Katzenhimmel im Paradies von Sanibel geworden. Man konnte keine drei Schritte machen, ohne Katzen zu sehen, die sich im Gebüsch versteckten, einem über den Weg liefen oder sich gegenseitig über den Rasen jagten. Jeden Tag, so schien es, sah Mary Nan

Katzen auf geschlossenen Veranden liegen und mit glücklichen Gästen aus Bungalows kommen.

Und es waren nicht nur die Katzen. Eines Nachmittags schaute Mary Nan aus dem Fenster und sah acht Katzen und zwei Waschbären einträchtig auf einer Bank in der warmen Wintersonne von Sanibel liegen. Ein andermal beobachteten Gäste einen Waschbären, der sich im Pool die Pfoten wusch. Die wilden Tiere, so folgerte sie, waren einfach aufs Gelände gekommen und hatten sich unter die halb wilden Katzen gemischt. Man duldete sich gegenseitig. Die Katzen, so schien es, hatten nichts gegen irgendwelche anderen Tiere. Mit Ausnahme der Palmenratten. Die unwillkommensten Gäste auf Sanibel Island (mit Ausnahme der großen tropischen Kakerlaken, Palmetto Bug genannt) waren die Ratten, die sich gern auf den Blättern der auf der Insel allgegenwärtigen Palmen versteckten. Mary Nan konnte nicht die Augen aufmachen, ohne eine Katze zu sehen, aber sie sah nie, nicht ein einziges Mal, irgendwo auf dem Gelände des Colony Resort eine Palmenratte. Was ja angesichts der bis zu achtundzwanzig Katzen auf dem relativ kleinen Areal nicht weiter verwunderlich war. Und das waren nur die Katzen, die Mary Nan identifiziert und denen sie einen Namen gegeben hatte.

Wie ich von meinen Abenteuern mit Dewey weiß, gibt es natürlich immer Leute, denen unbehaglich dabei ist, wenn andere die Freundschaft zwischen Katze und Mensch fördern. Ich bin sicher, dass die Mitglieder des Verwaltungsrats der Anlage viele Beschwerden zu hören bekamen, obwohl sie diese Tatsache höchstwahrscheinlich vor Mary Nan geheim hielten. Sie waren nachsichtig, vielleicht über jedes vernünftige Maß hinaus, doch irgendwann riss sogar ihnen der Geduldsfaden. Sie hatten nichts gegen Katzen auf dem Gelände, aber die Besiedelungsdichte war ihnen einfach viel zu hoch. Obwohl manche Gäste protestierten, gaben auch Mary Nan und Larry ihre Einwilligung dazu, dass die Katzenkolonie auf dem Gelände verkleinert wurde. Es war an der Zeit. Larry verbrachte jeden Tag Stunden damit, die Futterschüsseln zu füllen, die Katzen auf Anzeichen von Krankheiten hin zu inspizieren und die von ihnen verursachten Schäden zu beseitigen. Obwohl gut für sie gesorgt wurde, waren die freilebendenden Katzen nicht so gesund wie Hauskatzen – Leukämie und Katzen-Aids griffen in der Kolonie um sich. Die durchschnittliche Lebenserwartung betrug nur acht bis neun Jahre, und dass sie so viele Katzen einschläfern lassen mussten, belastete Larry und Mary Nan.

Für Larry war es am schwersten, denn er brachte sie immer zum Tierarzt. Besonders schwierig war es bei Easy, der Lieblingskatze des Hausmeisters Carl. Sie war alt und schwach, ihr Kreislauf war zusammengebrochen, und Larry musste sie festhalten, während der Arzt ihr mehrmals ins Hinterteil stach. Sie schrie und sah Larry angst- und vorwurfsvoll in die Augen, sodass er sich wie der niederträchtigste Mensch auf Erden fühlte. Dann schloss sie die Augen und starb. Weinend verließ er die Praxis, ihren schlaffen Körper auf den Armen, und brachte sie zur Beerdigung nach Hause. Er war so durcheinander, dass er vergaß, dem Veterinär die Rechnung zu bezahlen.

Durch die natürliche Sterblichkeit und die gelegentliche Abgabe einer Katze an eine Familie begann Mary Nan, die Zahl der im Resort lebenden Katzen nach und nach zu verringern. Mit Hilfe einer Spende von Gails Freundin und Wohltäterin Dr. Kimling sowie mit Gutscheinen, die das South Trail Animal Hospital in Fort Myers gestiftet hatte, ließ sie die übrigen Katzen kastrieren. Eine gemeinnützige Organisation namens PAWS Rescue war kurz zuvor zu dem Zweck gegründet worden, wild lebende Katzen zu kastrieren und Familien zu finden, die sie aufnehmen wollten, sodass die Katzenpopulation auf der ganzen Insel unter Kontrolle gehalten wurde. Mary Nan sagte einmal zu einem Mitglied der Organisation: »Ich wollte, ich könnte mehr tun, um Ihnen zu helfen.«

»Keine Sorge«, erwiderte die Frau. »Sie führen da draußen ja ihre eigene PAWS-Organisation.«

Die meisten Katzen im Colony Resort ließen sich widerstandslos zum Tierarzt bringen, weil sie Mary Nan und Larry vertrauten oder weil sie glücklicherweise nicht ahnten, was ihnen bevorstand. Einige Katzen wehrten sich allerdings. Manche, die wilder waren als die anderen, waren einfach schwer zu fangen. So brauchte Mary Wochen, um Prissy zu fangen, einen riesigen, muskulösen Kater, der seinen Namen völlig zu Unrecht trug. Es gelang ihr, ihn für die Fahrt zum Tierarzt in einen Transportkorb zu bugsieren, doch dann machte sie den Fehler, noch einmal hineinzugreifen, um die Decke zurechtzuziehen, damit er es bequemer hatte. Prissy schlug zu und brachte ihr einen tiefen Kratzer vom Ellbogen bis zum Handgelenk bei. Die Wunde blutete so stark, dass sie auf dem schnellsten Weg in die Notaufnahme fuhr. Da sie Diabetikerin ist und Kratzwunden sich leicht entzünden, beschlossen die Ärzte, das zerrissene Gewebe herauszuschneiden. Die Operation kostete achttausend Dollar und erregte die Aufmerksamkeit der für die Bekämpfung schädlicher Tiere zuständigen Behörde, doch Mary bestand darauf, dass Prissy nichts dafür konnte. Er war noch nie eingesperrt gewesen und hatte panische Angst. Ein paar Wochen später fing Larry ihn ein und wurde so böse gekratzt, dass er ebenfalls überlegte, in die Klinik zu fahren. Aber sie waren sich beide sicher, dass Prissy dann als »Wiederholungstäter« getötet werden würde. Deshalb taten sie ihm am nächsten Tag Schlaftabletten ins Futter. Irgendwie gelang es ihm, sich davonzustehlen und sich im Gebüsch zu verstecken. Sicher hat er dort tief und fest geschlafen, denn Mary Nan und Larry sahen ihn zwei Tage lang nicht. Schließlich konnten insgesamt fünfundzwanzig Katzen im Colony Resort kastriert werden. Prissy gehörte nicht dazu.

Da die meisten Katzen kastriert waren und dank PAWS nicht mehr so viele wilde Katzen die herrlichen palmengesäumten Straßen und mit Seegras bewachsenen Dünen von Sanibel Island unsicher machten, begann auch die Kolonie in der Ferienanlage zu schrumpfen. Mary Nans Lieblingskater Chimilee starb an Leukämie und wurde unter der Veranda neben Tabitha begraben, der geliebten Siamkatze, mit der alles begonnen hatte. Ein gestreifter Kater mit so schwarzen Lefzen, dass man denken konnte, sie seien mit einem Filzstift nachgezogen worden, wurde unter Marys und Larrys Badezimmerfenster begraben, wo er oft gesessen hatte. Zwei Katzen wurden an dem Brunnen in der Mitte des Hofs begraben, den sie immer als ihre persönliche Tränke betrachtet hatten. Dr. Kimlin stellte Ende der 1990er Jahre ihre Besuche ein, nachdem ihr Mann gestorben war. Bald darauf starb ihre geliebte Gail im Alter von zwölf Jahren. Sie wurde vor der Tür von Nr. 34 begraben, dem Haus, das Dr. Kimling immer gemietet hatte.

Die letzte Katze, die im Colony Resort lebte, war Maira, eine direkte Nachfahrin von Boogie, der grau getüpfelten Katze, der Mary Nan zwanzig Jahre zuvor nichtsahnend eine Schüssel Milch hingestellt hatte. Maira war immer eine Einzelgängerin gewesen, und selbst als die Katzenkolonie am größten war, fühlte sie sich mehr zu Mary Nan und Larry hingezogen. Nun, da die anderen alle verschwunden waren, zog Maira in den Bungalow und wurde immer mehr ins Leben der beiden integriert. Sie war keine übertrieben sentimentale Katze, aber sie war stets in der Nähe, ein Schatten, der ihnen durch ihren arbeitsreichen Tag folgte. Im Lauf der Jahre wurde sie ruhiger und anhänglicher, als wüsste sie, dass sie das letzte Bindeglied zu kostbaren Tagen war, und als fühle sie sich verpflichtet, die zwei glücklichen Jahrzehnte, in denen es mit der großen Katzengesellschaft immer etwas zu lachen gegeben hatte, auf würdige Weise ausklingen zu lassen. Sie starb 2004, nachdem sie fünf Jahre bei Mary Nan und Larry gewohnt hatte, als letztes lebendes Mitglied der Katzenkolonie vom Colony Resort.

Mary Nan und Larry Evans leiten heute noch das Colony Resort am östlichen Ende von Sanibel Island. Die meisten Stammgäste kommen immer noch ein Mal im Jahr für eine Woche ins Paradies, und viele von ihnen reden noch über die Katzen, die früher für so viel Spaß und Abwechslung in ihren Ferien sorgten. Sie sind eine Gemeinschaft, die Gäste und die Angestellten der Anlage, und wie jede Gemeinschaft haben sie eine lange Liste gemeinsamer Erlebnisse. Gail, Boogie, Chimilee, Maire und die anderen sind immer noch bei ihnen wie Vorfahren oder Figuren aus beliebten Fernsehserien, die in Gesprächen an stillen Abenden unter dem zauberhaften Sternenhimmel von Sanibel Island am Leben gehalten werden.

Es ist aber nicht nur diese eine Ferienanlage. Auf der ganzen Insel, auf der es früher von wilden Katzen wimmelte, sieht man heute keine einzige streunende Katze mehr, genauso wie die schrecklichen Bomber und ihre giftigen Insektenmittel der Vergangenheit angehören. Als ich vor zwanzig Jahren die ersten Male auf Sanibel Island war, konnte man keine paar hundert Meter gehen, ohne Katzen zu sehen, die Geckos fraßen oder in Straßencafés Essbares zu ergattern suchten. Heute kann ich die ganze Insel der Länge nach abfahren, ohne eine einzige Katze zu sehen. Mary Nan weiß, dass es so besser ist. Besser für die wilden Katzen, von denen viele krank und struppig waren und ums Überleben kämpften. Es ist besser für die Hauskatzen, die nicht mehr durch die Krankheiten der wilden Katzen gefährdet sind. Es ist besser für die anderen Tiere auf Sanibel Island, vor allem die einheimischen Säugetiere und Vögel, die sooft dem angeborenen Jagdinstinkt der Katzen zum Opfer fallen. Und wenn davon jetzt auch die Palmenratten profitieren sollten, so ist das ein geringer Preis dafür, dass das Gleichgewicht der Arten in diesem Paradies wiederhergestellt ist.

Doch im tiefsten Herzen trauert Mary Nan ihnen immer noch nach. Sie vermisst die vielen Katzen, die nachts in ihrem Bett schliefen. Sie vermisst das rituelle Füttern und Bürsten und Streicheln. Sie vermisst es, aus dem Fenster zu schauen und viele Katzen zu sehen, die sich am Boden und auf Leitern räkeln oder mit ihren Waschbärfreunden auf den Bänken in der Sonne liegen. Sie vermisst es, sie in alle Richtungen davonstieben zu sehen, wenn die Bomber im Tiefflug ankamen. Sie vermisst es, eine Tür aufgehen und eine Katze entgegen sämtlichen Regeln der Hygiene und der Grundstücksverwaltung herausspazieren zu sehen. Vor allem aber vermisst sie die Kameradschaft, die vielen über die Katzen zustande gekommenen Kontakte mit den Gästen und die immer wieder durch die Katzen ausgelöste Heiterkeit.

Es wird keine Katzen mehr geben, jedenfalls nicht im Colony Resort. Aber Mary Nan und Larry denken darüber nach, in Rente zu gehen und wieder aufs Festland zu ziehen, und dann werden sie sich bestimmt wieder eine Katze anschaffen. Larry war eigentlich immer eher ein Hundefreund, vor allem Cockerspaniels hatten es ihm angetan, aber das Thanksgiving-Essen zusammen mit Tabitha im Jahr 1969 hatte seine Meinung über Katzen ein für alle Mal verändert. Er liebte Tabitha, und er liebte jede der achtundzwanzig Katzen im Colony Resort genauso sehr wie Mary Nan. Und wie sie weiß er, dass ihm nichts lieber wäre, als die letzten Jahrzehnte seines Lebens zusammen mit einer Katze in der Sonne Floridas zu verbringen und sich immer wieder einmal an jene hektischen, aber glücklichen Zeiten zu erinnern, als das Leben fast nur aus Palmen und Freundschaft und Katzen bestand.

5

Der Weihnachtskater

»Als ich dastand, ihn in Händen hielt und mit der Besitzerin besprach, was zu tun sei, hustete das Kater-chen. Oder genauer gesagt, es hustete und spuckte. Das war der Auftakt zu einem Kapitel unseres Lebens, das mir noch immer die Tränen in die Augen treibt und ein Lächeln auf die Lippen zaubert.«

Vicki Kluever hatte Katzen nie gemocht. Sie war nicht mit einer aufgewachsen und hatte nie eine Freundin gehabt, die eine besaß, aber sie hatte genügend Katzen kennengelernt, um zu wissen, dass sie nichts für sie waren. Katzen wollten sich ständig an einem reiben. Sie wollten sich einem ständig auf den Schoß setzen. Sie wollten ständig gestreichelt oder zumindest irgendwie beachtet werden. Vicki war auf Kodiak geboren und aufgewachsen, einer großen, gebirgigen Insel vor der unwirtlichen Südwestküste Alaskas, wo es statt Milch nur Milchpulver gab, und das einzige erschwingliche Fleisch das der Fische war, die man aus dem eiskalten Meer zog. Sie hielt sich für stark und unabhängig, die Nachfahrin einer langen Reihe unabhängiger Frauen, und wenn sie ein Tier hatte, sollte dieses Tier ebenfalls stark und unabhängig sein. Katzen? Die waren ihr zu weich.

Aber ihre Tochter Sweetie war vier Jahre alt, und Sweetie wünschte sich nichts sehnlicher als ein Haustier. Vicky schlug einen Hund vor. Schließlich war sie selbst mit Hunden aufgewachsen. Eines ihrer liebsten Kindheitsfotos zeigt sie mit zwei Veilchen: Zwei Mal nacheinander hatte der allzu verspielte Hund der Familie sie mit dem Schwanz von der Veranda gefegt. Aber ihr Vermieter ließ nicht mit sich reden: keine Hunde. Gegen Katzen hatte er nichts einzuwenden. Wenn ihre Tochter wolle, sagte er, könne sie auch zwei Katzen bekommen, was sich für Vicki gut anhörte, weil zwei Katzen sich gegenseitig Gesellschaft leisten konnten, und sie sich dann nicht ständig mit ihnen abgeben musste. Als deshalb im November die Katze einer Arbeitskollegin Junge bekam, dachte

Vicki Kluever, sie hätte schon das ideale Weihnachtsgeschenk. Oder zumindest das beste Geschenk, das in ihrer drittklassigen Wohnung in einem Mietshaus mit vier Wohneinheiten in Anchorage, Alaska, möglich war.

Zwei Wochen vor Weihnachten, als die Katzenjungen gerade entwöhnt wurden, fuhr sie hinüber, um sie kennenzulernen. Sie waren natürlich unglaublich süß, winzig und tapsig und schmiegten sich eng an ihre Mutter. Eines der kleinen Kerlchen fiel jedoch auf – er biss seine Geschwister ständig in den Schwanz und trat ihnen auf den Kopf, wenn sie bei der Mutter zu trinken versuchten. Er war quicklebendig, ein richtiger kleiner Treibauf. Der unabhängige Typ. Und den suchte Vicki sich aus. Und dann entschied sie sich noch für sein genaues Gegenteil: ein hübsches kleines Mädchen, das siamesisch wirkte und offenbar das bravste Kätzchen des ganzen Wurfs war.

Sie hatte vor, die Jungen zu Heiligabend nach Hause zu holen. Sie und ihre Tochter waren bei ihrem gemeinsamen Freund Michael zum Essen eingeladen, deshalb bat sie ihn, Sweetie von der Tagesmutter abzuholen. (Das Mädchen hieß übrigens mit richtigem Namen Adrienna, aber Vicki nennt sie Sweetie, seit sie ein paar Wochen alt war.) Vicki wollte die Kätzchen abholen. Um sieben Uhr schlief ihre Tochter bereits. Wenn das Essen vorbei war und sie nach Hause fahren mussten, würde sie deshalb so todmüde sein, dass sie den Transportkorb auf dem Rücksitz gar nicht bemerken würde. Sweetie würde also von den Kätzchen nichts erfahren, bis sie am Morgen des Heiligen Abends aufwachte, und sie unter dem Christbaum vorfand.

Der Plan war perfekt, dachte Vicki. Die ideale Weihnachtsüberraschung. Doch als sie die Kätzchen abholen wollte, waren sie nicht mehr da. Keines von ihnen. Ihre Arbeitskollegin war tags zuvor in Urlaub gefahren, und in den vierundzwanzig

Stunden, seit sie weg war, hatten die Kätzchen es geschafft, aus dem Transportkorb zu entkommen. Die Schwester der Frau, die im Haus mit dem Schlüssel auf Vicki gewartet hatte, schien von dieser Entwicklung nicht besonders angetan, half ihr aber, nach den Kätzchen zu suchen. Nach einer halben Stunde hatten sie alle bis auf eines gefunden. Das Weiße, das Lebhafte, blieb verschwunden. Vicki war ratlos, wusste jedoch, dass sie eine Entscheidung treffen musste, weil Michael sie zum Abendessen erwartete. Sollte sie nur das eine Kätzchen mitnehmen? Oder noch ein anderes auswählen?

Hinterher konnte sie sich nicht mehr erinnern, wie oder warum es so gekommen war – vermutlich musste sie mal – jedenfalls landete sie im Bad. Sie machte das Licht an, schaute auf die Toilette – und wäre beinahe in Ohnmacht gefallen. Das schwarze Katerchen lag in der Kloschüssel.

Sie griff hinein und hob den Kleinen heraus. Er war nicht größer als ein Tennisball, sie konnte ihn mühelos in einer Hand halten. Er lag auf ihrer Handfläche so kalt und leblos wie ein nasser Waschlappen. Er hatte keinen Puls und atmete nicht, und seine Augenlider waren gerade so weit geöffnet, dass man sah, dass er tot war. Er war ein so lebhafter kleiner Kater gewesen. Vicki wusste, dass er derjenige war, der den ganzen Wurf über den Rand des Transportkorbs gelotst hatte. Er war herumgesprungen und hatte nach allem geschlagen, als sie ihn das erste Mal gesehen hatte. Wer konnte es sonst gewesen sein? Dann musste er über den Rand der Kloschüssel geklettert sein oder vielleicht den Kopf vorgereckt haben, um zu trinken, und war in die Schüssel gerutscht. Er war so winzig, dass sein Kopf unter Wasser war, und hatte sicher bis zur Erschöpfung gestrampelt. Sein Abenteuergeist, die Furchtlosigkeit, die sie so anziehend fand, hatte ihn das Leben gekostet. Am Weihnachtsabend.

»Was wollen Sie tun?«

Die Frage riss sie aus ihren Gedanken. Wahrscheinlich hatte sie aufgeschrien, als sie das tote Kätzchen gesehen hatte, denn auf einmal stand die Schwester neben ihr und schaute auf den leblosen kleinen Körper.

»Wir müssen ihn begraben«, sagte Vicki. »Wir können nicht einfach eine tote Katze liegen …«

Das Kätzchen hustete. Oder genauer gesagt, es hustete und spuckte. Vicki schaute es an, und ihr wurde klar, dass sie unbewusst mit dem Daumen Bauch und Brust des Kätzchens massiert hatte. Hatte sie das Wasser aus seiner Lunge gedrückt? War das Husten ein Lebenszeichen oder einfach nur der letzte Seufzer eines Körpers, der sich im Tod einrichtete? Das Kätzchen rührte sich nicht. Es wirkte so kalt und leblos wie zuvor. War es möglich, dass …?

Es hustete erneut. Aber diesmal klang das Husten anders, und im nächsten Moment zuckte es krampfhaft und spuckte Wasser aus.

»Er lebt«, sagte Vicki und strich ihm mit dem Daumen über den Körper. Der kleine Kater spuckte noch mehr Wasser aus, rührte sich ansonsten aber nicht. Seine Augen waren immer noch in einer Art Totenstarre leicht geöffnet. »Er lebt«, sagte Vicki, als er zum vierten Mal spuckte.

Die Schwester ihrer Arbeitskollegin war nicht beeindruckt. Sie verzog das Gesicht und schaute auf die Uhr, ein Wink mit dem Zaunpfahl, dass sie keine Zeit hatte, der möglichen Wiederauferstehung einer vor Kurzem dahingegangenen Katze beizuwohnen. Zu ihren Gunsten könnte man annehmen, dass sie das Spucken für Todeszuckungen hielt. Dieses zerzauste Katzenjunge, das weiß Gott wie lange im Wasser gelegen hatte, konnte beim besten Willen nicht mehr am Leben sein.

Vicki wickelte das Katerchen in ein Handtuch und streichelte es dabei nach wie vor so kräftig, dass es immer mehr Wasser ausspuckte. Sie rief ihre alte Freundin Sharon an, die ganz in der Nähe wohnte. Vicki und Sharon hatten einander über anstrengende Jobs, zerstrittene Familien, schwierige Ehen und schreiende Babys hinweggeholfen. Als Vicki ihr sagte, dass es sich um einen Notfall handle und sie zu ihr kommen müsse, fragte Sharon nicht einmal, warum.

Sie ließ das andere, brave Kätzchen zurück und fuhr, so schnell sie konnte, zu Sharon. Dieses kränkelnde Kätzchen konnte sie unmöglich ihrer Tochter schenken, dachte sie. Es lebte, aber es sah schrecklich aus. Fast furchterregend. Und seine langfristigen Überlebenschancen waren bestimmt minimal. Wenn man in einer Fischerstadt in Alaska aufwächst, kennt man sich aus mit Unterkühlung und Wasser in der Lunge und weiß, dass das keine guten Zeichen sind. Aber dieses kleine Kätzchen war eine Kämpfernatur; trotz ihrer Abneigung gegen Katzen hätte Vicki es nicht über sich gebracht, es im Stich zu lassen.

Sogar ihre Freundin erschrak beim Anblick des winzigen Körpers. »Ich hab ihn in der Kloschüssel gefunden«, sagte Vicki. »Unter Wasser. Aber er hat gehustet und Wasser ausgespuckt.«

»Dem ist kalt«, sagte Sharon. »Er braucht Wärme.«

Sie wickelten ein Heizkissen um das Handtuch und legten das Kätzchen auf einen Unterschrank in der Küche. Während Sharon ihm sanft den Kopf streichelte, um es zu beruhigen, trocknete Vicki es mit einem Fön. Irgendwann wurde das Kätzchen von krampfhaften Zuckungen geschüttelt. Sein Mund öffnete sich, seine Augenlider flatterten, es sah aus, als hätte es einen Anfall. Es zuckte und fing dann an, zu zittern und sich krampfartig zu übergeben, ohne dass etwas hochkam. Es war schmerzlich anzusehen, so als würde sein Körper zerrissen wie das Packeis Alaskas im Tauwetter, aber es war eine unwillkürliche Reaktion. Abgesehen von den Krämpfen, rührte sich das Kätzchen noch immer nicht. Über eine Stunde nach seiner Rettung hatte es die Augen immer noch nicht geöffnet.

Da sie jetzt schon verspätet war, rief Vicki Michael wegen des Abendessens an. »Ich bin unterwegs«, sagte sie. »Sag meiner Tochter, ich komme. Es dauert nur noch ein Weilchen. Und, äh … frohe Weihnachten.«

Dann ließ sie sich das Telefonbuch geben und telefonierte sämtliche Tierärzte durch. Keiner nahm ab. Warum auch? Es war später Nachmittag, und es war Weihnachten. Sie konnte das Kätzchen nicht bei Sharon lassen, weil deren älteste Tochter eine Katzenallergie hatte. Aber auch sonst hätte Vicki das Kätzchen jetzt nicht zurücklassen können. Nicht nach allem, was sie mit ihm durchgemacht hatte. Als nach einer Stunde die Zuckungen nachließen, setzte sie es, immer noch in Handtuch und Heizkissen gewickelt, in einen Schuhkarton und fuhr zum Weihnachtsessen.

»Das ist Sharons kleiner Kater«, sagte sie, als Sweetie sehen wollte, was ihre Mutter in dem Karton hatte. »Er ist richtig krank. Aber Sharon musste arbeiten, also hab ich ihr angeboten, mich über Nacht um ihn zu kümmern.« Sweetie schaute das kleine schwarze Katerchen an, sein offenes Mäulchen, seine geschwollenen Augen und seinen leblosen Körper, und Vicki wusste, dass sie gleich in Tränen ausbrechen würde.

»Wahrscheinlich wird er sterben, Sweetie«, sagte sie und nahm ihre Tochter in die Arme. »Es tut mir so leid. Er ist sehr, sehr krank, und wir wollten ihn nicht allein lassen.«

»Okay«, sagte Sweetie und umarmte ihrerseits ihre Mutter. Sie stellten den Schuhkarton im Bad an die Heizung und setzten sich an den Esstisch. Es war eine triste Angelegenheit, alles andere als ein typischer Weihnachtsabend, erfüllt von der lauten Vorfreude eines kleinen Kindes. Sie aßen langsam und unterhielten sich halbherzig. Alle paar Minuten schlichen sich Vicki und Sweetie ins Bad, um nach dem kleinen schwarzen

Kätzchen zu sehen. Es zuckte und erbrach sich nicht mehr, aber es atmete so flach, dass sie kaum feststellen konnten, ob es noch am Leben war. Offenbar musste es um jeden Atemzug ringen. Und mehrere Stunden nach seiner Rettung hatte es die Augen noch immer nicht geöffnet.

Sie verließen Michaels Haus kurz nach neun. Vicki hatte endlich den tierärztlichen Notdienst erreicht, und dort hatte man ihr empfohlen, irgendwelches Eiweiß zu kaufen, es zu verdünnen und zu probieren, ob das Junge ein paar Tropfen davon zu sich nehmen würde. Auf der Heimfahrt hielten sie deshalb bei einem Mini-Markt, der gerade wegen Weihnachten schließen wollte. Sweetie, noch immer hellwach, blieb mit dem Kätzchen im Auto. »Wir können ihn doch nicht allein lassen, Mommy«, sagte sie.

Der Laden hatte noch ein Gläschen Babynahrung mit Fleisch. Vicki nahm es und kaufte außerdem noch eine Pipette. Sie versuchte, dem Kätzchen einen Tropfen von dem dünnflüssigen braunen Brei einzuflößen, aber es würgte. Sie verdünnte die Nahrung immer weiter, bis sie fast nur noch aus Wasser bestand, und gegen elf Uhr abends behielt es dann zwei Tropfen bei sich. Das war die Grenze: zwei Tropfen eiweißhaltiges Wasser.

»Zeit zum Schlafengehen, Sweetie«, sagte Vicki, als das Kätzchen wieder in sein Handtuch eingepackt war.

»Aber, Mommy …«, protestierte Sweetie. Sie wollte das Kätzchen nicht allein lassen, aber sie war so müde, dass sie keinen Widerstand mehr leisten konnte. Sie schlief schon, als ihre Mutter sie ins Bett legte.

Vicki gab ihr einen Gutenachtkuss – *Frohe Weihnachten*, dachte sie – und machte sich eine Tasse Tee. Die ganze Nacht hindurch gab sie dem kleinen Kater jede Stunde ein paar Tropfen von der verdünnten Babynahrung. Jedes Mal, wenn sie ihn reglos auf der Seite liegen sah, krampfte sich ihr Herz zusammen und sie fürchtete, er sei gestorben. Doch allmählich hob er den Kopf, sobald sie näher kam. Er ließ es sich gefallen, dass sie ihm den Mund öffnete (seine Augen waren noch immer geschlossen) und ihm ein paar Tropfen einflößte. Dann ging sie zur Couch zurück, schaltete Weihnachtsmusik ein und versuchte, noch eine Stunde wach zu bleiben.

Nach der Fütterung um vier Uhr früh musste sie eingeschlafen sein, denn als sie wieder aufwachte, war es Weihnachtsmorgen. Sie sprang von der Couch und lief ins Bad, wo sie den Kater in seiner Decke vor der Heizung zurückgelassen hatte. Sie traute ihren Augen nicht. Er stand auf vier sehr wackligen Beinen und versuchte, über den Rand des Schuhkartons zu klettern.

»Was ist passiert, Mommy?« Ihre Tochter stand zitternd in der Tür.

»Ach, Sweetie, schau nur! Er lebt! Der Kater lebt.«

Vicki legte den Arm um ihre Tochter, und gemeinsam sahen sie zu, wie der Winzling auf seinen spindeldürren Beinchen stand und mit großer Anstrengung ein zitterndes Pfötchen über den Rand des Kartons hob. Er zog ein zweites Bein hoch, pausierte einen Moment und schaute die beiden aus müden Augen an. Dann widmete er sich wieder seiner Aufgabe und drehte sich mit einem Ruck in die Freiheit.

Spielsachen und Geschenke waren vergessen. Russischer Tee (ein Gemisch aus Teepulver, Orangenlimonade und Gewürzen, Vickis Lieblingsgetränk) und heiße Schokolade blieben unbeachtet. Den ganzen restlichen Tag lang betrachteten sie ihr Weihnachtswunder. Der Kater lag die meiste Zeit auf der Seite, weil er noch sehr schwach war, aber wenn Sweetie und Vicki mit der Pipette kamen, rappelte er sich auf die Vorderbeine auf und reckte den Hals. Vicki hatte noch nie eine so sanfte, vorsichtige Vierjährige erlebt – und auch noch nie ein so tapferes Kätzchen. Am Nachmittag schluckte

Christmas Cat oder CC, wie sie ihn nannten, bereits drei oder vier Tropfen braunes Eiweißwasser hintereinander. Sie hielten ihn Tropfen um Tropfen am Leben, und von Stunde zu Stunde wurde er kräftiger. Bevor Sweetie an diesem Abend einschlief, galt ihre letzte Frage CC, dem Weihnachtskater.

»Wird er wieder ganz gesund?«

»Ich hoffe es, Sweetie. Du warst wunderbar.«

Das Mädchen lächelte. Vicki deckte sie zu, löschte alle Lichter bis auf die Christbaumkerzen, machte das Radio an, setzte sich auf die Couch und rieb mit dem Daumen die Flanke des Katers. *Er kommt durch*, dachte sie, während die Musik sie umgab und der Baum in der violetten Dunkelheit einer achtzehnstündigen Winternacht in Alaska funkelte. *Er wird wirklich am Leben bleiben*. Sie schüttelte verwundert den Kopf, gleichermaßen überrascht von seinem Überleben wie davon, dass ihr das so viel ausmachte.

Am nächsten Tag, einem Samstag, erreichte sie endlich eine Tierärztin. Sie hatte erst drei Tage später einen Termin frei, versicherte ihr aber, dass sie alles richtig mache. »Machen Sie weiter wie bisher«, sagte sie. »Bis jetzt hat es ja funktioniert.«

Am Montag fuhr Vicki wieder zur Arbeit. Sie hatte ihren Urlaub bereits aufgebraucht, und als alleinerziehende Mutter konnte sie sich unbezahlten Urlaub nicht leisten. Alle paar Stunden, in der Vormittags-, der Mittags- und der Nachmittagspause, hastete sie nach Hause, um CC ein paar Tropfen seiner wässrigen Nahrung einzuflößen. Ihre Kolleginnen fanden das hysterisch. Seit Wochen hatte sie sich ständig darüber beklagt, dass sie sich die Katzen ins Haus holen musste. »Ich weiß nicht, warum ich mir das antue«, hatte sie immer wieder kopfschüttelnd gesagt. »Hoffentlich weiß das meine Tochter auch zu schätzen«, verkündete sie, als müsse sie ihrer Tochter eine ihrer Nieren spenden oder dergleichen. Und jetzt rannte sie alle paar Stunden nach Hause, um ein halbtotes Katzenjunges wieder aufzupäppeln.

»Wir dachten, du magst keine Katzen«, sagten ihre Kolleginnen und kreischten vor Lachen, als sie sahen, wie sie sich Schal und Jacke herunterriss.

»Tu ich auch nicht«, sagte sie. »Wirklich nicht. Aber was bleibt mir übrig?« Sie sagte die Wahrheit: Sie *mochte* Katzen nach wie vor nicht. Aber CC mochte sie. Warum? Weil sie sich vorgenommen hatte, ihm zu helfen. Weil er ihre Achtung gewonnen hatte. Weil er Charakter besaß, Zähigkeit und einen unglaublichen Lebenswillen. Sobald er stehen konnte, und sei es auch noch so wacklig und zittrig, war er über den Rand seines Kartons geklettert. Er gab nicht auf. Er war … kein Weichling. Das musste Vicki Kluever anerkennen.

Als sie mit CC zur Tierärztin fuhr, waren seit dem Unfall vier Tage vergangen. Viermal hatte sie versucht, CC ein winziges Stück feste Nahrung zu geben, aber er hatte es jedes Mal sofort wieder erbrochen, deshalb gab sie ihm nach wie vor tropfenweise verdünnte Babynahrung. Vier Tropfen waren das Äußerste, was er vertrug.

»Irgendetwas stimmt nicht«, sagte die Tierärztin. Sie drückte auf die Seiten und den kaum noch vorhandenen Bauch von CC. Er wog viel zu wenig für seine Größe. »Von flüssiger Nahrung allein wird er nie zunehmen. Er bekommt nicht genug Nährstoffe«, sagte sie und schüttelte den Kopf. »Er verhungert.« Sie trug etwas in ihre Karteikarte ein, dann sah sie Vicki an, die wie vom Donner gerührt war. »Am besten, Sie lassen ihn hier bei mir.«

»Warum, was wollen Sie mit ihm machen?«

»Wir werden ein paar Tests durchführen«, sagte sie. »Und dann tun wir das, was für ihn am besten ist.«

Auf der Stelle schnappte sich Vicki CC vom Untersuchungstisch und nahm ihn in die Arme. Er zittere, genau wie Vicki. »Nein«, sagte sie und wandte sich abwehrend halb ab. »Auf keinen Fall. Wir sind so weit gekommen, und wir werden das zu einem guten Ende bringen.« Sie spürte, wie der Zorn in ihr hochstieg. Diese Frau glaubte nicht daran. Diese Frau wollte ihren Kater umbringen!

»Nein«, sagte sie. »Wir geben nicht auf.« Vor Wut bebend und unfähig, noch etwas zu sagen, wirbelte sie herum und verließ die Praxis.

Sie ging in ein Fachgeschäft und fand eine Eiweißpaste für Katzen. Sie verglich die Etiketten. Die Paste enthielt dieselben Nährstoffe wie die Babynahrung, die sie verwendet hatte, also verdünnte sie jetzt die Paste mit Wasser und flößte sie CC mit der Pipette ein. Sweetie half ihr dabei und war immer sanft und fürsorglich und begeistert, aber meistens war es doch Vicki, die CC das Eiweiß in den Mund tropfte. Er war erst zehn Wochen alt, ein winziges Bündel aus Knochen und Fell, deshalb setzte sie ihn sechs- bis siebenmal pro Tag auf ihre Handfläche und führte mit der anderen Hand vorsichtig die Pipette ein. Wenn sie einen Tropfen herausdrückte, schaute er zu ihr auf, die Augen immer noch glasig, schloss dann mit einem leisen Seufzer den Mund und schluckte. Sie hatte sich schon vorher zu ihm hingezogen gefühlt – als er ihr in die Hand gespuckt hatte, als sie zugesehen hatte, wie er sich mit seinen krummen Beinchen über den Rand des Schuhkartons hievte, in der tierärztlichen Praxis –, aber nun, da sie ihn Tag für Tag in der Hand hielt, entwickelte sie eine Bindung, die sie nie für möglich gehalten hätte. Sie hatte ihm das Leben gerettet. Vor allem aber hatte CC sein eigenes Leben gerettet.

Nach einer weiteren Woche fing CC an, die Vorderpfoten auszustrecken und Vickis Hand zu seinem Mund zu dirigieren. Vicki konnte sehen, wie sich beim Schlucken seine Kehle zuzog, und sie schwor, sie könne jedes Gramm spüren, das er zunahm. Sein schwarzes Fell wurde dichter und glänzte, und jeden Tag kamen ihr seine Augen ein wenig klarer vor. Sie war so felsenfest davon überzeugt, dass er sich ganz erholen würde, dass sie Sweetie sagte, dass CC nicht ihrer Freundin Sharon gehörte, sondern ihr Weihnachtsgeschenk war. Die Freude in den Augen des Mädchens! Bald darauf brachte Vicki ihn zum Impfen zu einem anderen Tierarzt. Der Veterinär traute seinen Ohren nicht, als er die Geschichte hörte. »Sie haben alles richtig gemacht«, sagte er.

Genau wie CC, dachte sie.

»Er kann immer noch keine feste Nahrung zu sich nehmen«, sagte sie dem Arzt. »Er kriegt nichts runter, was nicht flüssig ist.«

»Möglicherweise ist ihm das angeboren«, sagte der Tierarzt, »oder seine Organe wurden geschädigt, als er unter Wasser war. Aber wie auch immer, er entwickelt sich offenbar prächtig. Machen Sie einfach so weiter.«

Machen Sie so weiter. Das war das Leben, das auf Vicki Kluever mit CC wartete. *Päppeln Sie weiter eine kranke Katze auf.* Zwei Monate zuvor wäre ihr das wie der schlimmste Albtraum erschienen. Jetzt störte es sie überhaupt nicht. Eine schöne Katzenhasserin war sie!

Bis März war CC wieder ganz der Alte – der abenteuerlustige kleine Teufel, der seine Geschwister in den Schwanz gebissen und sich ihnen auf den Kopf gesetzt hatte, wenn sie bei der Mutter trinken wollten. Sein Fell war von einem prächtigen Blauschwarz, und er hatte immer ein freches Glitzern in den Augen. Eigentlich gehörte er ja Sweetie, aber er und Vicki hatten bei den zahllosen Pipettenmahlzeiten eine enge Bindung entwickelt, und die arme Sweetie hatte von Anfang an nicht auf seiner Freundesliste gestanden. Es war Vicki, auf die er schaute, Vicki, auf die er immer hörte. Aber er war kein Kater, der einem ständig auf dem Schoß saß und um die Beine strich. Er war und blieb furchtlos und unabhängig, ein Kater, der nicht einmal den Tod gescheut hatte und offenbar mehr denn je überzeugt war, dass er alles überleben konnte, was die Welt gegen ihn ins Feld führte. Mit einem Wort, er war Vickis Idealbild von einer Katze.

Aber auch sechs Monate später, als Vicki die berufliche Chance ihres Lebens als Gründerin einer neuen Zweigstelle bekam, nahm CC immer noch ausschließlich flüssige Nahrung zu sich, die ihm mit der Pipette eingeflößt werden musste. Das sollte sich im Lauf der Jahre zwar etwas bessern, bis er wenigstens kleine Mengen Eiweiß mit Wasser vertrug, die in einem Mixer verrührt wurden, aber ganz sollte sich der Weihnachtskater nie davon erholen, dass er am Heiligabend beinahe in einer Kloschüssel ertrunken wäre.

Als Vicki mir schrieb, erwähnte sie, wie gerührt sie von den Parallelen in unser beider Leben sei. Und sie versprach: Es sei nicht nur deswegen, weil wir beide denselben Namen in derselben unüblichen Schreibweise trügen. Nachdem ich ihren Bericht über den Weihnachtskater gelesen hatte, erkannte ich die Verwandtschaft zwischen CC und Dewey. Beide Kater wären um ein Haar im Alter von einigen Wochen gestorben – der eine in einer Kloschüssel, der andere in der eiskalten Rückgabeklappe einer Bibliothek. Beide wurden von alleinerziehenden Müttern gerettet, die, ohne es zu ahnen, eine Lücke in ihrem Leben hatten, die eine Katze ausfüllen konnte. Wir waren nicht auf der Suche nach einer Katze oder nach Liebe oder nach Kameradschaft, aber sie fanden uns. Sie widmeten uns ihr Leben und ließen es nie zu, dass die tragischen Ereignisse am Beginn ihres Lebens ihr weiteres Leben bestimmten. Sie blieben ihrem Charakter treu. Sie nutzten ihre Gelegenheiten. Sie fanden ihren Platz. Und letztendlich entwickelten sie sich prächtig, nicht wegen der beiden Vickis, sondern dank ihrer eigenen inneren Kraft.

Als ich mit ihr sprach, wurde mir klar, dass auch Vicki und ich diese innere Kraft besaßen. Wir kämpften uns beide mit schlechten Jobs und noch schlechteren Ehen ab, aber wir blieben unseren moralischen und beruflichen Werten treu und fanden die berufliche Aufgabe unseres Lebens: ich im Bibliothekswesen, Vicki im Hypothekengeschäft. Wir hatten beide Erfolg, weil wir uns nicht mit dem Üblichen zufriedengeben wollten, sondern nach etwas Besserem strebten.

Obwohl ich mich nie persönlich mit ihr getroffen habe, kann ich sie mir vorstellen, wie sie in ihrem schicken Businesskostüm den Affiliate of the Year Award der Matanuska Valley Real Estate Community entgegennahm. Sie hatte diesen Preis dafür bekommen, dass sie einem dahinsiechenden Hypothekenbüro in Wasilla, Alaska, wieder auf die Beine geholfen hatte. Die Firma, die kurz vor der Insolvenz stand, als Vicki sie übernahm, war nun eine der profitabelsten Firmen in ganz Alaska. Noch wichtiger war für Vicki, dass sie die Geschäftsmoral und die Ausrichtung des Büros verändert hatte. In einem Geschäftszweig, der durch einen Bauboom in die Korruption abgeglitten war (im Alaska der 1980er Jahre, nicht 2005 in ganz Amerika, aber die Geschichte wiederholt sich), hatte sie eisern ihre Grundsätze vertreten. Sie verweigerte Hypothekendarlehen, wenn unethische Nebengeschäfte abgeschlossen worden waren; sie sagte es einem Kunden, wenn das Darlehen, das er aufnehmen wollte, für ihn nicht die optimale Lösung war, selbst wenn dann der Abschluss nicht zustande kam, und sie entließ Grundstücksmakler, wenn sie dahinterkam, dass sie unsaubere Geschäfte machten. Sie suchte sich die zwölf anständigsten, vertrauenswürdigsten Makler, diejenigen, denen das Wohl ihrer Kunden am Herzen lag, und sagte ihnen, sie würde als Gegenleistung dafür, dass sie ihre Kunden in ihr, Vickis, Büro schickten, immer zu ihnen halten, weil auch ihr das Wohl des Kunden am Herzen liege. Und auf dieser Grundlage baute sie ihren Erfolg auf.

Als sie nach Wasilla kam, besaß sie nichts als ihre mühsam erworbene berufliche Erfahrung. Anfangs misstrauten ihr die ortsansässigen Grundstücksmakler, Bauherren und Bauunternehmer einfach deshalb, weil sie eine Firma übernommen hatte, für die sie nur noch Verachtung übrighatten. Jetzt war sie ein führendes Mitglied der Rotarier und in vielerlei wohltätigen Vereinen und Organisationen tätig. In den dunkelsten Stunden ihres Lebens hatte sie den Glauben an Gott verloren, doch dank des guten Beispiels ihrer Tochter war sie wieder ein aktives und begeistertes Mitglied einer Kirche. Es war schön, den Affiliate of the Year Award zu bekommen, weil damit nicht nur ihre finanzielle Expertise geehrt wurde – ihre Fähigkeit, Gewinne zu erzielen –, sondern auch ihr Dienst an der Allgemeinheit. Und es gibt kaum eine größere Ehre als den Respekt und die Anerkennung der Berufskollegen.

Aber Vicki sprach nie über den Preis. Ich musste sie mehrmals anstupsen, bevor ich auch nur von der Tatsache als solcher erfuhr. Stattdessen sprach sie über die Menschen, denen sie geholfen hatte: Die Hypothekenvermittler, die um des Profits willen ihre Wertvorstellungen aufgegeben hatten und die sie wieder auf den richtigen Weg zurückbrachte; die jungen Männer und Frauen, denen sie als Betreuerin zur Seite stand; die Kunden, denen sie half, ihre Träume vom Eigenheim zu verwirklichen. Mit einer Frau, die kein Englisch sprach, arbeitete sie über zwei Jahre, um ihr ein erschwingliches Darlehen zu verschaffen. Ein Jahr später kam der Sohn dieser Frau sie besuchen.

»Erinnern Sie sich noch an mich?«, fragte er.

»Natürlich.«

»Tja, also, ich gehe jetzt aufs College«, sagte er, »und ich wollte Ihnen sagen, dass ich Finanzwissenschaft studiere, weil ich gesehen habe, was sie für meine Mutter getan haben. Dadurch hat sich unser Leben verändert.«

Diese Art von Anerkennung war Vicki wichtig. Und diese Aufgabe ließ sie morgens aufstehen und motivierte sie, jeden Tag hart zu arbeiten.

»Ich glaube, ein Haus ist ein stabilisierendes Element«, sagte sie zu mir. »Es hilft dabei, ein gesundes Familienleben aufzubauen. Und das tue ich auch, wenn ich ein Darlehen genehmige. Ich gebe einer Familie eine bessere Chance, erfolgreich zu sein.«

Ganz ähnlich denke ich über Bibliotheken. Ich glaube, sie sind ein stabilisierendes Element in einer Kommune. Ich glaube, dass sie im besten Fall Menschen auf eine Art zusammenbringen, wie es sonst nur wenige öffentliche Einrichtungen können. Das ist von jeher mein Hauptziel: zu erreichen, dass die Bibliothek für Spencer funktioniert, indem sie für die Menschen funktioniert, die dort wohnten. Mir ging es nicht um Geld oder Ruhm; welcher Bibliothekar hätte sich jemals aus diesem Grund für seinen Beruf entschieden? Aber ich glaubte daran, dass ich, wenn ich auf die richtige Art und aus den richtigen Gründen arbeitete, in meinem Winkel der Welt etwas bewegen konnte. Und das glaubte auch Vicki Kluever. Letztlich haben wir beide unser Ziel erreicht.

Und doch, bei allen Ähnlichkeiten, war und blieb ich skeptisch, was unsere Schwesterlichkeit anging; wie viel konnten wir tatsächlich gemeinsam haben? Der Nordwesten von Iowa, wo ich den größten Teil meines Lebens verbracht habe, ist flach wie eine Flunder. Der nächste Ozean ist über anderthalbtausend Kilometer entfernt. Wir haben eiskalte Winter wie in Alaska, aber sehr warme Sommer. Und während die riesigen Mais- und Sojabohnenfelder ihre eigene Schönheit besitzen, findet man an unserem endlosen Horizont oft nichts Interessanteres als ein paar Bäume.

Die Insel Kodiak, auf der Vicki Kluever die meiste Zeit gelebt hat, ist eine unwirtliche Wildnis, vom Pazifik gepeitscht und mit dichter, feuchter Vegetation überzogen. Ihre Berge steigen unmittelbar aus dem Meer auf und fallen oft auf der anderen Seite genauso steil ins Wasser ab. Die Küste ist stark zerklüftet und mit Gezeitentümpeln übersät, die im Lauf der Jahrtausende in den vulkanischen Fels der Insel gegraben wurden. Die Landschaft ist unglaublich vielgestaltig – bald flach und baumlos, bald gebirgig und mit hoch aufragenden Fichten bewachsen. Die Bergwiesen, das halbe Jahr unter Schnee begraben, färben sich bei der ersten Gelegenheit smaragdgrün und schmücken sich im Sommer mit bunten Blumenteppichen. Im Herbst sieht man dann allenthalben Einheimische beim Wildbeerenpflücken. In Iowa ist das Leben langsam, definiert durch den jahreszeitlichen Wechsel auf den Feldern; auf Kodiak ist das Leben dramatisch, geformt von den wilden Meeresstürmen. In Iowa wird der Zyklus durch Aussaat, Ernte und Fruchtwechsel bestimmt; auf Kodiak beginnt der Zyklus mit den Lachsen, die von den Bären gefressen werden, die wiederum Reste für Weißkopfseeadler und Füchse liegen lassen, und die Schuppen und Gräten, die diese verschmähen, reichern den Boden an. In Iowa ist das Land gezähmt, es ist mit der Präzision eines Schachbretts aufgeteilt und wird an den Meistbietenden verkauft; auf Kodiak ist es wild und unbarmherzig, beherrscht vom Sitka-Schwarzwedelhirsch und vom Kodiakbären, dem größten Landsäugetier Nordamerikas und einem der größten Bären der Welt. Und wie man hört, riecht es auf dieser Insel überall nach Fisch.

Und doch … Vicki und ich waren etwa gleich alt. Wir waren in ähnlichen Arbeiter- und Bauernmilieus aufgewachsen, in denen die Jungen die Zukunft bedeuteten und die Mädchen emotionalen Rückhalt bieten sollten. Wir waren beide brave Töchter aus eng zusammenhaltenden, großen Familien.

Wenn mich das Farmleben langweilte, fand ich Trost in den hintersten Maisfeldern, wo mich, das wusste ich, nicht einmal der Sputnik finden konnte; Vicki fand Zuflucht in den Wäldern und am Strand, weit weg von den Streitigkeiten ihrer kettenrauchenden Eltern. Kodiak und Spencer, fast sechstausend Kilometer voneinander entfernt, waren beides typische Kleinstädte mit Zwergschulen und telefonischen Gemeinschaftsanschlüssen. Jeder wusste alles von jedem, und das bedeutete, dass sie entweder übereinander klatschten oder sich gegenseitig halfen, oft auch beides. In Iowa lebten wir vom Land. Auf Kodiak fuhr man zur Ernte aufs Meer hinaus. Das Kommen und Gehen der Fischerboote war ihr Verkehr; das Versorgungsschiff vom Festland, das oft wegen hohen Seegangs verspätet eintraf und nur Lebensmittel in Konservendosen oder in Pulverform brachte, war ihr Supermarkt, die Gezeitentümpel und Strände waren ihre Spielplätze. Ist das so anders als das Leben auf einer Farm, wo der Verkehrslärm von Traktoren stammt und die besten Nahrungsmittel direkt vom Feld kommen?

Wir waren stark aus Notwendigkeit, Vicki und ich, stolz auf unsere Herkunft von einer langen Reihe unabhängiger Frauen. Meine Großtante Luna Morgan Still gründete und leitete die erste Schule im County Clay, eine Hütte aus Lehm und Gras, weil es auch in der Pionierzeit schon keine Bäume mehr für Bauholz gab. Meine Großmutter hielt die Familie nach dem Tod ihres Mannes zusammen, mit einer Strenge und Großzügigkeit, die ich mir zum Vorbild nahm. Meine Mutter führte das Restaurant ihrer Familie, als sie eigentlich die Grundschule hätte besuchen müssen; sie zog sechs Kinder auf einer Farm ohne Klimaanlage und Waschmaschine groß, kämpfte dreißig Jahre gegen den Krebs und ertrug Schmerz und Schmach, ohne zu klagen. Sie stützte sich auf mich, ihre älteste Tochter. Und dadurch machte sie mich stark.

Vicki Kluevers Ahnenreihe auf Kodiak reicht sechs Generationen zurück, bis zu den Alutiiq, den Ureinwohnern, die seit zehntausend Jahren auf dieser Insel gelebt haben. Sie hat schöne Erinnerungen an Wanderungen in den Kodiak-Wäldern mit ihrem Hund und an hochsommerliche Ausflüge mit ihrer Mutter und ihren Tanten zum Beerenpflücken, aber ihr Vorbild war ihre Großmutter. Laura Olsen war Alutiiq, Russin und Norwegerin, ein Produkt des großen Schmelztiegels Kodiak. Mit zweiundsechzig Jahren, als sie schon Witwe war, zog sie aus der Stadt Kodiak zurück auf das Land ihrer Vorväter, das winzige Larsen Island. Die Insel ist nach ihrem Vater Anton Larsen benannt, einem Norweger, der im Alter von zwölf Jahren allein auf einem Dampfer nach Kodiak gekommen war. Vicki musste zum Haus ihrer Großmutter eine lange Fahrt über einen Gebirgspass und einen holprigen Fahrweg hinunter in die Anton Larsen Bay unternehmen, von dort zwanzig Minuten mit einem Boot fahren und dann noch über den Strand und einen steilen Anstieg hinaufgehen. Grandma Laura hatte kein Telefon, keinen Strom, keine Zentralheizung und kein fließendes Wasser. Sie hatte einen großen Garten und einen Brunnen, wusch ihre Kleider in einer Handkurbel-Waschmaschine, hackte eigenhändig ihr Brennholz und hielt Hühner und eine Ziege. Sie legte ihre eigenen Fischernetze aus und reparierte ihre Angelausrüstung selbst. Die Tür ihres winzigen Häuschens stand immer offen, ihre Zimmer waren stets sauber und aufgeräumt. Wenn Vicki bei ihr ankam, roch es meist nach frisch gebackenen Keksen und Brot. Grandma Laura hatte keine Verwendung für Zigaretten, Milchpulver oder elektrisches Licht. Sie lebte vom Land und vom Meer, wie die Alutiiq und die frühen Siedler, und sie war glücklicher als irgendjemand, den Vicki je kennengelernt hatte.

Ein Grassodenhaus als Schule. Ungeheizte hölzerne Wohnhäuser. Vicki und ich hatten nie so entbehrungsreich gelebt, aber das hieß nicht, dass wir ein leichtes Leben gehabt hätten. Das Leben von Farmern und Fischern war gekennzeichnet durch Tragödien, frühe Todesfälle, Unfälle, Bankrott und Finanzkrisen. Die Stadt Spencer brannte in den 1930er Jahren nieder, ein Ereignis, das heute noch für die Risiken des ländlichen Lebens und die Zähigkeit der Einwohner steht, die ihre Stadt mit reiner Willens- und Muskelkraft schöner als zuvor wieder aufbauten.

Auf Kodiak waren die einschneidenden Ereignisse der Ausbruch des Mount Novarupta 1912, der die ganze Insel unter einer Ascheschicht begrub, und das Erdbeben von 1964. Die Erschütterungen dieses Bebens versetzten die Insel in eine Schaukelbewegung mit einer Amplitude von fast zwei Metern. Aber die Stadt wurde am Karfreitag von massiven Flutwellen zerstört. Vickis Vater, der zur Zeit des Erdbebens im Elektrizitätswerk arbeitete, war zwei Tage lang bis zum Hals im Wasser eingeschlossen. Am Tag nach seiner Rettung, dem Ostersonntag, raste Vickis Cousin in seinem Kleinlaster zu ihrem Haus hinauf und sagte ihnen, dass eine weitere Flutwelle unterwegs war. In dem Moment sah Vicki zum ersten Mal Angst. Sie sah sie im Gesicht ihrer Großmutter. Sämtliche Einwohner der Stadt verbrachten den Tag oben auf dem Pillar Mountain und beobachteten das Meer. Schließlich, kurz vor Einbruch der Dämmerung, sagte Vickis Mutter »Ich brauche meine Zigaretten«, und sprang in den Wagen ihres Neffen. Die anderen folgten, und bis es dunkel war, waren alle wieder zu Hause. Die letzte Flutwelle war falscher Alarm gewesen.

Die Häuser wurden abgerissen und neu aufgebaut. Die Boote wurden verschrottet oder geborgen, je nachdem, wo sie geankert hatten. Das war der Zeitpunkt, an dem Vickis Großmutter, deren Haus von den Flutwellen weggefegt worden war, ihr einfaches neues Heim auf Anton Larson Island baute und von Kodiak wegzog. Für die gerade sieben

Jahre alte Vicki bedeutete diese Naturkatastrophe das Ende ihrer unbeschwerten Kindheit. Sie hatte aus nächster Nähe die Macht der Natur und die Zerbrechlichkeit des Lebens erfahren.

Mit achtzehn Jahren gingen Vicki und ich beide von zu Hause fort. Das Leben war kurz, die Möglichkeiten in unseren Heimatorten begrenzt; wir wollten etwas von der Welt sehen. Vicki drückte es so aus: »Ich musste mir die Knie aufschürfen, das Gesicht zerkratzen, Fehler machen – ohne dass mich die Familie meiner Mutter dabei beobachtete. Ich konnte auf Kodiak nichts tun, ohne dass es meine Mutter schon wusste, wenn ich heimkam.«

Ich wollte aufs College, aber meine Eltern konnten es sich nicht leisten. Vicki hielt die Abschiedsrede ihres Jahrgangs und bekam ein Stipendium von der University of Alaska, zog es aber vor, auf eigenen Beinen zu stehen, statt weitere vier Jahre vom Geld ihrer Eltern zu leben und sich ihren Regeln unterwerfen zu müssen. Wir fanden beide Anfangsstellungen in größeren Städten – ich in einer Kartonfabrik in Mankato, Minnesota, Vicki in einer Bank in Anchorage – und begannen ein unabhängiges Leben. Ein paar Jahre später heirateten wir beide mit Anfang zwanzig. Waren wir verliebt? Das ist schwer zu sagen. Damals heirateten Frauen aus Kleinstädten jung. Wir kannten es nicht anders. Erst als wir schwanger waren, wurde uns bewusst, wie sehr, im Positiven wie im Negativen, eine Ehe das Leben einer Frau bestimmt. Leider ging es bei uns beiden schlecht aus.

Kurz nach der Hochzeit nahm Vickis Mann eine Stellung als Sicherheitsingenieur bei der Alaska-Pipeline an und zog mit seiner Frau hundertfünfzig Kilometer Luftlinie (auf der einzigen Straße vierhundertfünfzig Kilometer) nach Osten, nach Valdez, in eine gebirgige Gegend, die als die Alpen von Alaska bezeichnet wird. Ihre Tochter Adrienna – Sweetie genannt – kam dort in einem heftigen Thanksgiving-Schnee-sturm zur Welt, in dessen Verlauf an einem einzigen Tag über ein Meter Schnee fiel. Zwei Wochen darauf nahm Vickis Mann eine Position als Polizist am fernen Ende der Aleuten an, der langen Inselkette, die sich fast tausendfünfhundert Kilometer weit von der Südwestecke Alaskas erstreckt. Valdez war schon entlegen und tief verschneit gewesen, aber Unalaska, wohin sie jetzt übersiedelten … das war hinter dem Ende der Welt. Es lag am Ende einer achthundert Kilometer langen felsigen Wirbelsäule in der Beringsee, einem der schwärzesten, auf-gewühltesten, tödlichsten Gewässer der Welt. Der staatliche Fährdienst von Alaska lief die Insel nur dreimal im Jahr an, und die Reise dauerte sieben Tage. Das einzige Flugzeug, das die Insel anflog, war immens teuer und kam nur zweimal die Woche. Lebensmittel musste man per Post beziehen.

Vicki hatte größte Bedenken gegen Unalaska, zumal mit einem kleinen Kind. Aber ihr Mann hatte sich so entschieden. Als er fast sofort aufbrach, um seinen neuen Posten anzutre-ten, und Vicki in Valdez zurückließ, damit sie sich um Sweetie kümmerte und den Hausrat zusammenpackte, wurde ihr zum ersten Mal klar, wie gründlich die Heirat ihr Selbstgefühl zerstört hatte. Sie hatte bereits ihre berufliche Laufbahn, ihre Freunde, ihre Familie und ihr Zuhause aufgegeben. Jetzt sollte sie auch noch ihre Unabhängigkeit und ihre Bewe-gungsfreiheit verlieren.

Doch als pflichtbewusste Ehefrau schleppte sie ihr Kind während der zweiwöchigen Reise in ihre neue Heimat in der Beringsee. Sie fand die Insel noch rauer und unheildrohender, als sie gedacht hatte: felsig, kahl und kreuz und quer von alten Pfaden durchzogen. Ein riesiges Militärlager, das nach dem Zweiten Weltkrieg aufgegeben worden war, hatte der Insel eine Hinterlassenschaft aus kaputten Landebahnen, baufäl-ligen Kais und verrosteten Geschützen beschert. Als sie in ihre neue Heimat fuhr, sah Vicki Stacheldrahtverhaue, die sich über den Horizont erstreckten. Das Ganze hatte unbestreitbar eine gewisse Schönheit. Als sie da im heulenden Wind über der donnernden Brandung stand, hatte sie das Gefühl, am Ende der Welt zu stehen, und wer bekommt dazu schon jemals die Gelegenheit? Aber mochte es auch eine schöne Einsamkeit sein, einsam war die Insel trotzdem. Und isoliert. Und mit den Stacheldrahtverhauen wirkte Unalaska wie ein Gefängnis auf hoher See.

In dem Winter erlitt Vicki eine Fehlgeburt. Es war buchstäblich eine dunkle Zeit – nur ein paar Stunden täglich schien die Sonne. Ihre Ehe war schon seit einigen Jahren schwierig; in diesem langen Zwielicht schien sie endgültig zu zerbrechen wie Äste unter dem Eis. Als ich mit einem Alkoholiker verheiratet war, empfand ich mein Haus als einen Sarg. Tag für Tag wurde ich durch die Achtlosigkeit meines Mannes begraben. Aber ich hatte wenigstens Freundinnen und Angehörige in der Nähe. Ich hatte einen Ort, wo ich hingehen konnte, wenn ich Trost brauchte. Vicki Kluevers ganze Welt war ein Sarg. Sie hatte nichts, wo sie sich hinwenden konnte. Sie bat Gott um Hilfe, um ein Zeichen, doch als sie nichts anderes hörte als das Heulen des Windes, verlor sie auch ihren Glauben. Bis der Winter endgültig Einzug hielt, hatte sie eine schwierige Entscheidung getroffen, mit der sich auch viele andere Frauen, darunter ich, abgequält hatten: Sie sagte ihrem Mann, dass sie ihn verlassen werde. Als einen Monat später die Fähre eintraf, kehrte sie mit ihrer kleinen Tochter und nur einer Handvoll Habseligkeiten nach Anchorage zurück.

Es gibt eine Kraft, die darauf zurückzuführen ist, dass man in einer kleinen Stadt aufgewachsen ist. Diese Kraft besteht darin, dass man schon in jungen Jahren erkennt, dass einem nichts geschenkt wird. Viel öfter wird einem etwas genommen, durch Faktoren, die man nicht unter Kontrolle hat: durch

Flut, Dürre, Unwetter, eine Algenblüte oder einen unglücklichen Netzwurf. Man darf sich durch solche Unglücksfälle nicht aus der Bahn werfen lassen. Sicher, sie tun weh. Aber man geht weiter. Man versteht als grundsätzliche Wahrheit, dass man kein Recht auf Geld, Glück oder auch nur Stabilität hat. Wenn man diese Dinge haben möchte, muss man sie sich verdienen.

Zurück in Anchorage, ging Vicki daran, sich ihr Glück zu verdienen. Sie nahm eine Arbeit in der Hypothekenbranche an, in der sie auch schon vor ihrer Heirat gearbeitet hatte, und fing an, sich eine Karriere aufzubauen. Es war Anfang der 1980er Jahre, die Zinssätze fielen ins Bodenlose, und Alaska wurde von einer Welle von Hypotheken-Umschuldungen erfasst. Vicki arbeitete oft siebzig Stunden in der Woche und nahm Akten mit nach Hause. Ihr Chef neigte zu Wutausbrüchen, aber sie war eine der kompetentesten und sachkundigsten Frauen auf ihrem Gebiet. Vicki ignorierte die Feindseligkeiten und konzentrierte sich aufs Lernen. Sie stieg rasch von einer einfachen Angestellten zur Kreditsachbearbeiterin auf, und nach einem Jahr kannte sie das Wohnungsbauprogramm Alaskas, eines der Besten in den Vereinigten Staaten, in- und auswendig. Sie lebte nicht nur ihren eigenen Traum von der Selbstständigkeit, sie half auch anderen Menschen, ihre Träume zu verwirklichen.

Aber sie hatte es nicht leicht. Ihre Provisionen, vor allem in den ersten Jahren, reichten kaum fürs Allernötigste. Sie konnte sich kein zuverlässiges Auto leisten und ließ oft eine Mahlzeit aus, damit ihre Tochter genug zu essen bekam. Sie widmete Sweetie so viel Zeit wie möglich, doch öfter, als ihr lieb war, sah sie ihre Tochter abends nur gerade so lange, dass sie sie ins Bett bringen, sie auf die Wange küssen und *Mommy hat dich lieb, Sweetie, gute Nacht* sagen konnte. Sie achtete auf sich. Sie war körperlich kräftig. Aber sie neigte zunehmend zu

Stimmungsschwankungen, dunklen Gedanken und Erschöpfungszuständen.

Aus Erfahrung bin ich überzeugt, dass Stress ein wichtiger Faktor bei gesundheitlichen Problemen ist, und niemand hat mehr Stress als eine alleinerziehende, berufstätige Mutter. Auch das weiß ich aus Erfahrung. Doch Stress ist nicht die Krankheitsursache, er verstärkt bereits vorhandene Probleme. Die letzte Hürde war für Frauen meiner Generation vielleicht die Aufgabe, Ärzte – und es waren überwiegend Ärzte und keine Ärztinnen – zu überzeugen, dass unsere Verdauungsprobleme, Blähungen, Kopfschmerzen, Gedächtnislücken und Muskelschwächen nicht bloße Einbildung waren. *Sie müssen einfach zur Ruhe kommen*, sagten uns die Ärzte. *Entspannen Sie sich. Das sind nur Wassereinlagerungen. Nehmen Sie Beruhigungstabletten.*

Vicki wusste, dass etwas Grundlegenderes nicht in Ordnung war. Statt einfach nachzugeben, verbrachte sie deshalb Stunden in der Bibliothek (das war noch die Zeit vor dem Internet) und informierte sich über ihre Probleme. Nach Jahren, in denen sie viel las, recherchierte und gewissenhaft Tagebuch über ihre Nahrungsaufnahme und ihre körperlichen Symptome führte, entdeckte sie eine Ärztin in London, die weibliche Hormonschwankungen erforschte. Eine ihrer Studentinnen arbeitete zufällig in Anchorage, und so ließ sich Vicki einen Termin geben. Die Frau wertete Vickis Tagebücher aus und nahm eine Reihe von Hormonmessungen vor. Das Problem, so versicherte ihr die junge Frau schließlich, lag nicht in ihrem Kopf. Nach ihrer Fehlgeburt hatte ihr Körper es nicht geschafft, wieder eine ausreichende Hormonproduktion aufzubauen. Sie empfahl eine hohe Dosis Hormone, die ihr ein bekannter Arzt verabreichen sollte. Die Methode, die in England bereits angewandt wurde, war in den USA noch nicht zugelassen.

Vicki akzeptierte die Empfehlung. Auch heute erinnert sie sich noch genau, wie sie die Erklärung über den Haftungsausschluss unterschrieb. Sie war so glücklich, dass nach so vielen leidvollen Jahren endlich einmal jemand ihren Zustand ernst nahm, dass sie praktisch alles unterschrieben hätte. Ihre Krankenversicherung wollte die Kosten der Behandlungen nicht übernehmen, also verschuldete sie sich, um die Rechnungen bezahlen zu können.

Zum Glück schlugen die Behandlungen an. Für drei Monate. Dann bekam Vicki stechende Unterleibsschmerzen. Bald darauf wurde die Diagnose Gebärmutterkrebs gestellt. Sie war zu bestürzt und verängstigt, um Fragen zu stellen oder eine zweite Meinung einzuholen. Ein paar Tage später, im Alter von siebenundzwanzig Jahren, lag sie auf den Operationstisch; man schnitt ihr den Bauch auf und entfernte ihre Gebärmutter.

Das war ein schrecklicher Rückschlag, aber auch etwas anderes: Freiheit. Im darauffolgenden Frühjahr fühlte sich Vicki Kluever so kräftig und ausgeglichen wie seit Jahren nicht mehr. Ihre Symptome waren abgeklungen. Wichtiger noch war, dass ihre Perspektive, ihre Zukunftsvision, zurückgekehrt war. Sie hatte harte Entscheidungen getroffen. Sie hatte teuer dafür bezahlt, aber sie hatte überlebt. Sie war sich sicher, dass sie im Beruf Erfolg haben konnte; sie wusste, dass sie als Mutter Erfolg haben konnte. Sie war bereit, ihre Chancen zu nutzen.

Ein weiterer Schritt war notwendig. Sie hatte Freude am Hypothekengeschäft, aber sie wollte nicht in einem vergifteten Arbeitsmilieu bleiben. Außerdem war ihr inzwischen klar, dass sie ihre Tochter nicht in Anchorage großziehen wollte. Sweetie sollte das Leben so kennenlernen, wie sie selbst aufgewachsen war: den engen menschlichen Zusammenhalt, die starken Frauen, die Schönheit und Macht des Ozeans. Als sie erfuhr, dass ihre Firma eine Zweigstelle eröffnete, bewarb sie sich um die Stelle der Geschäftsführerin. Man ließ ihr die Wahl zwischen Kodiak und Ketchikan.

Sie wusste, wohin sie wollte: nach Hause.

Kurz vor Vickis Operation, im Sommer 1986, waren sie und Sweetie in die Wohnung in Anchorage gezogen, in der sie eine Katze halten durften. Sie hatten in Unalaska bereits eine Katze besessen, eine Freigängerin, die vor allem die Ratten fangen sollte (die zahlreich und riesig waren – sie waren per Schiff auf die karge Insel gekommen), und vielleicht ließ Sweetie deshalb nicht locker. Vicki, die diese Katze (und die Ratten) nie gemocht hatte, war weniger begeistert. Doch zu der Zeit hätte sie fast alles für ihre Tochter getan. Sie war im November noch rekonvaleszent, als sie sich für den Weihnachtskater entschied. Und sie war noch immer nicht wieder ganz sie selbst, körperlich wie seelisch, als sie ihn am Heiligabend aus der Kloschüssel rettete.

Es wäre also ungerecht, nicht zu unterscheiden zwischen Vickis persönlicher Reise und der dramatischen Rettung von CC. Oft hört man Leute sagen, Liebe sei eine Angelegenheit von Glück und dem richtigen Zeitpunkt. Die richtige Person (oder Katze) läuft einem zum richtigen Zeitpunkt über den Weg, und mit einem Schlag ändert sich das ganze Leben. Viele Menschen denken, dass es auch bei mir und Dewey so war, dass unsere Liebe auf Zufällen beruhte. Schließlich war ich neu in meiner Position als Bibliotheksleiterin und bestrebt, mich zu etablieren. Ich wollte unter allen Umständen aus der Bibliothek einen einladenderen Ort machen und hatte seit Monaten an diesem Ziel gearbeitet.

Dann fiel mir Dewey in die Arme, und ich wusste sofort, dass er meine Welt verwandeln würde. Er war freundlich. Er war selbstbewusst und kontaktfreudig. Er wollte jeden einbeziehen, auch wenn der Betreffende misstrauisch gegenüber seinen Aufmerksamkeiten war. Er war liebevoll. Er war sensibel. Er war mit Körper und Seele der Spencer Public Library verpflichtet. Er war, so könnte man sagen, die bessere Hälfte meiner Seele. Er brachte mich auf Ideen und gab ein Beispiel. Und zwar nicht nur für mich, sondern für eine ganze Stadt.

Vielleicht passierte etwas ganz Ähnliches mit Vicki Kluever und CC. Vielleicht sah sie sich selbst in diesem Kater: abenteuerlustig, unabhängig, entschlossen. Und als er die Beinahe-Tragödie überlebte? Vielleicht sah sie sich auch darin. Schließlich ist es keine Kleinigkeit, wenn der eigene Körper gegen einen rebelliert. Es ist keine Kleinigkeit, vom Weg abzukommen, seine Ziele zu vergessen, zu erleben, dass die größten Aktivposten, die man hatte (Zuversicht und Forschungsdrang), zum größten Verlust führten, den man je hinnehmen musste. Aber der Weihnachtskater gab nicht klein bei. Sobald er wieder genug Kräfte gesammelt hatte, rappelte CC sich auf und plumpste in die Welt zurück. Vielleicht war es seine Haltung, dieser Wille zum Erfolg, was Vicki so an ihm bewunderte. Noch mehr als sein extrovertiertes Wesen, sein prachtvolles Fell und seine frechen goldenen Augen mochte Vicki vielleicht an ihm, dass sie in dem kleinen schwarzen Kater eine verwandte Seele sah. Sie hat es mir oft gesagt, obwohl sie nie genau diese Worte gebrauchte.

Positiv war sicher auch, dass CC perfekt in ihr neues Leben auf Kodiak passte. Subsistenz ist, so sagte mir Vicki, ein wichtiger Begriff in Alaska. Darin sind sowohl die Einfachheit des Lebens in den kleinen Orten entlang der Küste als auch die innere Tapferkeit enthalten, die man braucht, um dort zu überleben. Subsistenz, in ihrer reinsten Form, bedeutet, dass man von der Natur lebt und alles mit den eigenen Händen herstellt. Das war die Lebensweise zahlloser Generationen Einheimischer auf Kodiak und den anderen unwirtlichen

Inseln Alaskas. Es war die Lebensweise von Vickis Urgroß-vater Anton Larsen, als er die heute nach ihm benannte Insel besiedelte, und es war das Leben, zu dem seine Tochter, Vickis Großmutter Laura, nach den verheerenden Flutwellen von 1964 zurückkehrte.

Vicki lebte nicht wie ihre Großmutter, aber sie gewöhnte sich einen einfacheren Lebensstil an, als sie in ihre Heimat-stadt zurückkehrte. Sie mietete ein kleines Haus im Wald. Sie leitete das neue Hypothekenbüro allein und arbeitete hart, um erst einmal eine starke Grundlage zu schaffen, bevor sie Mitarbeiter einstellte. Mit Unterstützung ihrer Mutter er-möglichte sie ihrer Tochter (die, im Gegensatz zu Vicki, einen Fernseher hatte, sehr zu Sweeties Freude) eine Kindheit frei von der Überbehütung und Überforderung, die bei modernen Eltern so verbreitet sind. Stattdessen genoss Sweetie lange Spaziergänge in den Wäldern und Schnitzeljagden an den felsigen Küsten von Kodiak.

Auch der Weihnachtskater liebte es, den riesigen Wald hinter dem Gartenzaun zu erkunden. Er jagte Mäuse, Spinnen und andere Tiere, die er im Gebüsch aufstöbern konnte, und brachte sie nach Hause, als Geschenke oder als Spielsachen, die er einen ganzen Nachmittag lang peinigte. Er kletterte mit Sweetie auf Bäume und folgte Vicki und Sweetie auf ihren Wanderungen ein paar hundert Meter weit, bis sie im Wald verschwanden. Alaska ist unvorstellbar riesig und menschen-leer, ein Staat mehr als doppelt so groß wie Texas mit einer Bevölkerung von knapp siebenhunderttausend Menschen (etwa genauso viele wie Louisville, Kentucky, oder weniger als die Hälfte von Columbus, Ohio). Vicki liebte es, wie Kodiaks Berge gewaltig über den Flusstälern aufragten, und die rie-sigen Adler an einem endlosen Himmel dahinsegelten. Aber sie mochte auch die Art, wie der Wald sie umschloss, und die Vertrautheit der Geschäfte in der Stadt. Auf ihren Strandwanderungen fühlten sie und Sweetie sich zur Macht des Ozeans hingezogen. Aber da gab es auch die Schnecken, die sich an die Seiten der Gezeitentümpel klammerten, die Einkerbungen in den Felsen, die Art, wie das ablaufende Wasser »den Tisch deckte«, indem es Muschelbänke und Fischernetze freilegte. Wenn die Lachse aufstiegen, waren Vicki und Sweetie oft tagelang unterwegs, weil Vicki zwar gern Fische jeder Art fing, am liebsten aber Lachse, weil ein Lachs am Haken sich aus Leibeskräften wehrt. Am allerschönsten war für sie jedoch Sweeties strahlendes Lächeln, wenn sie etwas gefangen hatte.

Nach einem Jahr, als sie sich ein bisschen Geld zusammengespart hatte, kaufte sich Vicki ein heruntergekommenes Haus in der Stadt. Das Dach war undicht, und die Mauern waren schief, aber es gehörte ihr, und das gab ihr das Gefühl, bodenständig zu sein. Im ersten Winter platzte ein Wasserrohr, und der Keller stand unter Wasser. Ein paar Tage später stürzten in einem Sturm drei Bäume durchs Dach, und ein Jahr lang mussten sie und Sweetie Töpfe und Pfannen aufstellen, um das tropfende Wasser aufzufangen, wenn es regnete. Als sie das Geld zusammenhatte, ließ sie das Haus Stück für Stück reparieren. Sie machte sich nie große Sorgen. Immerhin trank der Weihnachtskater gern aus den Regenpfannen, zumindest wenn er nicht gerade die Treppe hinauf- und hinunterrannte. Und solange Sweetie sich wohlfühlte, kam Vicki wie ihre Großmutter gut mit dem aus, was sie hatte.

Ein neues Haus, ein neuer Wald, die Besitzer ein paar Tage verreist: Was immer geschah, CC schien es nichts auszumachen. Er war kein anspruchsvoller Kater. Er hatte sein eigenes Leben und seine eigenen Gewohnheiten, und bis auf sein Ernährungsproblem – er fraß immer noch nur Paste und möglicherweise Insekten – konnte er sich um sich selbst kümmern. Oft wusste Vicki nicht, was er gerade anstellte, aber sie ging immer davon aus, dass er es mit Stil tat, auch wenn er nur in dem Kriechraum unter dem Haus nach Höhlen-grillen stöberte. Wenn sie vom Strand heimkamen oder beim Faulenzen an den Samstagnachmittagen sah sie CC oft an seinem Lieblingsplatz auf dem einsachtzig hohen Zaunpfahl am Ende des Gartens sitzen und die Nachbarhunde ärgern. Sie bellten und schnappten und sprangen vergeblich an dem Pfosten in die Höhe, während er die meiste Zeit zum Wald hinüberschaute und nur hin und wieder ebenso selbstsicher wie verächtlich zu ihnen hinuntersah.

Doch er war treu, trotz aller Unabhängigkeit. Kaum war Vicki nach Feierabend zu Hause, erschien CC auf dem Sims vor dem Küchenfenster. Fast immer war sein schwarzes Fell mit Harz oder Lehm oder Staub verunreinigt. Dann kam Vicki mit einem Handtuch an die Tür, um ihn abzuwischen, doch CC flitzte regelmäßig an ihr vorbei und verteilte seine Pfotenabdrücke im ganzen Haus.

Aber er rieb sich nicht an ihr. Vicki war sehr auf ihr pro-fessionelles Image bedacht und war immer tiptop gekleidet. CC wusste, dass sie keine Katzenhaare auf ihren Kostümen dulden würde, geschweige denn Abdrücke seiner schmutzigen Pfoten. Deshalb wartete er ab, bis sie sich umgezogen hatte und Pullover und Jeans trug, dann stellte er sich auf die Hin-terbeine und legte ihr die Vorderpfoten auf die Oberschenkel, damit sie ihn hochnahm. Wenn sie es tat, legte er ihr sanft eine Pfote an eine Wange, als wollte er ihren Kopf festhalten, und schaute ihr in die Augen.

»Hi, CC«, flüsterte sie. »Wie geht's dir?«

Er drückte seine Wange an ihr Kinn, dann beugte er sich vor und beschnupperte ihren Hals. Sie hob ihn auf ihre Schul-ter, wo er sich schnurrend an ihren Hals schmiegte, und so verbrachten sie die ersten fünf Minuten jedes Abends. Er war von Natur aus kein Schoßtier, aber wenn Vicki Gesellschaft brauchte, setzte sie sich einfach in den Bugholz-Schaukelstuhl, den sie gekauft hatte, als sie erfahren hatte, dass sie mit Sweetie schwanger war, und dann kam CC angelaufen und rollte sich auf ihrem Schoß zusammen. Sie verbrachten so manche lange Winternacht in diesem Stuhl am Holzofen. Vicki las ein Buch, und CC schnurrte leise im Schlaf, nachdem Sweetie ins Bett gegangen war.

»Seine Liebe war vorbehaltlos«, sagte Vicki, als ich sie fragte, was das Besondere an ihrer Beziehung gewesen sei. »Er war immer da. Aber er hat akzeptiert, dass ich der Boss war.«

Irgendwann lernte sie einen Mann namens Ted (Name geändert) kennen und ging mit ihm aus. Er war charmant und attraktiv, und sie genoss seine Aufmerksamkeit. Ich nehme an, er gab ihr das Gefühl, gebraucht zu werden, auf eine Art, wie das bisher nie der Fall gewesen war. Ihre Freunde waren von Ted nicht so begeistert, und manchmal standen er und Sweetie auf Kriegsfuß, aber Vicki machte sich deshalb keine Sorgen. Auch dass CC ihn nicht mochte, schreckte sie nicht ab. Später lernte sie, den Instinkten des Katers zu trauen. Wenn ihr Kater einen Mann ablehnte oder umgekehrt, hatte der Mann keine Chancen bei ihr. Doch damals, als der Umgang mit einer Katzer noch neu für sie war, deutete sie CCs Verhalten schlicht als Eifersucht. Drei Jahre lang war er der Mann in ihrem Leben gewesen und hatte ihr das Gefühl gegeben, gebraucht zu werden. Jetzt musste er ihre Zuwendung teilen.

Ein paar Monate später, als Ted anfing, ihre Briefe zu öffnen und ihren Terminkalender zu lesen, erfand Vicki immer öfter Ausreden. Als er dann auch noch in Restaurants auftauchte, in denen sie geschäftliche Besprechungen hatte, machte sie Schluss mit ihm. Zweimal. Aber jedes Mal bat er sie um Verzeihung, gab an, er sei nur um ihre Sicherheit besorgt, weil er sie so sehr liebe, und dass er seine Lektion gelernt habe und es nie wieder tun werde. Sie merkte nicht, dass ihr die

Kontrolle entglitt, bis er anfing, sie zu beschimpfen. Doch da war es bereits zu spät.

»Eine schlechte Beziehung ist wie ein Trichter«, sagt Vicki. »Man rutscht leicht hinein, aber es ist sehr schwierig, wieder herauszuklettern. Es zieht einen immer wieder runter. Je mehr ich um meine Unabhängigkeit kämpfte, umso hartnäckiger hat er versucht, mich zu kontrollieren.«

Für jeden Außenstehenden ging es Vicki blendend. Ihr Hypothekenbüro lief hervorragend, sie stellte Mitarbeiter ein und arbeitete sich in aller Stille zu einer der erfolgreichsten Vertreterinnen ihrer Branche hoch. Sie hatte gewisse Vorbehalte dagegen gehabt, zu ihrer Familie zurückzukehren, in der schlechte Erinnerungen die guten bei Weitem überwogen, aber Sweetie schloss ihre Großmutter so ins Herz, dass die beiden die Nachmittage miteinander verbrachten und Vicki sich keine Sorgen machten musste, weil sie wenig zu Hause war. Mittwochs ging sie immer zum Bowling, und sie schloss sich einem Softball-Team an. Nach zwei Jahren Arbeit war sogar das Haus, das sie in so schlechtem Zustand übernommen hatte, drauf und dran, ihr Traumhaus zu werden. Doch ihr Liebesleben brachte diese soliden Fundamente ins Wanken.

»Ich kann ein Geschäft mit Millionenumsatz führen«, sagte sie oft leise zu CC, wenn er auf den Rand der Badewanne sprang, in der sie sich von ihrem anstrengenden Arbeitstag erholte, »aber mit meinem Liebesleben komme ich nicht klar. Was stimmt nicht mit mir?«

Der Weihnachtskater beuge sich vor, um an ihr zu schnuppern, und dann sah Vicki meistens, dass noch der Staub aus dem Kriechraum in seinem pechschwarzen Fell hing.

»Magst du nicht reinkommen?«

Er sah sie nur an. Er kam nicht rein, hatte aber anscheinend auch keine Angst vor dem Wasser.

»Wie du willst.« Sie lachte, schloss die Augen, damit sie

nicht die blauen Flecken an ihren Armen sehen musste, und spürte, wie ihre Sorgen wegen Ted sich unter dem leisen Schnurren des Katers auflösten.

Im April beging ihr Bruder Selbstmord. Ich kenne diesen Schmerz, weil mein Bruder ebenfalls Selbstmord begangen hat. Es ist schrecklich, plötzlich einen geliebten Menschen zu verlieren. Besonders furchtbar sind die Einzelheiten; in meinem Fall die Erinnerung daran, wie ich zu ihm fuhr, in seine Wohnung kam und das Blut sah. Und man sagt sich ständig, dass man mehr hätte tun können, dass man die Möglichkeit gehabt hätte, das Schreckliche zu verhindern. Ich erinnere mich an einen Tag zehn Jahre vor seinem Tod, als mein Bruder nachts bei Temperaturen unter null ohne Jacke fünfzehn Kilometer zu Fuß ging, um an meine Tür zu klopfen und zu sagen: »Mit mir stimmt was nicht, Vicki. Aber sag Mom und Dad nichts davon.« Da war ich erst neunzehn Jahre alt. Ich wusste nicht, was ich zu ihm sagen sollte. Ich wollte, ich hätte etwas gesagt.

Für Vicki Kluever vergingen die Monate nach Johnnys Selbstmord wie im Nebel. Sie weiß fast nichts mehr von jenem Sommer, erinnert sich an nichts außer einer schrecklichen Dunkelheit, obwohl zwanzig Stunden am Tag die Sonne schien. Sie war mit Sweetie in Hawaii gewesen, der erste richtige Urlaub ihres Lebens, als ihr Bruder starb. Er hatte angerufen und ihr gesagt, er habe sie lieb und sie solle auf sich aufpassen. Sie hatte in diesem Moment eine schreckliche Vorahnung, aber was konnte sie tun? Sie war anderthalbtausend Kilometer weit weg. Ein paar Stunden später starb er von eigener Hand.

Die Belastung war grauenhaft. Vicki ertrank schier in ihrem Kummer. Und sie vermochte weder ihrer Tochter noch ihrer Mutter Trost zu spenden. Sweetie hatte ihren Onkel Johnny geliebt. Er fuhr Motorrad; er trug eine Lederjacke;

er war cool. Sie begriff nicht, warum er tot war. Vickis Mutter verkraftete den Tod ihres Kindes nicht. Sie wollte sich an ihre Tochter anlehnen, wie sie es immer getan hatte. Daran erinnere ich mich auch gut – an die Pflicht, eine gute, starke Tochter zu sein. Als ich nach dem Selbstmord meines Bruders heimkam, empfing mich meine Mutter mit den Worten: »Du darfst nicht weinen. Wenn du anfängst zu weinen, dann muss ich auch weinen, und ich weiß nicht, ob ich dann jemals wieder aufhören werde.«

Vicki Kluever hielt auch diesmal wieder alles zusammen. Einen furchtbaren Sommer hindurch, in dem noch vier weitere Selbstmorde die kleine Einwohnerschaft von Kodiak erschütterten, sorgte sie dafür, dass für ihre Tochter und ihre Mutter die Welt nicht aus den Fugen geriet. Sie selbst suchte Halt, wo immer sie ihn finden konnte: in der Arbeit, bei Freunden, sogar bei Ted. Vor allem aber bei ihrem Kater.

Und dann, im August, verschwand der Weihnachtskater. Er kam drei Tage nicht zurück, dann fand Vicki ihn übel zugerichtet und leblos im dichten Gestrüpp drei Meter jenseits ihres Gartenzauns. Sie wusste sofort, was passiert war: CC hatte auf seinem Lieblingszaunpfahl gesessen, um die Nachbarshunde zu ärgern, als ein Adler sich auf ihn stürzte. Die Weißkopfseeadler auf Kodiak haben eine Flügelspannweite von zweieinhalb Metern oder mehr; für einen solchen Raubvogel war es eine Kleinigkeit, sich einen sechs Kilo schweren Fisch aus dem Meer zu holen … oder einen vier Kilo schweren Kater von einem Zaunpfahl. Sie schaute zum grenzenlosen, leeren Himmel auf, wusste aber nicht, wonach sie suchte. Sie erinnerte sich, wie CC an jenem lange zurückliegenden Weihnachtstag ausgesehen hatte, an seinen Husten, seinen tapferen Versuch, aus dem Karton zu klettern. Sie war Vicki Kluever, eine starke, unabhängige Geschäftsfrau. *Sie* weinte nie. Schon gar nicht wegen einer Katze. Aber jetzt weinte sie. Sie musste so lange und so heftig schluchzen, dass ihr am nächsten Tag alles wehtat. Vielleicht kommt das manchem übertrieben vor, wegen einer toten Katze so bitterlich zu weinen, aber wenn Sie jemals zu einem Tier gehört haben, werden Sie Vickis Kummer verstehen. Sie hatte noch ein Mitglied ihrer Familie verloren. Sie hatte einen Freund verloren, der sie tröstete. Was sollte sie jetzt machen?

Weil er sah, wie verzweifelt sie war, brachte Ted ihr eine neue Katze. Vicki, die ihn vielleicht in Schutz nehmen will, sagt, er habe Shadow vor seinem Büro gefunden; Sweetie, die, genau wie CC, Ted nie leiden konnte, behauptet, er hätte sie vor einer Kneipe gefunden. Wie auch immer, Vicki war vier Wochen nach CCs Tod überhaupt nicht in der Stimmung für eine neue Katze. Egal, was für eine. Egal, woher. Ob man es glauben will oder nicht, ein Teil von ihr hatte für Katzen immer noch nicht viel übrig, und dass sie CC einfach ersetzen könne, glaubte sie sowieso nicht. Aber sie nahm das zweifelhafte Geschenk an, mit dem Ted sie wieder ins Leben zurückholen wollte. Sie war zu erschöpft und zu einsam, um es zurückzuweisen.

Deshalb war sie, als sie ein paar Monate später allmählich aus dem Nebel auftauchte, einigermaßen verwundert darüber, dass sie das kleine Katzenmädchen richtig liebgewonnen hatte. Shadow war CC immerhin so ähnlich, vor allem im Hinblick auf ihre Abenteuerlust und ihre frechen Augen, dass Vicki sich erinnerte, was sie an CC so geliebt hatte. Shadow ging nicht gern aus dem Haus. Sie hatte nicht CCs kühle Würde. Und um der Wahrheit die Ehre zu geben: Sie dachte auch nicht daran, Vicki als Boss anzuerkennen. Dabei war Vicki für ihr Leben gern der Boss. Stattdessen rannte Shadow im Haus herum und sprang gegen Wände, und all das mit einer Energie, die, im denkbar besten Sinn, Vickis Leben aus den Angeln hob. Mit anderen Worten: Sie war immer da, aber nie im Weg. Ihr Lieblingsspiel war Auf-dem-Schoß-Sitzen. Wenn Vicki Freizeitkleidung anhatte – Katzenhaare auf den Businesskostümen waren nach wie vor verboten –, schlich sich Shadow von hinten an und berührte sie an der Ferse. Dann flitzte sie davon. Meistens lief Vicki ihr nach, zwickte sie in den Schwanz oder kitzelte sie am Bauch und lief dann ihrerseits davon, und Shadow rannte hinter ihr her. Manchmal sprintete Shadow jedoch die Treppe hinauf. Sie hatte dort oben zahllose Verstecke, und Vicki fand sie nie. Shadow hatte kein Problem damit, eine Stunde zu warten. Dann kam sie anstolziert, und Vicki musste sie anerkennend auf den Arm nehmen. Es war nur ein albernes Spiel, aber Vicki gefiel es. Es brachte sie zum Lachen. Erst hatte der Weihnachtskater sie gerührt … und jetzt auch Shadow? *Vielleicht*, dachte Vicki, *bin ich ja doch eine verrückte Lady.*

Das nächste Kapitel war, rückblickend betrachtet, unvermeidlich. Ted wurde nach und nach immer despotischer und gemeiner, und Vicki nahm schließlich all ihren Mut zusammen und machte endgültig Schluss. Anfangs reagierte er ganz vernünftig, doch dann begann er zu trinken. Bei Arbeitsessen in Restaurants merkte sie oft, dass er sie beobachtete. Er war immer zufällig auch auf dem Softballfeld oder in der Bowlinghalle, wenn sie ihren wöchentlichen Bowlingabend hatte. Als sie sich standhaft weigerte, zu ihm zurückzukommen, ging er zu Drohungen über. Sie beantragte ein Kontaktverbot. Das wurde ihr versagt, bis er sie eines Abends von dem Tisch wegriss, an dem sie mit Freunden aß, und sie vor einem Dutzend Zeugen durch das Restaurant schleifte. Das Kontaktverbot wurde am nächsten Tag erlassen.

Eine Zeit lang tauchte er nicht mehr in ihrer Nähe auf. Das Hypothekengeschäft boomte; die Boote tuckerten übers Wasser; die Berge überzogen sich mit Eis und Schnee, und die Bären suchten ihre Höhlen auf. Das Meer peitschte die Küsten von Kodiak. Vicki richtete sich auf das Leben mit Sweetie und

Shadow ein, erleichtert über die Aussicht auf lange, ruhige, friedliche Winternächte. Dann kam sie eines Abends nach der Arbeit heim und sah, dass die Haustür offen stand. Sie durchsuchte das ganze Haus. In ihrem Kleiderschrank fehlte eine Jacke, die Ted ihr geschenkt hatte. Sie ließ die Schlösser auswechseln, aber immer wieder verschwand etwas, das er ihr geschenkt hatte.

Kurz vor Weihnachten fuhren sie und Sweetie mit Auto und Schiff zu Grandma Lauras Hütte auf Larsen Island. Bei Grandma Laura war Krebs diagnostiziert worden, aber äußerlich war ihr nichts anzumerken. An dem Tag war sie so kräftig wie eh und je. Sie backte Brot, schenkte Getränke ein und legte Scheite im Kamin nach wie jeden Winter seit fast dreißig Jahren. Ihr einziger Wunsch, ließ sie ihre Familie wissen, sei es, dort zu sterben, wo sie gelebt hatte: auf Larsen Island. Als Vicki ihr von ihren Problemen mit Ted erzählte, schüttelte ihre Großmutter den Kopf und sagte: »Liebe ist vielleicht nicht blind, aber sie schielt jedenfalls.«

Dann wandte sie sich an Vickis Cousine, die ebenfalls Beziehungsprobleme hatte, und sagte zu ihnen beiden: »Ihr braucht keinen Mann. Ihr wollt vielleicht einen Mann, aber ihr braucht keinen. Merkt euch das.«

Die Feier dauerte zwei Tage, und als Vicki an Heiligabend spät nach Hause kam, fühlte sie sich von der Weisheit und Energie ihrer Großmutter gestärkt. Beschwingt brachte sie ihre fast schon schlafende neunjährige Tochter ins Bett. Sie lächelte, als sie das Licht ausmachte, denn sie musste daran denken, als genau vor sechs Jahren Sweetie wegen des Weihnachtskaters lange aufgeblieben war. *Wir können ihn nicht allein lassen, Mommy*, hatte sie gesagt, *auch wenn er sterben muss*. Als sie die Treppe hinunterging, noch immer ihren Erinnerungen nachhängend, stand Ted im Wohnzimmer.

»Du hast mein Leben zerstört«, sagte er. »Jetzt werde ich

deines zerstören. Ich werde dieses Haus niederbrennen, und ich hoffe, du kommst darin um.«

Sie rief bei der Polizei an. Der Trooper, der ihr geholfen hatte, das Kontaktverbot zu erwirken, meldete sich. Bis er bei ihr eintraf, war Ted verschwunden.

»Ich kenne den Typen«, sagte der Trooper. »Ich kenne seine Akte. Tut mir leid, aber das sieht gar nicht gut aus.«

Zwei Monate lang sah der Trooper zweimal täglich nach Vickis Haus, zu wechselnden Tageszeiten. Im April, als das Eis auf den Flüssen gerade aufzubrechen begann, setzte er sich mit ihr zusammen. Ted, so berichtete er, war fast jeden Tag in ihrer Nachbarschaft aufgetaucht.

»Der Typ kann Schlösser knacken«, sagte er. »Sie können jeden Tag die Schlösser auswechseln, und er kommt trotzdem rein. Ein Kontaktverbot nützt nur dann etwas, wenn hier ständig einer steht und auf ihn wartet.« Der Trooper hielt inne. Dann sagte er etwas, was Vicki bis heute nicht vergessen hat.

»Haben Sie eine Waffe?«

»Ja.«

»Können Sie damit umgehen?«

»Ja.«

»Könnten Sie notfalls jemanden erschießen?«

Vicki schaute ihn ungläubig an. Sie spürte ihren Herzschlag. »Wie bitte?«

»Er ist gefährlich.«

»Sie fordern mich auf, den Mann zu erschießen, mit dem ich zwei Jahre zusammengelebt habe?«

»Ich sage, wenn er im Haus ist und Sie haben eine Waffe in der Hand, dann erschießen Sie ihn besser.«

In der Nacht schlief Vicki mit ihrer Pistole unter dem Kopfkissen. Shadow schlief neben ihr, Sweetie in ihrem Zimmer. In der nächsten Nacht hörte sie auf, sich etwas vorzumachen. Sie konnte das nicht. Sie konnte niemanden erschießen.

Sie rief ihren Boss in Anchorage an. »Ich tu's nicht gern«, sagte sie, »aber ich muss hier weg.« Sie sagte ihm, was der Grund war. Sie besprachen die verschiedenen Möglichkeiten, und ein paar Wochen später arrangierte er ihre Versetzung nach Wasilla, das entgegen der landläufigen Meinung keine kleine, abgelegene Stadt wie Kodiak ist, sondern eine Schlafstadt von Anchorage. Das Unternehmen hatte geplant, das Büro in Wasilla zu schließen, weil es rote Zahlen schrieb. Als neue Leiterin sollte Vicki ein Jahr bekommen, um es wieder in die Gewinnzone zu bringen.

Sie mietete eine Wohnung in Wasilla und fing an zu packen. Sie wollte möglichst bald weg, aber sie musste mit ihren Kunden reden, angefangene Arbeiten zu Ende bringen und die nötigen Arrangements für ihr Tochter treffen. Fünf Tage vor der geplanten Abreise wachte Sweetie mitten in der Nacht schreiend auf.

»Mit Shadow stimmt was nicht«, sagte sie, als Vicki in ihr Zimmer gelaufen kam.

Die Katze lag auf Sweeties Kopfkissen auf der Seite und atmete schwer. Ihr Fell und der Kissenbezug waren mit Blut beschmiert. Als Ted ihr die Katze geschenkt hatte, hatte Vicki aus irgendeinem Grund vorausgesetzt, dass sie kastriert war. Als sie mit Shadow zum Tierarzt fuhr, war es zu spät, und in den letzten hektischen, aufregenden Monaten hatte sie einfach nicht mehr daran gedacht. Jetzt warf ihre Katze auf dem Kopfkissen ihrer Tochter Junge.

»Alles in Ordnung«, sagte Vicki. »Sie kriegt nur Babys. Shadow bekommt Junge.«

Sie holte einen Umzugskarton. Vorsichtig legte sie Shadow auf einer Decke in den Karton und trug sie zu dem leeren begehbaren Schrank. Vicki und Sweetie holten sich Kissen und legten sich neben ihr auf den Boden. Sie halfen Shadow, den Fruchtsack, der eines der Jungen umschloss, zu öffnen, und fühlten sich trotz ihrer chaotischen Situation beglückt durch die fünf neuen Wesen, die neben ihnen auf dem Boden lagen, als es schließlich Morgen wurde.

Als Vicki ein paar Tage später nach Anchorage flog, ließ sie Sweetie in Kodiak bei ihrer Mutter, nahm aber Shadow und ihre Jungen mit. Sie hatte ihre neue Wohnung gemietet, ohne sie vorher zu besichtigen. Sie hatte keine Möbel. Sie hatte keine Kinderbetreuung organisiert. Sie wusste noch nicht einmal, ob sie wirklich in Wasilla leben wollte. Sie wusste, dass Sweetie zumindest für den Augenblick in Kodiak besser aufgehoben war. Aber Shadow? Sie traute niemand anderem zu, für ihre Katzen zu sorgen.

Die Wohnung war schrecklich. Sie hatte vergammelte Teppiche, Fenster ohne Fliegengitter, der Herd war kaputt, und die Wände hatten Löcher. Sie hatte nur einen Koffer gepackt, hatte also keine Teller und Tassen. Die Fähre aus Kodiak war zur Reparatur im Trockendock, deshalb war sie geflogen und hatte Shadow und ihre Jungen in einem Transportkorb unter ihrem Sitz mitgenommen. Da sie kein Auto besaß, konnte sie sich nicht ohne weiteres in Wasilla umsehen. (Zu sechst – Vicki und die fünf Katzen – flogen sie viermal zwischen Wasilla und Kodiak hin und her, um Sweetie zu besuchen und den Umzug zu komplettieren.) Sie ging in ihr neues Büro und stellte fest, dass ihr nichts anderes übrig blieb, als die meisten Angestellten zu entlassen und zu hoffen, dass die Übrigen dazu beitragen würden, dass das Büro wieder Gewinne abwarf. An dem Nachmittag tobte ein schwerer Sommersturm über Alaska und stürzte die Welt in Düsternis. Vicki saß in ihrer leeren Wohnung, ohne Abendessen, und lauschte dem Regen. Sie vermisste das alte Haus auf Kodiak, das sie gekauft und selbst renoviert und gepflegt hatte. Sie vermisste ihren alten Job und die Gemeinde, in die sie so gut integriert gewesen war. Vor allem aber vermisste sie ihre Tochter.

Draußen rollte der Donner, und der mit Hagel vermischte Regen prasselte gegen die Fensterscheiben. Ihr Koffer lag in einer Ecke, ihre beiden Arbeitskostüme hingen, vor der Katze versteckt, im Kleiderschrank. Sie streckte die Hand aus und streichelte Shadow, die neben ihr lag. Ihre Jungen tapsten auf dem dreckigen Teppich um sie herum und versuchten, bei ihr zu trinken. Das Kleinste war schwarz und orange, aber die anderen waren samtschwarz wie Shadow und der Weihnachtskater. Sie hielt einen Finger neben eines von ihnen; es kugelte sich herüber und schnupperte daran. Sie fing an zu weinen. Sie merkte es erst, als ihr die Tränen über die Wangen liefen.

Wie hatte sie nur zweimal denselben Fehler machen können? Wie hatte sie noch einmal zulassen können, dass ein Mann Macht über sie ausübte? Sie war von einem schwierigen Vater großgezogen worden, und sie war immer wieder in dasselbe Verhaltensmuster gefallen. Sie war stark, unabhängig, intelligent, fleißig und erfolgreich, und doch hatten schlechte Beziehungen dazu geführt, dass sie jetzt in einer ungemütlichen Wohnung auf dem Fußboden saß, ohne ein einziges Möbelstück, in einer Stadt, die sie nicht kannte. Wie hatte sie nur so blöd sein können? Wie hatte sie so … schwach sein können? Der Regen prasselte ans Fenster. Sie weinte ein bisschen, dann wischte sie sich die Tränen aus dem Gesicht. Die Kätzchen balgten sich auf dem Fußboden, zufrieden und verspielt, ohne die geringste Ahnung von der Situation um sie herum. Shadow schaute Vicki an, die Augen in schläfriger Erwartung halb geöffnet, dann wandte sie sich wieder ihren Jungen zu.

Und aus irgendeinem Grund musste Vicki lächeln. Und weil sie lächelte, fing sie gleich darauf an zu lachen. Da saß sie nun, sie, die fast ihr ganzes Leben lang Katzen gehasst oder sie zumindest ignoriert hatte, und hatte sich dafür entschieden, statt ihrer Tochter ihre Katzenfamilie auf eine achthundert

Kilometer weite Reise mitzunehmen, die ihr Leben verändern würde. Statt bei Sweetie zu sein, saß sie auf dem Fußboden einer leeren Wohnung, in Gesellschaft einer Katze und ihrer Jungen. Und nicht nur irgendeiner Katze, sondern der Katze, die ihr Stalker benutzt hatte, um sie zurückzugewinnen, einer Katze, die in gewisser Weise den schlimmsten Verrat ihres Lebens symbolisierte. Aber eine Katze, die sie trotz allem liebte.

Manche sagen, bei der Liebe zu einer Katze spielten die Umstände die Hauptrolle. Die richtige Katze, der richtige Zeitpunkt, die richtige Story. Es gehe dabei um die Projektion unserer Sehnsüchte; man müsse in einer so tiefen Krise stecken, dass daraus ein Bedürfnis entsteht. Aber das stimmt nicht. Es stimmt nicht für den Weihnachtskater, die erste Katze, die Vicki liebte. Es stimmt nicht für Dewey, der mich nicht dadurch gewann, dass er meine Karriere in Gang brachte, sondern mit seinem hartnäckig verspielten Naturell und seiner hingebungsvollen, treuen Liebe. Das trifft natürlich auf Shadow nicht zu, die zur falschen Zeit in Vickis Leben aufgetaucht war, und vor allem aus dem falschen Grund.

Wir lieben Katzen nicht wegen unserer seelischen Bedürfnisse. Wir lieben sie nicht als Symbole oder Projektionen. Wir lieben sie als Individuen, mit den für alle menschliche Liebe typischen Komplikationen, weil Katzen Lebewesen sind. Sie haben Charakter und Launen, gute Eigenschaften und Fehler. Manchmal passen sie zu uns und bringen uns in unseren dunkelsten Momenten zum Lachen. Und dann lieben wir sie. Es ist wirklich so einfach.

Ihr ganzes Erwachsenenleben lang hatte Vicki nie eine Katze haben wollen. Sie war geschieden, sie war alleinerziehende Mutter, sie wollte keine von *diesen* Frauen sein. Aber da sie nun ihre Tochter zurückgelassen hatte, in einer leeren Wohnung saß und über ihre Kapriolen lachte ... war sie doch eindeutig eine solche *Katzenfrau*.

Und es war in Ordnung. Sie war nicht niedergeschlagen. Als sie so in dieser dunklen Wohnung saß, der Regen ans Fenster trommelte und die Kätzchen maunzten, wusste sie plötzlich, dass sie es schaffen würde. Sie wischte sich die Tränen ab, denn sie hegte keinen Zweifel mehr. Sie würde aus dieser vergammelten Wohnung ausziehen. Sie würde ins Büro gehen, möglichst wenige der Angestellten entlassen und sich mit den anderen zusammensetzen, um sie zum Erfolg zu führen. Am Ende des Sommers, wenn alles in Ordnung war, würde sie Sweetie nachholen und sie als stolze alleinerziehende Mutter großziehen. Man bekommt nichs geschenkt; das hatte Vicki Kluever schon immer gewusst. Mehr als ein Mal hatte sie erfahren, dass einem Sachen genommen werden konnten. Aber Sachen spielten keine Rolle. Die wichtigen Dinge – der Glaube, die Würde, der Wille zum Erfolg, die Liebesfähigkeit –, die gehören einem, bis man sich entschließt, sie loszulassen.

Am nächsten Tag fand sie eine bessere Wohnung. Sie entließ zwei Mitarbeiter, konnte aber vier behalten. Innerhalb von fünf Monaten machte die Filiale Wasilla wieder Gewinne. Anderthalb Jahre später stand sie vor einem Publikum von Berufskollegen und nahm ihre Auszeichnung entgegen. Und ich bin auch heute noch, achtzehn Jahre später und dreitausend Kilometer von ihr entfernt, stolz auf sie, denn ich weiß, wie hart sie für diese Anerkennung gearbeitet hatte und wie weit sie gekommen war.

Die nächsten drei Jahre waren, vom beruflichen Standpunkt aus gesehen, die besten in Vickis Leben. Sweetie, die zuerst keine Lust gehabt hatte, umzuziehen, lernte schon bald zwei Freundinnen fürs Leben kennen, und sie lernte, Wasilla zu lieben. Ted rief ein paar Mal an, aber Vicki ignorierte ihn. Er konnte ihr jetzt nichts mehr anhaben, nicht einmal emotional, und gab irgendwann auf. Sie behielt zwei der Kätzchen aus

Shadows Wurf, das winzige Schwarz-und-Orangefarbene und eines der Samtschwarzen, das genauso aussah wie seine Mutter, und als Shadow mit neun Jahren an Krebs starb, leisteten die beiden Jungen, Rosco und Abbey, Vicki weiterhin Gesellschaft. Sie hatte inzwischen schon mehrere Katzen besessen, die meisten davon rein schwarz, und obwohl keine sie so rührte wie CC, der Weihnachtskater, liebte sie jede einzelne. Zehn Jahre, nachdem sie von Kodiak weggezogen war, durchbrach sie das Muster und heiratete den Richtigen: Einen Mann, den ihre Katzen und Sweetie liebten und der sie auch alle liebte.

»Bitte sehen oder schildern Sie mich nicht als ein Opfer oder einen mit Armut geschlagenen Menschen«, bat sie mich nach unserem ersten Gespräch. »Sicher, ich hatte jede Menge harte Zeiten, aber wem bleibt das erspart? Im Vergleich zu einigen der Menschen, mit denen ich im Lauf der Jahre zusammengearbeitet habe, war mein Leben das reinste Kinderspiel!«

Ein Kinderspiel? Nicht wirklich. Ein gut gelebtes, erfolgreiches Leben? Unbedingt. Im Jahr 2005, als sie in Rente ging, weil sie die Praktiken der Hypothekenbranche nicht mehr billigen konnte, war Vicki Kluever auf diesem Gebiet eine der erfolgreichsten Frauen Alaskas. Mit anderen zusammen hatte sie ein Programm erdacht und im ganzen Staat eingeführt, durch das Behinderte günstigere Finanzierungen bekamen. Sie hatte mit beispiellosem Erfolg mehrere Büros geleitet, hatte eine ganze Generation weiblicher Experten herangezogen und ihrer Meinung nach Tausenden von Familien dabei geholfen, ihren Traum vom eigenen Heim zu verwirklichen.

Sie lebt jetzt mit ihrem Mann in Palmer, Alaska, einer anderen Satellitenstadt von Anchorage. Sie ist glücklich. Sie lebt in der Ehe, die sie sich immer gewünscht hat, einer, die stark macht, anstatt zu verkrüppeln. Sie kann so viel Zeit, wie sie möchte, auf Kodiak verbringen, wo die salzige Luft, der Pulsschlag einer Fischerstadt und der Anblick der Boote, die in der Früh aufs Meer hinausfahren, ihr nach wie vor Kraft und Inspiration geben. Ihre Tochter Adrienna lebt dreitausend Kilometer von ihr entfernt in Minnesota, aber Mutter und Tochter telefonieren viel miteinander. Nach einigen eher stürmischen Teenagerjahren sind sie jetzt die besten Freundinnen.

Und in all dieser Zeit hat es immer Tiere gegeben: elf Katzen und sogar zwei Hunde. Sie waren immer da, wenn Vicki sie brauchte, genau wie der Weihnachtskater. Das heißt, bis 2006, als Shadows Kinder Rosco und Abbey beide innerhalb weniger Monate im Alter von sechzehn Jahren starben. Neun Monate später starb Choco, ein Hund von zwölf Jahren, den Vicki gesund gepflegt hatte, nachdem er von einem Auto angefahren worden war, und der ihr für den Rest seines Lebens ein treuer und anhänglicher Gefährte gewesen war. Zum ersten Mal, seit sie CC fast fünfundzwanzig Jahre zuvor aus dem Wasser gezogen hatte, war Vicki ohne Haustiere. Ein Gefühl der Leere ergriff sie, zumal ihre Tochter ja in Minnesota lebte und ihr Mann oft lange Geschäftsreisen unternahm, doch sie fand, dass sie diese Leere ertragen oder sie sogar genießen konnte. Als sie einmal wieder auf Kodiak war, um ihre alternde Mutter zu pflegen, machte eine Freundin sie mit einem älteren Hund bekannt, dessen Besitzer kurz zuvor gestorben waren. Bandit, ein liebevoller und energischer Border-Collie-Mischling, schläft jetzt jede Nacht in ihrem Bett. Im tiefsten Herzen weiß sie, dass sie keinen anderen Hund mehr lieben könnte.

Und doch, wenn Vicki Kluever in den dunklen Nächten von Alaska in ihrem Bugholz-Schaukelstuhl am warmen Holzofen sitzt, in der Hand eine Tasse russischen Tee, und ihr Mann auf der Couch, Bandit an seiner Seite, ein Buch liest, kehrt immer wieder die Erinnerung an CC, den Weihnachtskater, zurück. An sein üppiges schwarzes Fell. Seine frechen Augen. Daran, wie er in dem Wald hinter dem Gartenzaun verschwand. Wie er zu ihr gelaufen kam, ihre Wangen streichelte und seinen Kopf an ihr Kinn drückte. Wahrscheinlich vergisst man seine erste Liebe nie. Vor allem dann nicht, wenn der Charakter des Geliebten alles verkörperte, woran man glaubt. Vor allem, wenn er einen lieben gelehrt und wenn man ihm an einem stillen Heiligen Abend das Leben gerettet hat.

6

Cookie

»Von niemandem, nicht einmal von meiner Tochter oder meinen Eltern, bin ich je so geliebt worden wie von meiner Cookie.«

Dies ist eine Geschichte aus New York City, das, wie Sie vielleicht meinen, denkbar weit von Spencer, Iowa, entfernt ist. Aber das stimmt nicht. In gewisser Weise spielt die Geschichte nebenan. Es ist nämlich keine der üblichen New Yorker Storys. Nicht die Art mit berühmten Leuten, grotesk überhöhten Preisen, arroganten Finanzbossen oder strahlenden Reklametafeln für Broadway-Aufführungen. Ich gebe zu, dass sich nichts damit vergleichen lässt, auf dem Times Square zu stehen und sich diese Lichter anzusehen. Und es ist auch unvergleichlich, in Grand Central Station zu gehen, auf der oberen Etage zu stehen und die an die Decke gemalten Sternbilder zu betrachten. Ich stand vor dem MetLife Building, ganz in der Nähe von Grand Central Station, als meine Freundin sich mir zuwandte und sagte: »Weißt du, was? Ich hab noch nie ein Gebäude gesehen, das höher als zwölf Stockwerke war.« Ich schaute hoch, und das Gebäude, das auf uns herabzufallen schien, war größer als der Himmel. Nirgendwo sonst fühlt man sich so klein wie in New York – oder aber als Teil von etwas Gewaltigem und Prachtvollem, je nachdem, wie man es sieht.

Aber das ist nicht New York. Das ist Manhattan. New York hat etwa acht Millionen Einwohner, und offenbar nur etwa zwanzig Prozent von ihnen leben in Manhattan. Darum geht es in dieser Geschichte um das andere New York. Die Stadt auf der anderen Seite der Brücken und hinter den Uferzonen von Brooklyn und Queens, hinter dem La Guardia Airport, dem Baseballstadion und dem Gelände der Weltausstellung von 1964, sogar hinter den letzten U-Bahn-Haltestellen.

Diese Geschichte handelt von Bayside, einer Mittelschicht-Gemeinde am Long Island Sound, wo der Verkehr nie zur Ruhe kommt und die Häuser dicht beieinanderstehen, trotzdem aber noch Veranden und kleine Vorgärten haben. Es ist ein Ort, in dem eine Bibliothekarin in einem eigenen Zimmer wohnen könnte, mit ihrer Katze auf dem Fensterbrett und Sonnenschein auf dem Fußboden. Was Bayside zu einem perfekten Ort für diese New Yorker Geschichte macht.

Oder zumindest zu dem perfekten Ort für den Beginn, denn in Bayside ließen sich Lynda Cairas Großeltern nieder, als sie in den ersten Jahrzehnten des zwanzigsten Jahrhunderts von Italien in die Vereinigten Staaten auswanderten. Im Jahr 1927 kauften sie sich ein Grundstück in einer überwiegend ländlichen Gegend und bauten sich ein Haus. Bayside, Queens, hatte damals noch nicht viele Einwohner, aber jeder, der kam, war willkommen an Cairas Tisch. Als am Rand ihres Grundstücks der Long Island Expressway gebaut wurde, servierte Lyndas Großmutter den Arbeitern jeden Morgen kostenlos Kaffee – und bestritt dann die Kosten für das Grundstück und das Haus aus den Trinkgeldern, die sie für ihr kostenloses warmes Frühstück bekam. Als der Expressway fertig war, machte sie Frühstück für die Trucker, die bei ihr einkehrten, wenn sie sahen, dass bei ihr um vier Uhr morgens noch Licht brannte. Selbst in den 1950er Jahren, als Lynda geboren wurde, stand das Haus oft voller Säcke mit Mais und Zwiebeln, die sie von den Truckern als Bezahlung für eine Mahlzeit erhalten hatte. Wenn Lynda zum Frühstück herunterkam, saßen meist ein oder zwei Fremde am Tisch. Ihre Großmutter brachte es einfach nicht übers Herz, irgendjemanden abzuweisen.

Als Bayside in großstädtische Parzellen aufgeteilt wurde, behielt ihre Großmutter (die das Haus nach dem frühen Tod ihres Mannes führte) vier Parzellen direkt an der Ausfahrt von der Schnellstraße in den Ort. Lynda nannte es die Farm, weil sich auf dem Gelände hundert Tomatenstauden, ein Gemüsegarten, ein Weinberg und ein kleiner Obstgarten mit Pfirsich-, Apfel- und Feigenbäumen befanden. Lyndas Familie wohnte im Erdgeschoss bei ihrer Großmutter, die Wein und Tomatensoße machte und immer noch jeden Morgen um vier Uhr aufstand, um zu kochen. Lyndas Tante und Onkel wohnten im ersten Stock. Andere Verwandte kamen ständig zu Besuch. Bei einigen Verwandten aus Italien dauerte der Besuch fünf Jahre, aber ihre Großmutter kam nie auf den Gedanken, etwas anderes zu tun, als früh aufzustehen, um für alle zu kochen. Die Eltern von Lyndas Vater, ebenfalls italienische Einwanderer, wohnten ein paar hundert Meter entfernt. Weitere Verwandte waren über die umliegenden Blöcke verteilt. Bayside füllte sich allmählich mit Häusern, die überwiegend von jungen Familien gekauft wurden, sodass die Gartengrills ständig qualmten und die Straßen voller Kinder waren. Die Nachbarn passten aufeinander auf, die Ladenbesitzer begrüßten die Kinder mit ihrem Namen. Aber das typischste Merkmal von Bayside, zumindest für Lynda Caira, waren die Familienfeiern: die großen italienischen Essen, die Kommunionskleider und die Woche im August, in der die Tomaten in Dosen abgefüllt wurden.

Mit vierzehn Jahren trat Lynda eine Stelle in einem Gertz-Kaufhaus nicht weit von ihrem Elternhaus an. Nach der Highschool machte sie eine Lehre als medizinisch-technische Assistentin. Sie heiratete, zog in ein winziges Vierzimmerhaus im Bell-Boulevard-Viertel von Bayside, etwa anderthalb Kilometer vom Haus ihrer Großmutter entfernt, und arbeitete bei einem ortsansässigen Kinderarzt. Nach zwei Jahren gebar sie eine Tochter und gab ihr den beliebtesten amerikanischen Mädchennamen der 1970er Jahre: Jennifer.

Nach sieben Ehejahren ließ sich Lynda Caira scheiden. Die Scheidung war das einzig Richtige, und sie hat ihren Entschluss nie infrage gestellt. Ihre Eltern waren zunächst unglücklich über die Scheidung, aber ihre Großmutter, damals in ihren Achtzigern, meinte einfach: »Wenn du das brauchst, dann hast du meine Unterstützung.« Mit dem Segen ihre Großmutter wurde Lynda ihre »Sünde« vergeben, und mit der Zeit lenkten auch ihre Eltern ein. Sie verlor auch ihre beiden besten Freundinnen nicht: ihre Schwiegermutter und ihre Schwägerin, die während der Scheidung beide ihre Partei ergriffen.

Das bedeutete aber nicht, dass Lyndas fünfjährige Tochter nicht unter der Scheidung gelitten hätte. Sie war alt genug, um zu begreifen, dass sich ihr Leben verändern würde, aber noch zu jung, um zu verstehen, warum. Lyndas Nachbarin schlug ihr vor, sich eine Katze anzuschaffen, um Jennifer die Umstellung zu erleichtern. Die Nachbarin arbeitete in einer Bäckerei, und die Bäckerskatze – trotz der gesundheitspolizeilichen Vorschriften leben in vielen der kleinen Stadtteilbäckereien in New York Katzen, die die Mäuse fangen sollen – hatte gerade Junge bekommen. Eines der Kätzchen war viel kleiner als die anderen, und um dieses wollte sich die Mutter nicht kümmern. Wenn sich niemand fand, der sie haben wollte, würde die junge Katze sterben.

»Sicher«, sagte Lynda zu ihrer Nachbarin, »bring sie ruhig her.«

Am nächsten Tag kam die Nachbarin mit einer winzigen grauen Katze. Sie war tennisballgroß und flauschig und hatte kleine Öhrchen und große grüne Augen. Sie zitterte ein bisschen, als sie sich in dem fremden Raum umsah, die Augen vor Angst weit aufgerissen. Wie hätte jemand dieses Katzenbaby verstoßen können?, fragte sich Lynda. Wie konnte die Mutter es sterben lassen?

Sie nahmen sie. Jennifer, die im siebten Himmel war, nannte sie Snuggles. Sie war noch zu klein, um entwöhnt zu werden, deshalb gaben ihr Lynda und Jennifer mehrmals täglich das Fläschchen. Als sie ein bisschen größer war, gaben sie ihr mit dem Löffel Flüssigkeiten und weiches Futter. Jennifer kümmerte sich ständig um ihre Snuggles. Vielleicht sogar ein bisschen zu viel und ganz bestimmt allzu handgreiflich, aber Snuggles wurde mit Sorgfalt und Liebe aufgezogen, von dem Moment an, als sie in Lyndas und Jennifers Haus gekommen war.

Sie erwiderte die Zuneigung nicht. Sie war keine böse Katze; sie war nur nicht so verschmust, wie es ihrem Namen entsprochen hätte. (»To snuggle« bedeutet »sich anschmiegen, schmusen«.) Manche Leute haben vorgefasste Meinungen über Katzen: Sie seien zurückhaltend und arrogant, sie seien egozentrisch, sie seien Einzelgänger. Leider entsprach Snuggles dem Stereotyp. Nicht, dass sie bösartig oder hinterhältig gewesen wäre. Sie kratzte und fauchte nie. Sie war nur einfach kein geselliges Tier. Sie wollte nicht spielen; sie wollte nicht angefasst werden; sie hing nicht an Lynda und Jennifer, und es war ihr, rundheraus gesagt, egal, ob die beiden zu Hause waren oder nicht. Snuggles brauchte ihren eigenen Raum.

Jennifer war enttäuscht. Erwachsene schätzen oft die edle Würde (und Ruhe!) einer Katze, die unbeweglich aus einem Fenster schaut und ihre Umgebung völlig ignoriert, aber welches Kind hätte schon gern eine solche Katze?

»Ich möchte ins Tierheim gehen, zu den verwaisten Tierbabys!«, sagte sie zu ihrer Mutter.

»Das können wir machen«, sagte Lynda, »aber du kannst keines mit nach Hause nehmen. Wir sind schon mit Snuggles gesegnet.«

Nachdenken mit zusammengekniffenem Mund – lohnt es sich, zu protestieren? – und dann: »Okay, okay, okay, Mommy. Wir nehmen keines mit nach Hause.«

Das Tierheim gehörte der North Shore Animal League, der größten Tierasyl-Organisation, wo Tiere grundsätzlich nicht eingeschläfert werden. Das Heim, das in Port Washington, New York, lag, im westlichen Abschnitt von Long Island, war nur sechs Meilen von Cairas Zuhause in Bayside entfernt. Drei- bis viermal jährlich fuhren Lynda und Jennifer in das Heim, um sich die Tierbabys anzusehen. Sie waren süß, so verspielt und voller Tatendrang, aber Lynda gelang es immer, Jennifer nach einer Stunde aus dem Gebäude zu lotsen, ohne vorher ein Formular unterschrieben zu haben und ohne ein Kätzchen im Schlepptau.

Bis zum 31. August 1990. Ein Sommertag wie jeder andere im äußeren Queens. Mutter und Tochter bei einem ihrer Besuche in dem Tierheim, die sie stets sehr genossen. Jennifer war in dem Sommer zwölf Jahre alt, die beiden hatten also das Tierheim schon sieben Jahre lang besucht, ohne sich von den flehenden Blicken, rosa Näschen und tapsigen Pfötchen der Tiere erweichen zu lassen. Doch diesmal … miaute eines der Kätzchen.

Sofort. Kaum dass sie durch die Tür getreten waren. Und es miaute nicht nur. Das Kätzchen – ein Mädchen – streckte die Vorderbeine durch die Käfigstangen und flehte um Aufmerksamkeit. Es war grau und schwarz getigert und hatte eine weiße Brust, ein überwiegend weißes Gesicht und riesige Fledermausohren, die den Kopf vergleichsweise winzig erschienen ließen. Es war unbeschreiblich süß, so süß, dass Lynda sich zwang, es nicht zu beachten. Aber Jennifer kam nicht von ihm los.

»Mommy, schau dir doch das hier an«, sagte sie.

Lynda ging weiter und steckte den Finger in ein paar andere Käfige, um mit den Kätzchen zu spielen.

»Bitte, komm doch zurück und schau dir das hier an«, bettelte Jennifer. »Bitte, Mommy. Schau, wie es schreit. Es will, dass ich es halte.«

Lynda ging zurück und betrachtete das dünne kleine

Kätzchen, das so verzweifelt versuchte, dem großen Käfig zu entkommen. Auf einer Karte an der Vorderseite stand:

COOKIE. WEIBLICH. KURZHAAR-HAUSKATZE.

»Okay«, sagte Lynda zu der ehrenamtlichen Pflegerin. »Nehmen Sie sie raus. Jennifer, du darfst sie halten. Eine Minute. Dann muss sie wieder rein.«

Cookie hatte andere Pläne. Kaum war sie aus dem Käfig draußen, befreite sie sich aus Jennifers Händen, schaute Lynda mit ihren großen grünen Augen an und heulte ihr ins Gesicht. Eine Angestellte wollte ihr zu Hilfe kommen, aber Cookie klammerte sich weiter an Lyndas Hals und wollte nicht loslassen. Sie flehte und bettelte – um Zuwendung? Um Liebe? Um ein Zuhause? Was immer es war, Cookie blieb fest. Sie wollte, was sie wollte, und sie wollte Lynda. Zwei Angestellte mussten kommen und Lynda von der kaum zwei Pfund schweren Katze befreien.

»Mommy, Mommy«, bettelte Jennifer. »Wir müssen sie mitnehmen. Wir müssen.«

»Nein, Jennifer«, sagte Lynda. »Wir nehmen sie nicht mit. Wir haben schon Snuggles. Wir können uns nicht noch eine Katze zulegen.« Sie machte sich eigentlich keine Sorgen um Snuggles. Snuggles war alles egal, warum sollte sie also von einer zweiten Katze im Haus auch nur Notiz nehmen? Aber ihr Haus war klein. Es schien einfach nicht groß genug für zwei Haustiere.

Lynda drehte sich um und wollte den beiden Angestellten sagen, sie sollten Cookie wieder in ihren Käfig tun, als ihr auffiel, dass die Katze mehrere verschiedenfarbige Halsbänder trug, an denen mehrere Schildchen hingen.

»Warum hat die das alles um den Hals hängen?«, fragte Lynda.

»Die sind für ihre Medikamente«, sagte die Angestellte. Und dann erzählte sie ihr Cookies Geschichte.

Im Alter von fünf Wochen war Cookie von einem Auto angefahren worden. Sie lag blutend auf der Straße und hatte furchtbare Schmerzen; jemand brachte sie in das Tierheim, wo sie zweimal an der gebrochenen Schulter operiert wurde. Einige Medikamente waren gegen die Schmerzen in ihrer Schulter, die noch nicht verheilt war. Abgesehen von den Verletzungen litt Cookie auch unter den Auswirkungen eines harten Lebens auf der Straße, ohne eine Mutter, die sie unterwiesen und beschützt hätte: Unterernährung und Zahnfleischbluten, Milben in beiden Ohren, Parasiten im Verdauungstrakt, das linke Auge (inzwischen fast ausgeheilt) durch eine Bindehautentzündung so geschwollen, dass sie es kaum öffnen konnte. Das alles musste behandelt werden. Außerdem hatte sie eine klaffende Wunde in der Seite gehabt. Sie war aufgeschlitzt worden, als das Auto sie erfasste, und der Schaden war so schwer, dass der Tierarzt die Wunde nicht vollständig schließen konnte. Sie musste mehrmals täglich gesäubert und neu verbunden werden, und etliche ihrer Medikamente dienten der Vorbeugung gegen eine Infektion. Cookie hatte mehrere Tage auf der Intensivstation gebraucht, bevor sie überhaupt operiert werden konnte, und sie war auch jetzt noch der »Einzelhaft« in ihrem eigenen, gut gereinigten Käfig ausgeliefert. Die Ärmste war einsam, traumatisiert und verletzt. Dabei war sie erst neun Wochen alt.

Lynda sah sich Cookie noch einmal an. Diesmal fielen ihr das verschorfte Auge und die merkwürdig hängende Schulter auf. Ihre Hüfte war nicht verbunden, aber Lynda sah, dass ihr Fell an der Stelle mit Salbe verklebt war. Sie schaute sich Cookies entzündete Ohren und ihre Kehrseite an. Aber was Lynda vor allem sah, war die Sehnsucht in ihren Augen. Cookie war nicht Snuggles. Sie war sogar das genaue Gegenteil von Snuggles. Diese Katze brauchte jemanden, der sich um sie sorgte. Als Lynda diesmal durch die Gitterstäbe griff, war sie sicher, dass Cookie sie auserwählt hatte. *Lieb mich*, sagte sie, *und ich werde dich auch lieben.*

Die Angestellte legte Lynda sanft die Hand auf die Schulter und sagte: »So hat sie sich noch bei niemandem verhalten.«

Lynda glaubt das bis heute. *Cookie hatte sie auserwählt.* Ich muss allerdings gestehen, dass ich da skeptisch bin. Wahrscheinlich hat Cookie jeden angefleht, der an ihrem Käfig vorbeikam. Ich neige zu der Annahme, dass Lynda diejenige war, die sich an dem Tag anders verhalten hat, diejenige, die ihr Herz einem verwundeten Tier öffnete. Es war Lynda, die dachte: *Ich muss ihr helfen. Ich weiß nicht, ob sie am Leben bleiben wird. Aber ich nehme sie mit nach Hause.*

Es war eine große Verantwortung, denn Cookie war schwer krank. Zusammen mit den Papieren bekam Lynda eine Wagenladung von Medikamenten und einen großen Karton mit Verbandszeug. Die Animal League sagte Lynda sogar, falls die Hüftwunde nicht irgendwann abheile oder irgendwelche ihrer anderen Leiden sich als unheilbar herausstellen sollten, werde man die Katze zurücknehmen und sie bis zu ihrem (wahrscheinlich frühzeitigen) Tod im Heim pflegen. Aber Lynda ließ sich nicht abschrecken. Im Gegenteil, die Probleme gaben ihr Auftrieb. Jeden Tag zwang sie Cookie, fünf oder sechs Pillen zu schlucken. Zweimal täglich trug sie Salbe auf Cookies Wunde auf. Dann deckte sie die Stelle mit einem Pflaster ab und legte einen größeren Verband um das pelzige kleine Hinterteil der Katze, damit alles zusammenhielt. Dann umarmte sie sie, streichelte sie und sagte ihr, dass sie geliebt werde. Nach ein paar Monaten war Cookie geheilt. Keine Bindehautentzündung mehr, keine Würmer in den Eingeweiden, keine Ohrenentzündungen und keine Wunde mehr. Wenn man sie sah, war es, als hätte es den Autounfall und die Krankheiten nie gegeben. Cookie war schlicht und einfach eine schöne Katze.

Jennifer wünschte sich sehnlichst, dass Cookie ihre Katze wäre. Snuggles war ja angeblich ihre Katze, aber Snuggles gehörte niemandem. Cookie war Jennifers zweite Chance. Jeden Abend nahm sie Cookie mit ins Bett. Sie machte sogar die Tür zu, damit Cookie nicht weglaufen konnte. Doch in der vierten Nacht vergaß Jennifer, ihre Zimmertür zu schließen, und Cookie entwischte ihr, kletterte zu Lynda ins Bett und legte sich auf eines ihrer Kopfkissen. Jennifer konnte Cookie nicht jede Nacht einsperren, und immer wenn sie die Tür offen ließ, lief Cookie zu Mommys Bett. Ich habe es schon öfter gesagt und sage es noch einmal: Wenn man sich eines verletzten Tieres annimmt, vergisst es das nie. Als deshalb Lynda ihr schließlich ihr zweites Kopfkissen überließ, schlief sie für den Rest ihres Lebens jede Nacht in Lyndas Bett. Sie war nicht Jennifers Katze; sie war Mommys Katze. Das arme Mädchen war wieder enttäuscht worden.

Was aber zum Teil auch ihre eigene Schuld war. Immerhin zog sie Cookie ab und zu Puppenkleider an. Genauer gesagt Kleider der Cabbage Patch Kids, weil die am besten passten. Und sie kaufte ihr die hübschesten Accessoires. Das einzige erhaltene Foto von diesen Demütigungen zeigt Cookie auf der Couch, in einem hellblauen Hemd mit weißem Saum und einem albernen kleinen Cowboyhut. Cookies Gesichtsausdruck ist unmissverständlich: *Ich bin stinksauer.*

Aber man darf Jennifer keinen Vorwurf machen. Schließlich war sie erst zwölf Jahre alt. Und Cookie wurde vielleicht gedemütigt, aber sie protestierte nie. Sie wehrte sich nicht. Sie trug die Kleidchen, sie spielte Kaffeeklatsch, sie war eine gute Freundin. Sie liebte Jennifer trotz der Cowboyhüte. Aber sie verehrte Lynda. Von dem Moment an, als Cookie Lynda in die North Shore Animal Clinic kommen sah, war sie Lyndas Katze. Oder genauer gesagt: Lynda war Cookies Mensch. Wie

Lynda immer sagte: Cookie sieht auf den ersten Blick, wen sie rumkriegen kann.

Aber das stimmte nicht, und Lynda wusste es auch. Cookie hatte sie nicht »rumgekriegt«, so wenig, wie Dewey mich in all den Jahren »rumgekriegt« hatte. Sicher, wir waren in unsere Katzen vernarrt, aber es bestand eine tiefe Bindung. Es war nicht wie bei Snuggles; es war nicht »stell mir mein Futter hin und verschwinde«. Katzen wie Dewey und Cookie geben genau so viel, wie sie bekommen. Der einzige Unterschied? Dewey beschenkte eine ganze Stadt, Cookie beschenkte Lynda Caira.

Sie schenkte Lynda ihre Liebe. Sie schenkte ihr Aufmerksamkeit. Sie wollte in ihrer Nähe sein, ihr um die Beine streichen, berührt werden. Nein, sie bestand darauf, berührt zu werden. Wenn Lynda aus dem Zimmer ging, folgte ihr Cookie und rieb sich an ihrem Bein. Sie setzte sich auf ihren Fuß. Sie sprang auf ihren Schoß. Wenn sie nicht genug gestreichelt wurde, stupste sie Lynda mit dem Kopf am Arm und zeigte ihr dann genau die Stelle, an der sie gekratzt werden wollte. Für ihr Leben gern kletterte sie auf Lyndas Brust und gab ihr einen Kuss. Ja, richtig. Einen Kuss. Alle paar Stunden reckte sich Cookie hoch und drückte ihre Nase an Lyndas Nase, wie eine kleine Tochter, die ihrer Mutter ein Küsschen gibt.

Wenn Lynda aus dem Haus ging, schlüpfte Cookie manchmal ebenfalls hinaus. Lynda wollte das natürlich verhindern, aber Cookie war schlau. Sie versteckte sich hinter der Tür und flitzte dann hinaus. Sobald sie draußen war, rannte Cookie los. Lynda ließ ihren Müllbeutel fallen, lief ihr nach und schrie, sie solle stehen bleiben. Nach ein paar hundert Metern befand Cookie dann, dass sie weit genug gelaufen sei. Sie blieb stehen, drehte sich um und wartete, bis Lynda sie hochnahm. Dann gingen sie langsam zu Haus zurück, Lynda ermahnte ihr Baby, so etwas nie, nie wieder zu machen, und Cookie rieb sich an

Lyndas Kinn, als wollte sie sagen: *Mach dir keine Sorgen, Mom, ich würde doch nie weit von dir weglaufen.*

Manchen wäre das vielleicht alles zu viel gewesen. Aber Lynda führte ein bewegtes Leben. Nach ihrer Scheidung wurde sie Geschäftsführerin der Catering-Firma ihrer Familie. Die Firma war in den Ort Bayside eingebettet, getragen von der Familie und den Freunden, die Lynda über die Jahre hinweg unterstützt hatten. Sie arbeitete fünfzig Stunden in der Woche, auch schon bevor ein leitender Angestellter der örtlichen Kinderklinik, St. Mary's Hospital for Children, sie fragte, ob sie auf eigene Kosten eine Weihnachtsfeier für die Krankenschwestern ausrichten würde. Sie war so beeindruckt von der Klinik, dass sie im folgenden Jahr zusätzlich zu der Schwesternfeier auch eine Benefizveranstaltung ausrichtete und finanzierte, in der ein Gedeck vierzig Dollar kostete. Im ersten Jahr brachte sie damit über zwölftausend Dollar zusammen. Im nächsten Jahr überredete sie einen Fernsehstar zur Teilnahme – viele der Seifenopern wurden ein paar Kilometer entfernt in einem Industrieviertel von Queens gedreht –, wodurch sich die Zahl der Gäste und die eingenommene Summe verdoppelten. Schon bald kam sie auf über fünfzigtausend Dollar jährlich, unter anderem deshalb, weil im *Soap Opera Digest* ihre Benefizveranstaltungen im Februar als ein Lieblingsevent für Stars aus Fernsehserien beschrieben wurden.

Wenn sie nicht arbeitete, war sie zu Hause und bereitete das Abendessen zu, putzte, half ihrer Tochter bei den Schularbeiten und sorgte dafür, dass sie rechtzeitig ins Bett ging. Ihre Eltern brachten ihr jede Menge hausgemachte Spaghetti; ihre Freundinnen gingen mit ihr ins Kino und ins Theater; aber die meiste Zeit kümmert sie sich um Jennifer.

»Sie wissen ja, wie das ist«, sagte sie zu mir. »Es war alles für meine Tochter. Alles, was ich getan habe, war für sie.«

Ich wusste es. Wenn Lynda Caira von ihrem Leben als

alleinerziehende Mutter erzählte, erinnerte ich mich an die Zeit, in der ich selbst fünfzig Stunden wöchentlich in der Bibliothek arbeitete. Ich erinnerte mich an die Wochenenden mit meinen Freundinnen und an die Geborgenheit in meiner Familie. Ich war glücklich. Ich hatte mein eigenes Leben. Aber dieses Leben war ganz meiner Tochter Jodi gewidmet. Wenn ich arbeitete, dann nur im Hinblick darauf, dass sie einmal ein besseres Leben haben sollte. Als ich mich für die Position einer Bibliotheksleiterin ausbilden ließ, tat ich es mit dem Ziel, so viel zu verdienen, dass ich sie aufs College schicken konnte. Jeden Augenblick, ob ich gerade in der Bibliothek eine Seminararbeit tippte oder Jodi zu überreden versuchte, endlich einmal ihr Zimmer aufzuräumen, dachte ich an meine Tochter.

Und ich weiß, was Lynda meint, wenn sie sagt, Cookie sei für sie da gewesen, denn auch Dewey war für mich da. Immer wenn ich müde oder frustriert war, sprang mir Dewey auf den Schoß. Immer wenn ich mich fragte, ob sich die Mühe lohnte oder ob ich die richtigen Entscheidungen traf, lockte mich Dewey mit einem Verfolgungsspiel aus meiner Trübsal heraus. Jeden Morgen stand er an der Vordertür der Bibliothek und wartete auf mich. Wenn er mich kommen sah, winkte er – und was immer mich gerade bedrückte, verflog. Dewey war da. Er winkte. Die Welt war gut.

Genauso war es mit Cookie und Lynda. Wenn sie nach Hause kam, ob nach einem langen Arbeitstag oder einem Abend mit ihren Freundinnen, Cookie wartete immer auf dem Polsterhocker an der Haustür. Jedes Mal lief sie Lynda nach wie ein Hündchen, wartete darauf, dass sie ihre Taschen abstellte, ihre Sachen glatt strich und sich bückte, um sie zu streicheln. Lynda konnte nicht widerstehen. Sie freute sich über Cookies Aufmerksamkeit. Und sie nahm es Snuggles nie übel, dass sie nach wie vor auf Distanz blieb. Sie erwartete nie etwas von einer anderen Katze. Diese Hingabe war etwas Besonderes, so wurde ihr klar, etwas, das sie nur von Cookie erwarten konnte.

Cookie liebte frisch gewaschene Wäsche, noch warm vom Trockner. Lynda ließ sie sich bei jeder Gelegenheit darauf zusammenrollen. Sie brachte es nicht über sich, Cookie zu enttäuschen, deshalb wusch sie ihre Wäsche oft zwei- oder dreimal. (Zumindest hat sie mir das beim ersten Mal erzählt. Später gab sie zu, dass sie nie die Wäsche zweimal gewaschen hat.) Cookie war wählerisch, was die Überzüge von Kopfkissen anlangte. Jedes Mal, wenn Lynda ein Kopfkissen neu bezog, sprang Cookie aufs Bett, um ein Probenickerchen zu halten. Wenn sie den neuen Stoff nicht mochte, maunzte sie, kam von dem Kissen herunter und wartete, bis Lynda den Bezug wechselte. Was sie natürlich immer prompt tat.

Cookie hielt sich auch gern in der Küche auf, wenn Lynda kochte. Insbesondere hatte sie die Angewohnheit, sich auf Lyndas Fuß zu setzen, wenn sie am Herd stand. Lynda liebte irisches Sodabrot und Kürbiskernbrot, und es fiel immer ein Stück für Cookie ab. Sehr gern aß sie auch Wildbrokkoli, ein Gemüse, das sie an ihre Kindheit erinnerte, ihre Familie und die Sommer mit selbst gemachtem Wein und in Dosen eingemachten Tomaten im Haus ihrer Großmutter. Die meisten Amerikaner würgen den bitter schmeckenden, wilden Brokkoli hinunter, und auch viele Italo-Amerikaner mögen ihn nicht besonders, obwohl er fester Bestandteil der italienischen Küche ist. Cookie liebte ihn. Sobald sie roch, dass Wildbrokkoli gekocht wurde, lief sie in die Küche, stellte sich auf Lyndas Füße und miaute so lange, bis sie einen Bissen abbekam. Oder zwei. Oder drei. Lynda war es egal. Sie war nicht einsam. Keineswegs. Aber Jennifer ging öfter mit ihren Freunden essen und verbrachte entsprechend der gerichtlichen Anordnung manche Wochenenden mit ihrem

Vater, und es war schön, jeden Abend beim Essen Gesellschaft zu haben.

Irgendwann fiel es Lynda nicht mehr auf, wenn Cookie da war, sondern nur, wenn sie nicht da war. Wenn Cookie für eine Weile verschwand, suchte Lynda sie oft im ganzen Haus. Fast immer kam Cookie angetrottet, wenn Lynda ein paar Mal nach ihr gerufen hatte, aber eines Abends blieb sie stundenlang weg. Das sah ihr gar nicht ähnlich. Lynda war schon ein paar Mal durchs Haus gegangen, als ihr auffiel, dass am Schlafzimmerfenster das Fliegengitter nach außen gedrückt war. Sie schaute aus dem Fenster und sah eine verdreckte, struppige Cookie, die verzweifelt versuchte, die Wand hochzuklettern. Zum Glück lag das Schlafzimmer im Erdgeschoss. Cookie war nur anderthalb Meter tief gefallen. Trotzdem, als Lynda sie fand, waren ihre Krallen abgebrochen und ihre Pfoten blutig aufgeschürft von der rauen Backsteinwand.

Ein paar Jahre später beschloss Lynda, ihren Keller fertig auszubauen. Jennifer war inzwischen auf der Highschool, und ohne den Keller wäre in dem kleinen Haus nicht genug Platz gewesen, wenn sie einmal Freunde mitbrachte. Die Arbeiten würden ein paar Tage dauern, und die Handwerker würden ein- und ausgehen, deshalb schloss Lynda Cookie und Snuggles immer in ihrem Schlafzimmer ein, bevor sie zur Arbeit ging. Am Abend des zweiten Tages, als die Handwerker gegangen waren, schloss sie die Tür auf, um die Katzen herauszulassen. Snuggles saß, hochnäsig wie immer, auf dem Fensterbrett. Aber Cookie kam nicht wie gewohnt angerannt. Und sie war auch nirgends im Zimmer zu sehen. Während sie im Schrank und unter dem Bett nachsah, dämmerte es Lynda, dass die schlaue Cookie hinausgeschlüpft sein musste, als sie am Morgen die Tür zugemacht hatte.

Sie rief Jennifer. Sofort begannen sie, das Haus zu durchsuchen und nach Cookie zu rufen. Sie schauten in alle Kleiderschränke, unter die Couch, in die Küchenschränke. Keine Cookie. Lynda überprüfte den Fernseher und ihr Quilting-Material. Sie durchsuchte den Bauschutt im Keller. Sie inspizierte die Fenster, aber die Fliegengitter waren alle dicht. Dreimal durchsuchte sie alles.

»Du meine Güte«, sagte sie zu mir, »war ich vielleicht hysterisch!«

Jennifer weinte. Lynda ging es noch schlechter. Ihre Cookie war verschwunden. Die Handwerker hatten die Außentüren offen gelassen; sie hatten den ganzen Tag mit Gipskartonplatten, Sägen und Kanthölzern hantiert. Sie hatten gehämmert und geklopft. Da sie keinen Weg zurück ins Schlafzimmer fand, war Cookie natürlich in Panik geraten. Und natürlich davongerannt. Warum auch nicht? Und als sie im Freien war …

O weh, sie war fort. Sie war noch so klein, und Lynda hatte sie von all ihren schrecklichen Leiden geheilt, und sie hatte sie geliebt, sie hatten einander geliebt. Aber wo konnte sie hingelaufen sein? Wie war das möglich, dass ihr Baby verschwunden war?

»Such noch einmal«, sagte Lynda zu Jennifer.

Zwanzig Minuten später, als sie hysterisch und übermüdet Stücke von Gipskartonplatten im Keller herumschob, hörte es Lynda. Erst traute sie ihren Ohren nicht. Dann hörte sie es erneut. Ganze leise Geräusche, dann ein Miauen, kaum hörbar und weit weg. Sie wühlte sich durch den Bauschutt und schrie »Cookie! Cookie!«. Sie hörte das Miauen, noch immer weit weg, als käme es aus dem Erdgeschoss. Aber das war doch nicht möglich! Sie hatten ja alles zwei-, dreimal durchsucht und … Sie schaute nach oben, und jetzt erst sah sie die neuen Gipskartonplatten.

»Um Himmels willen!« Lynda rief nach ihrer Tochter. »Cookie ist in der Decke!«

Sie stieg auf eine kleine Trittleiter. »Cookie«, rief sie und klopfte gegen die frisch eingezogene Decke. »Cookie!« Sie hörte ein leises Miauen. Jedes Mal, wenn sie Cookies Namen rief, miaute die Katze dicht über ihrem Kopf.

Sie rief einen der Arbeiter an. »Die Decke!«, schrie sie ins Telefon. »In der Decke!«

»Was ist in der Decke?«

»Meine Cookie.«

»Ihre was?«

»Meine Katze. Sie ist in der Decke eingesperrt.«

Sie war so hysterisch, dass der Handwerker sofort herüberkam. Und tatsächlich, Cookie war auf die halbfertige Gipskartondecke gesprungen und zwischen den Kanthölzern eingeschlossen worden, als die Männer die letzte Platte angebracht hatten. Der Handwerker schnitt über dem Fenster ein Loch, wo die Gipskartonplatte abgedichtet worden war, und gemeinsam dirigierten er und Lynda die Katze durch Klopfen und Rufen zu dem Loch. Auf einmal war sie da, Lyndas kleine Cookie. Sie spähte über den Rand des Lochs. Sie blickte sich um, als sähe sie den Keller zum ersten Mal, und sprang dann völlig verstaubt Lynda in die Arme. Lynda weinte und küsste sie, überwältigt von Schreck und Erleichterung. Cookie machte sich nichts daraus. Sie sprang auf den Boden und lief davon, als hätte sie die ganze Zeit gewusst, dass Lynda sie finden würde.

Bevor sie ihn entließ, brachte Lynda den Handwerker dazu, das Loch in der Gipskartonplatte wieder zu schließen und jeden Zentimeter der abgehängten Decke hermetisch abzudichten. Es war ihr gleichgültig, dass es schon spät abends war. Sie wollte kein Risiko mehr eingehen.

Die erste Delle bekam Cookies Leben, als Snuggles starb. Sie hatte plötzlich einen Tumor entwickelt, der sich um Herz und Lunge wand, und innerhalb von achtundvierzig Stunden verwandelte sich Snuggles aus einer anscheinend kerngesunden Katze in eine, die auf dem Tisch des Tierarztes ihr Leben ver-röchelte. Es war vorbei, ehe Lynda noch begriff, was geschah.

Bald danach fiel ihr ein kleines, tapsiges Kätzchen auf, das an der Haustür schnupperte. Diese Katze war eindeutig noch zu jung, um schon entwöhnt zu sein, aber ein Muttertier war nicht zu sehen, also fing Lynda an, sie zu füttern. Neun Monate lang fütterte sie sie auf der Vorderveranda, ließ sie aber nicht ins Haus. Sie hatte ja Cookie. Sie wollte und brauchte keine zweite Katze. Doch nach einer gewissen Zeit bekam sie mit, dass Chloe – so hatte sie das ungewöhnlich kleine Tier getauft –, von dem großen Jagdhund ihrer Nachbarn terrorisiert wurde. Mehrmals täglich kam er laut bellend aus dem Haus gerannt und hetzte sie über die Straße, kläffte wie besessen, tobte herum und jagte ihr Todesangst ein. Dem Nachbarn gefiel das genauso wenig wie Lynda. Er befürchtete, sein kostbarer Hund könnte von einem Auto überfahren werden. Dann kam ihm die rettende Idee: Er wollte die Katze mit seinem Jagdgewehr erschießen. Es versteht sich von selbst, dass Lynda Chloe sofort hereinholte und zur Hauskatze machte.

Cookie fand das gar nicht lustig. Sie war sechs Jahre alt und daran gewöhnt, dass sie das Haus für sich hatte. Sie griff Chloe zwar nicht an – Chloe war keine aggressive Katze –, aber sie strafte den Neuankömmling mit Verachtung. Chloe war eine scheue Katze, eine von der Sorte, die den Kopf senkt und einen mit großen traurigen Augen von unten her anschaut, und sie war mit ihrer Rolle als Zweitkatze im Hause Caira vollauf zufrieden. Sie schien zu begreifen, dass sie zwar in dem Haus leben durfte, aber nur zu Cookies Bedingungen. Cookie fraß als Erste. Cookie trank als Erste. Und Cookie teilte Lynda nicht mit ihr. Das war die Grenze, die Regel, die über allen anderen stand. Cookie sah Chloe verachtungsvoll an, wenn sie sich auch nur Lynda zu nähern versuchte, und war sich auch nicht zu schade, ihr mit Krallen und Zähnen klarzumachen, dass ihr Verhalten nicht hingenommen wurde. Und wenn Chloe versuchte, auf Lyndas Bett zu springen? Unverzeihlich. Eine Pfote auf der Bettdecke, und schon machte Cookie einen Buckel und fauchte. Sie war keine Kämpfernatur, aber sie hätte gekämpft, um dieses Bett zu verteidigen, denn Lynda gehörte ihr. Lynda war sakrosankt.

Ganz allmählich lenkte Cookie jedoch ein. Im Grunde genommen war sie eine freundliche Katze, und ständige Wachsamkeit ging gegen ihre Natur. Sie war eine Liebende, eine fröhliche Gefährtin, und als sie sicher war, noch immer die große Liebe in Lyndas Leben zu sein, erwärmte sie sich für die süße, unterwürfige kleine Chloe. Aber das dauerte Jahre, wohlgemerkt, genau gesagt drei Jahre. Doch am Ende wurden Cookie und Chloe wunderbare Freundinnen.

Die zweite Delle kam ein paar Jahre später. Lynda führte schon seit Langem ein komfortables Leben: seit zwanzig Jahren in ihrem Haus, seit siebzehn Jahren als geschiedene Mutter, seit sechzehn Jahren als erfolgreiche Chefin einer Catering-Firma und seit zehn Jahren mit ihrer geliebten Cookie. In den vergangenen zwölf Jahren hatte sie mit ihren Benefizveranstaltungen insgesamt über eine Million Dollar für das St. Mary's Hospital gesammelt, das die Gelder für die Eröffnung einer Station für Kinder mit Schädelhirntraumen verwendet hatte – als einzige spezialisierte Klinik dieser Art an der Ostküste. Im folgenden Jahr organisierte Lynda eine Spendensammelaktion für die Opfer von ALS (Amyotrophe Lateralsklerose), einer Krankheit, an der nicht nur ihre Tante gestorben war, sondern an der jetzt auch einer der Fernsehserienstars, die ihr beim Spendensammeln geholfen hatten, erkrankt war: Michael Zaslow. Er war bei *Guiding Light* hinausgeflogen, nachdem seine Erkrankung bekannt geworden war, und als sich sein Zustand zusehends verschlechterte, sagte er zu seiner Frau, am meisten tue es ihm leid, dass er die Freunde, die er bei der Arbeit an der Serie gewonnen hatte, nicht noch einmal sehen könne. Fünfunddreißig dieser Freunde kamen zu Lyndas Benefizveranstaltung, mit der sie über sechsundzwanzigtausend Dollar zusammenbrachte. Michael Zaslow starb zehn Jahre danach.

Doch obwohl sie die Hilfe ihrer Familie und ihrer Freunde in Anspruch nahm, wie sie es immer getan hatte, wenn es um eine gute Sache ging, wusste Lynda, dass sich ihr Leben veränderte. Da ihr Vater in Rente gegangen war, wurden die Firma verkleinert und das Personal reduziert, sodass Lyndas Arbeitsbelastung stieg und sie ihre Benefizveranstaltungen aufgeben musste. Ihre Tochter wuchs heran und würde bald auf eigenen Beinen stehen. Ihre Großmutter starb, und die Familie verkaufte das Haus, in dem Lynda so viele glückliche Nachmittage mit Klatsch und Tratsch, Dosentomaten und einer Matriarchin verbracht hatte, die nie jemanden abgewiesen hatte, von Straßenbauarbeitern bis hin zu mittellosen Fremden, die eine Tasse Kaffee brauchten. Es war, als hätte ihr Tod endgültig das Ende von Lynda Cairas Bayside besiegelt, einer Gemeinde, die schon vor langer Zeit die meisten ihrer Obstgärten und Weinberge asphaltiert hatte und in der niemand mehr mit Fremden redete – oder sie gar zu einer kostenlosen Mahlzeit einlud. Seit Jahrzehnten wanderten die ursprünglichen Immigranten schon ab, verdrängt durch neuere Einwanderer und Stadtflüchtlinge aus »der City«, wie die Einheimischen Manhattan nannten, auf der Suche nach einem erschwinglichen Wohnort. Als das Jahrhundert zu Ende ging, machte Lynda Caira Kasse: Sie verkaufte ihr Haus für mehr als das Zehnfache von dem, was sie 1973 bezahlt hatte, und kaufte sich ein freistehendes, zweigeschossiges Vierzimmerhaus in Floral Park.

Floral Park war nur zehn Kilometer weit weg, aber für

Lynda Caira war es eine andere Welt. Der Bell Boulevard, die Hauptdurchgangsstraße in ihrem alten Teil von Bayside, war voller grellbunter Reklamen, Stromkabel und vierspurigem Verkehr. Die zweispurige Hauptstraße von Floral Park, die Tulip Avenue, war von kleinen Geschäften mit ordentlichen Holzschildern gesäumt: der Bäckerei, dem Süßwarenladen, dem kleinen, unabhängigen Supermarkt, der Rechtsanwaltskanzlei im ersten Stock. Gegründet 1874 von einem Blumensamen-Großhändler, der alle Straßen nach Blumen benannte, erhielt Floral Park 1908 das Stadtrecht, ein Ereignis, das mit einer Bibliothek mit weißem Türmchen an dem einen und den Centennial Gardens am anderen Ende der Tulip Avenue gefeiert wurde. Jedes Jahr stand auf dem Rasen am Eingang des Memorial Park ein Christbaum, und jedes Mal fand sich eine große Menschenmenge ein, um zuzusehen, wie die Lichter angingen, woraufhin es dann in der katholischen Kirche nebenan heiße Schokolade gab. Ein Christbaum am Bell Boulevard in Bayside, Queens? Mit heißer Schokolade? Nie und nimmer.

Für Lynda war Floral Park ein Paradies, eine baumbestandene Norman-Rockwell-Idylle, und das buchstäblich nur einen Katzensprung von dem lauten, übervölkerten Queens entfernt. Sicher, man musste in jeder Richtung fünfzig Kilometer fahren, um dem ausufernden New York zu entkommen, aber mitten in diesem Labyrinth von Schnellstraßen und Wohnblöcken lag ein Fleckchen mittelständisches Mittelwesten-Amerika. Ein Ort mit Nachbarschaftsfesten und grünen Rasenflächen, wo Kinder umherradelten, während die Erwachsenen zu Unterhaltungsmusik aus dem Radio Hotdogs aßen. Es war ein Ort, wo sie einen Kranz über die Haustür ihres viktorianischen Häuschens hängen und in ihren gepflegten Blumenbeeten Narzissen und schwarzäugige Susannen ziehen konnte. Am Ende des Floral Boulevard stand ein imposantes Schulhaus aus dem ersten Jahrzehnt des zwanzigsten Jahrhunderts. Am anderen Ende des Viertels, hinter einer Baumreihe und einem Vogelschutzgebiet – einem Vogelschutzgebiet! –, lag die Belmont-Park-Rennbahn, der Schauplatz eines der drei größten Pferderennen der Welt, der Belmont Stakes. An Sommerwochenenden war das Echo des Ansagers ein angenehmes Murmeln hinter dem Brummen der Rasenmäher.

An der Ecke Chestnut und Floral Boulevard, eine Querstraße von Lyndas Haus entfernt, war die Haltestelle Bellerose der Long Island Rail Road. Die Fahrt zur Grand Central Station dauerte nur eine Viertelstunde, aber Lynda fuhr nie in die City. Vielleicht ein Mal jährlich, wenn sie sich ein Broadway-Stück ansehen wollte. Wie fast alle Menschen in Floral Park richtete sie ihr Leben nicht nach Manhattan aus. Die meisten ihrer Freundinnen und Freunde – sogar ihre beste Freundin, die als Zweijährige den Säugling Lynda im Kinderwagen durch Bayside geschoben hatte – lebten jetzt in Floral Park. Sie waren an den Rändern von Queens aufgewachsen und dann ein paar Kilometer nach Osten gezogen, in wohnlichere Viertel mit ruhigeren Straßen. In dieser Umgebung hatten sie füreinander das geschaffen, was für Lynda ihre Familie in Bayside gewesen war: eine Gemeinschaft der gegenseitigen Unterstützung und Liebe. Lynda war nicht weit weggezogen. Jedenfalls nicht geographisch. Letzten Endes war der Kreis mit fünfzehn Kilometer Durchmesser, in dem Queens in Long Island übergeht, Lyndas Welt. Sie war überglücklich, mitten in diesem Gebiet ihr kleines Stück Amerika gefunden zu haben.

Jennifer … nun, die war nicht so glücklich. Sie war dreiundzwanzig Jahre alt, wohnte noch immer bei ihrer Mutter in dem Haus, in dem sie aufgewachsen war, und beharrte trotzig darauf, dass sie nie aus dem alten Viertel wegziehen würde. Sie weigerte sich, auch nur ihre Zahnbürste selbst einzupacken; Lynda blieb zu guter Letzt nichts anderes übrig, als die Umzugsfirma dafür zu bezahlen, dass sie die Sachen ihrer Tochter einpackte.

Noch schlimmer war es mit Chloe und Cookie. Vor allem Cookie, die eine Meisterin der Kommunikation war. Sie sandte Signale aus, in dem sie Lynda stieß, sich ihr auf den Fuß setzte oder ihr zwischen die Beine lief, und hatte offenbar für jede Gelegenheit eine andere Tonlage. Sie hatte ein Miauen, das bedeutete, dass sie verärgert war, ein anderes dafür, dass sie glücklich war. Ein Miauen bedeutete *Lass mich in Ruhe*. Ein anderes, *Komm her*. Eines, das *Ich hätte gern etwas davon, bitte*, bedeutete. Ein etwas lauteres, das *Ich will* hieß, ohne das *bitte*. Und natürlich das *haben, haben, haben*-Miauen für Wildbrokkoli. Sie konnte sogar mit besonders hoher Stimme miauen, wenn sie Lyndas Aufmerksamkeit erregen wollte, und das klang genau wie *Mom*. Lynda war nicht so verrückt, zu glauben, dass ihre Katze Mom zu ihr sagte. Sie nahm an, dass sie sich das nur einbildete. Aber immer wenn ihre Freundinnen Cookie um Aufmerksamkeit miauen hörten, klappte ihnen die Kinnlade herunter.

»Hat die jetzt Mom gesagt?«, fragten sie alle.

»Ja, es hört sich wirklich so an, nicht wahr?«, sagte Lynda dann und errötete vor Stolz.

Doch diesmal war alles anders. Als Lynda für den Umzug packte, miaute Cookie nicht, um zu betteln, zu fragen oder auf den Arm genommen zu werden. Diesmal schrie sie Lynda an.

Am Umzugstag hörte Cookie auf zu schreien und verschwand. Sie hatte keine, aber auch schon gar keine Lust, aus diesem Haus wegzuziehen. Lynda brauchte Stunden, um beide Katzen einzufangen und sie in ihren Transportkorb zu bugsieren. Cookie begann in ihrer Frustration damit, ihren Kopf gegen die Korbtür zu schlagen und ihr Gesicht daran zu reiben. Als sie in Floral ankamen, nach einer Fahrt von nur zwanzig Minuten, war Cookies Nase blutverschmiert. Lynda konnte sie kaum anschauen. Sie fühlte sich schuldig.

Als sie die Korbtür aufmachte, würdigten Cookie und Chloe sie keines Blickes. Sie rannten nach oben und versteckten sich unter dem Gästebett. Jennifer gewöhnte sich rasch ein. Innerhalb von zwei Tagen lernte sie neue Freunde kennen, und bald fühlte sie sich in Floral Park zu Hause. Cookie und Chloe brauchten etwas länger. Sie kamen nur unter dem Bett hervor, wenn sie ein Geschäft machen mussten. Wenn Lynda sie hervorzulocken versuchte, wich Chloe in die hinterste Ecke zurück, und Cookie machte ein paar Schritte auf Lynda zu und beklagte sich bitterlich. Das war's. Für drei Monate.

Doch dann war alles vergeben und vergessen. Hörte Cookie mit ihren Klagen auf, ein paar Tage nachdem sie unter dem Bett hervorgekommen war? Oder dauerte es ein paar Monate? Ein Jahr? Ich bin sicher, dass Cookie noch eine Weile brauchte, um sich richtig einzugewöhnen, auch nachdem sie ihre Proteste eingestellt hatte, aber spielte es wirklich eine Rolle, wie lange? Am Schluss liebte Cookie das neue Haus genauso wie Lynda; es gefiel ihr sogar so sehr, dass sie sich nicht für einen Lieblingsplatz entscheiden konnte. Ein paar Wochen lang war es der Polsterhocker. Auf dem räkelte sie sich jeden Abend, während Lynda fernsah. Dann war es der Schaukelstuhl. Das dauerte sechs Wochen. Dann die Couch, ein Stuhl im Esszimmer, die Ecke hinter einem Möbelstück, ihr kleines Katzenbett am oberen Treppenabsatz. Lynda war Quilterin, und Cookie hatte mehrere Lieblingsplätze in dem neuen Quiltzimmer. Für die Dauer von einem Sommer verliebte sie sich ins unterste Bord des Bücherregals. Lynda stapelte dort Quilts, die sie als Geschenke für ihre Freunde und Verwandten anfertigte. Natürlich bekam auch Cookie einen. Er hatte ein florales Muster in der Mitte und ringsherum abwechselnd Bilder von Kätzchen und kleinen Hunden. Cookie lag fast jeden Tag auf einem Quilt, aber so gut wie nie auf diesem. Warum sollte sie ihren eigenen Quilt schmutzig machen, wo sie doch ihre Haare dort lassen konnte, wo sich auch andere hinsetzten?

Schließlich wurde es Herbst. Das Laub längs der Floral Avenue färbte sich golden, dann rot und wurde schließlich von den Herbststürmen weggeweht. Die Pferde galoppierten über die Rennbahn von Belmont, die Pendlerzüge fuhren in die City und wieder zurück. Jennifer verbrachte mehr Zeit mit ihren Freundinnen und Freunden und zog schließlich in ein knapp fünf Kilometer entferntes Haus. In ihren jüngeren Jahren hatte Lynda daran gedacht, wieder zu heiraten. Sie hatte Partner, aber keine der Beziehungen entwickelte sich so, wie sie es sich wünschte. Sie fand die Liebelei natürlich schön, aber sie fand keinen Mann, mit dem sie ihr Leben teilen wollte.

»Wenn mir jetzt ein Mann über den Weg liefe«, sagte Lynda zu mir, »würde ich wahrscheinlich dankend ablehnen.«

Jüngere Frauen (und Männer) betrachten eine solche Äußerung vielleicht mit Skepsis – wie kann es sein, dass eine alleinstehende Frau sich keinen Mann wünscht –, aber ich verstehe das vollkommen. Ich habe jahrzehntelang ebenso empfunden. Allerdings habe ich es ein bisschen anders formuliert. »Ich will nur einen Mann«, sagte ich immer, »wenn ich ihn in meinen Kleiderschrank hängen kann wie einen alten Anzug und ihn nur dann herausnehmen muss, wenn ich zum Tanzen gehen möchte.« Nichts gegen Romantik. Nichts gegen Spaß und Tanzen. Aber ich hab keine Lust, für den Rest meines Lebens tagtäglich mein Waschbecken von den Bartstoppeln irgendeines Kerls zu säubern. Ich bin sehr zufrieden mit meinem Leben, so wie es ist.

Ich nehme also Lyndas Erklärung für bare Münze, weil

ich diese Zufriedenheit selbst erlebt habe. Sie hatte eine hinreißende Tochter. Sie war erfolgreich. Sie hatte Freunde und Familie, und sie hatte eine Gefährtin in Cookie, die im Lauf vieler Jahre beständiger Hingabe so gut wie alles in Erfahrung gebracht hatte, was es über ihre Besitzerin und Freundin zu wissen gab. Wenn Lynda einsam war, stupste Cookie sie an der Nase, gab ihr ein Küsschen oder setzte sich ihr auf den Schoß. Wenn Lynda glücklich war, tanzten sie beide im Haus herum. Wenn sie, was selten vorkam, allein sein wollte, ließ Cookie ihr den nötigen Freiraum. Beim Quilten saß Cookie ruhig neben ihr, statt nach dem Faden zu angeln. Es waren nicht nur ihre Stimmungen; Cookie spürte tatsächlich, wie sich Lynda fühlte. Wenn es ihr nicht gut ging, legte sich Cookie auf den Teil von Lyndas Körper, der wehtat. Wenn sie einen Magen-Darm-Virus hatte, legte sich Cookie auf ihren Bauch. Hatte sie Knieschmerzen, legte sie sich auf ihr Knie. Als sie die vierzig überschritten hatte, begann Lynda an Spinalstenose zu leiden, einer degenerativen Erkrankung der unteren Wirbelsäule. Immer wenn die Schmerzen sie zwangen, sich hinzulegen, kletterte Cookie vorsichtig auf ihren Rücken und drückte sich flach auf die Stelle, wie eine heiße Kompresse gegen die stechenden Schmerzen.

Selbst bei Schlaflosigkeit reagierte Cookie. In der nächtlichen Stille von Floral Park – etwas, woran man sich nach vierzig Jahren in der lauten City nicht so schnell gewöhnt – spürte sie Lyndas Unbehagen schon, bevor es ihr selbst bewusst wurde. Jedes Mal, wenn Lynda sich im Bett rührte, sprang Cookie von ihrem Kissen auf, um Wache zu stehen. Wenn auch nur eine Fliege am Fenster summte, sprang Cookie in Habachtstellung und legte die Ohren an.

»Leg dich wieder schlafen, Cookie«, sagte Lynda dann und streichelte sie kurz. Cookie starrte in die Richtung, aus der die Störung kam – normalerweise das Fenster –, ging dann um ihr

Kissen herum, rollte sich zusammen und schlief auf der Stelle ein. Lynda lag wach und fragte sich: *Wie kann diese kleine Katze mich so lieben?*

Unglücklicherweise gewöhnte sie sich zwar an die nächtliche Stille, aber ihre Rückenschmerzen verschlimmerten sich. Lynda machte Gymnastik und hielt Diät. Sie versuchte, weniger zu arbeiten, obwohl sie ihren Beruf liebte. Sie ging zu Ärzten, auf der Suche nach einer wirksamen Behandlung, aber ihr Rückenleiden verschlimmerte sich weiter. Wenn sie Schmerzen hatte, tat Cookie alles, um sie zu trösten. Sie beschnupperte ihre Hand und legte sich ihr auf den Rücken, so lange Lydia es brauchte. Diese dreieinhalb Kilo auf ihrem Rücken, so weich und warm, waren wie eine Wärmflasche auf ihren angegriffenen Nerven, aber sie konnten den schleichenden Verfall der Knochen nicht aufhalten. Wenn sie sich nicht operieren ließ, sagten ihr schließlich die Ärzte, würde sie wahrscheinlich in einem Jahr im Rollstuhl sitzen. Im Rollstuhl! Sie war erst siebenundvierzig Jahre alt.

Es war eine schwierige Zeit, obwohl Lynda versuchte, es sich nicht anmerken zu lassen. Sie behielt ihren normalen Tagesablauf bei, lud Freunde ein, besuchte die Familie und ging wöchentlich in ihren Nähclub. Wenn Jennifer sie brauchte, war sie für sie da. Sie arbeitete Vollzeit in der Catering-Firma bis zum Tag vor der Operation. Doch nachts lag sie oft wach und machte sich Sorgen, auch wenn Cookie bei der geringsten Bewegung aufsprang und ihr Köpfchen an ihr rieb, wie um zu sagen: *Alles ist bestens, Mommy, alles ist in Ordnung.*

Eines Tages dann, als sie zerstreut Cookie streichelte und an ihre Operation dachte, hatte sie auf einmal ein Haarbüschel in der Hand. Sie sah es einen Augenblick lang verwirrt an. Dann rollte sie Cookie herum und betrachtete sie. Die Haut der Katze war fleckig und entzündet, und sie hatte am Bauch und an den Innenseiten der Hinterbeine praktisch kei-

ne Haare mehr. »Ach nein, Cookie«, sagte sie. »Ach nein.«
Cookie war vierzehn Jahre alt, und Lynda hatte sich kurz zuvor eingestehen müssen, dass ihr Gehör nachließ. Und jetzt
hatte die Ärmste eine Hautkrankheit.

Zutiefst besorgt fuhr Lynda mit Cookie in die tierärztliche
Praxis. Es wurden alle möglichen Tests durchgeführt, aber
alles war in Ordnung. Schließlich nahm der Tierarzt sein
Stethoskop und schaute Lynda an.

»Geht es Ihnen gut?«, fragte er.

»Ja, mir fehlt nichts«, sagte sie.

»Sie sind also nicht krank?«

»Nein. Allerdings habe ich Probleme mit dem Rücken. Ich
habe in ein paar Tagen eine größere Operation.«

Der Arzt nickte. »Wie lange wissen Sie es schon?«

»Sechs Monate.«

Der Arzt legte seine Instrumente weg. »Das ist kein kör-
perliches Problem«, sagte er. »Es ist psychisch. Cookie macht
sich solche Sorgen um Sie, dass sie sich die eigenen Haare
ausreißt, um den Stress zu mildern.«

Lynda betrachtete ihre Katze, ihr süßes Gesicht, ihren räudigen Bauch und die gerupften Beine, und fing an zu weinen.
Cookie war ein verwundetes Tier in einem Käfig gewesen. Sie
hatte jeden Tag Dutzende von Menschen vorbeigehen sehen.
Von all diesen Menschen hatte sie sich Lynda ausgesucht. In
einem kurzen Augenblick, so schien es, hatte Cookie dieser
Frau ihr Leben gewidmet. Lynda hatte nie verstanden, warum.
Womit hatte sie solches Vertrauen verdient? Womit hatte sie
solch eine tiefe, bedingungslose Liebe verdient?

Die Operation dauerte nur ein paar Stunden, aber die
Rekonvaleszenz zog sich in die Länge. Cookie weigerte sich,
Lyndas Bett zu verlassen. Eines Nachts, etwa eine Woche
nach der Operation, wurde Lynda schwer krank. Alles drehte
sich so heftig um sie, dass sie dachte, sie müsse sterben. Voller

Panik rief sie nach ihrer Tochter. Cookie schaute Lynda an, dann Jennifer, dann wieder Lynda. Sie miaute – auf eine neue Art, dringlich und unsicher. Jennifer rief nicht das Krankenhaus an, sondern ihre Großeltern, die sofort kamen. Doch als Lyndas Mutter sich dem Bett näherte, sprang Cookie auf und schrie sie an. Lyndas Mutter setzte sich auf die Bettkante, Cookie fauchte, bis sie aufstand, weil sie Angst hatte, Cookie würde sie beißen. Cookie stellte sich dorthin, wo Lyndas Mutter eben noch gesessen hatte, und fauchte noch mehr. Ihre geliebte Lynda war in Schwierigkeiten. Niemand durfte sich ihr nähern, hatte Cookie beschlossen, nur ihre Tochter und sie selbst.

Es war nur ein Schwindelanfall, ausgelöst durch die Operation an der Wirbelsäule, aber von da an änderte sich das Verhältnis zwischen Lynda und Cookie für immer. Ich nehme an, ändern ist nicht das richtige Wort, weil ich nicht glaube, dass sich Cookies Einstellung verändert hat. Man sollte eher von einer Enthüllung sprechen, denn zum ersten Mal begriff Lynda, wie tief Cookies Liebe war. Ja, Cookie wusste alles über sie und tat alles, um sie glücklich zu machen. Ja, Cookie machte sich furchtbare Sorgen um die Gesundheit ihrer Freundin. Doch an dem Abend sah Lynda so etwas wie Opferbereitschaft. Sie sah, dass Cookie, wenn es galt, sie, Lynda, zu beschützen, überhaupt nicht an sich selbst dachte. Sie hätte alles auf sich genommen, um ihre Freundin zu verteidigen.

Von dieser Nacht an war Cookies Liebe unersättlich. Sie lag neben ihr, wenn Lynda im Bett war; sie saß neben ihr, wenn Lynda sich aufsetzte; sie ging neben ihr her, als Lynda endlich wieder stehen konnte. Während ihrer Genesungszeit benutzte Lynda einen Spezialstuhl, der einem Hochstuhl für Kleinkinder ähnelte. Cookie lernte, über die Couchlehne auf den Hochstuhl zu klettern und sich dann auf Lyndas Schoß niederzulassen. Dort hätte sie auch den ganzen Tag gesessen.

Widerstrebend musste Lynda ihre Mutter oder ihre Tochter bitten, Cookie wegzunehmen, wenn sie ihr zu schwer wurde.

Aber auch nachdem ihre Freundin genesen war, entspannte sich Cookie nicht. Lynda konnte kaum etwas lesen, weil ihre Katze sich auf jedes Buch setzte. Sie konnte keine Tür öffnen, ohne dass Cookie vor ihr herlief und sie am Weggehen zu hindern suchte. Cookie hatte das Fernsehen nie gemocht. Wenn Lynda früher ferngesehen hatte, war Cookie ins Zimmer gekommen und wieder hinausgegangen, war zurückgekommen und hatte sich eine Weile hingesetzt, und war dann wieder aufgestanden. Jetzt saß sie auf der Couch neben Lynda und schaute. Wenn Lynda sich hinlegen wollte, musste sie Platz machen, damit Cookie sich auf ihrem Kopf ausstrecken konnte. Schlag zehn Uhr sprang Cookie von der Couch, stellte sich vor den Fernseher und miaute.

Am ersten Abend war Lynda schockiert. »Cookie«, sagte sie, »was hast du denn?«

Cookie lief aus dem Zimmer. Weil sie dachte, dass irgendetwas nicht in Ordnung war, ging Lynda ihr nach. Cookie lief geradewegs zum Bett. Lynda schaute überall nach, fand aber nichts Ungewöhnliches. Schließlich ging sie ins Wohnzimmer zurück. Cookie kam kreischend herein und führte sie wieder zum Bett. Lynda brauchte eine Weile, bis sie begriff, dass alles in Ordnung war. Cookie hatte schlicht und einfach beschlossen, dass es für sie beide an der Zeit war, ins Bett zu gehen. Von da an ging man im Haus Caira jeden Abend – außer es gab etwas Besonderes – um Punkt zehn Uhr zu Bett. Cookie bestand darauf.

Nicht dass man viel geschlafen hätte. Cookie war im Bett das reinste Nervenbündel, kletterte auf Lynda herum, spielte mit ihren Füßen, strich um ihr Kopfkissen. Sie rieb ihre Nase an Lyndas Wange, überall, wo sie hinkam. Wenn Lynda das Licht ausmachte und die Augen schloss, wartete Cookie ein

Weilchen und strich ihr dann mit der Pfote übers Gesicht. Wenn Lynda nicht reagierte, bückte sich Cookie zu ihr vor und schob mit der Pfote ihr Augenlid hoch.

»Schätzchen, ich lebe noch«, sagte Lynda dann sanft und schloss die Augen.

Ein paar Minuten später strich Cookie erneut mit der Pfote über Lyndas Gesicht. Das wiederholte sich jeden Abend, beginnend mit der Nacht nach Lyndas Schwindelanfall. Und es hörte nicht auf. Als Lynda schon längst wiederhergestellt war, weckte Cookie sie immer noch jede Nacht auf, um sich zu überzeugen, dass sie noch lebte. Lynda nahm es ihr nicht übel. Vielmehr war sie gerührt. Sie liebte Cookie. Sie war der kleinen Katze ergeben. Aber Cookie … Ihre Hingabe an Lynda war Cookies ganzer Lebensinhalt. Welch eine herzerwärmende Erfahrung, auf diese Weise geliebt zu werden. Selbst wenn es »nur« die Liebe einer Katze war.

Doch während Cookie sich Sorgen über Lyndas bevorstehendes Ableben machte, war Lynda ihrerseits zutiefst überzeugt davon, dass Cookie ewig leben würde. Cookie konnte nichts mehr hören – eine Untersuchung hatte das bestätigt –, doch ansonsten war sie so gesund und schön wie eh und je, und dabei war sie schon achtzehn Jahre alt geworden. Dass sie insgesamt etwas langsamer wurde, war nur natürlich.

Und dann las Lynda das Buch *Dewey*. Jennifer schenkte es ihr zu Weihnachten, und Cookie (Überraschung!) ließ ihr sogar Platz für die Lektüre. Beim Lesen der letzten Kapitel regte sich Lynda immer mehr auf, bis sie dann, wie sie in ihrem Brief an mich schrieb, »geradezu hysterisch wurde«. Jede Alterserscheinung, die Dewey in seinem letzten Lebensjahr gezeigt hatte, stellte sie auch bei Cookie fest!

Wie Dewey entwickelte auch Cookie eine Schilddrüsenüberfunktion. Und wie Dewey war sie nicht sehr gewissenhaft mit der Einnahme ihrer Pillen. Oft dachte Lynda, sie hätte sie ihr tief genug in den Rachen geschoben, doch dann fand sie sie hinter Möbeln verstreut wieder. Cookies Fell verfilzte stellenweise, weil ihre Zunge nicht mehr rau genug war und sie sich deshalb nicht mehr richtig putzen konnte. Und wie Dewey entwickelte auch Cookie plötzlich eine Vorliebe für Aufschnitt, wahrscheinlich wegen des hohen Salzgehalts. Lynda kaufte ihr jeweils ein halbes Pfund aufgeschnittene Putenbrust auf einmal. Als sie kein Putenfleisch mehr mochte, ging Lynda zu Hähnchenbrust über. Dann wollte Cookie überhaupt keinen Aufschnitt mehr. Deshalb versuchte Lynda es mit Brathuhn. Das mochte Cookie. Also teilte Lynda jede Woche ihr Brathuhn mit Cookie.

Jennifer fand, ihre Mutter verwöhne die Katze zu sehr, aber Lynda war anderer Meinung. *Dewey* hatte ihr das Herz gebrochen. Sie hatte jeden Abend geweint, als sie die letzten Kapitel über Deweys Alter und Tod las, wobei sie nicht nur an meinen kostbaren Bibliothekskater dachte, sondern auch an ihre kostbare Cookie. Sie hatte die Zukunft gesehen und wusste, dass das Ende nahe war. Cookie alterte sichtlich. Sie konnte nur noch mit Mühe laufen. Sie hatte Probleme mit der Nahrungsaufnahme. Nach neunzehn Jahren mit Cookie und ihrer beispiellosen Liebe konnte Lynda nichts mehr für ihre Katze tun.

Im Februar bekam Cookie Nieren- und Blasenprobleme. Der Tierarzt machte Röntgenaufnahmen und Endoskopien und eine ganze Reihe weiterer Untersuchungen. Er verordnete Cookie eine medikamentöse Behandlung ohne Rücksicht auf die Kosten, denn darauf bestand Lynda, aber Cookies Zustand besserte sich nicht. Im April stellte der Tierarzt die Behandlung ein. Er setzte auch das Medikament gegen ihre Schilddrüsenüberfunktion ab, weil es Ausschläge an den Ohren und am Bauch hervorrief.

»Diese Reizung verträgt sie nicht«, sagte der Arzt.

Er wollte Lynda überzeugen, dass es das Beste sei, wenn sie den Dingen ihren Lauf ließ, aber Lynda konnte sich noch nicht ganz damit abfinden, dass Cookie sterben würde. Die kleine Katze folgte ihr immer noch überallhin, darauf bedacht, zu lieben und geliebt zu werden. Sie wartete immer noch jeden Abend auf dem Polsterhocker an der Haustür, wenn Lynda von der Arbeit nach Hause kam. Und jeden Morgen, wenn sie zur Arbeit fuhr, schaute Cookie sie mit großen flehenden Augen an wie ein kleines Kind, als wollte sie sagen: *Wie kannst du mich allein lassen, Mommy?*

Im Juli 2009 feierten sie Cookies neunzehnten Geburtstag. Lynda sagte ihr, sie freue sich schon darauf, nächstes Jahr ihren Zwanzigsten zu feiern, aber in Wahrheit glaubte sie nicht mehr daran. Cookie war nie groß gewesen und hatte selbst als gesundes, ausgewachsenes Tier kaum fünf Kilo gewogen. Jetzt wog sie nur noch etwa halb so viel. Sie hatte sich angewöhnt, fast den ganzen Tag unter dem Küchentisch zu sitzen. Lynda stellte Futter- und Wassernapf in die Küche und das Katzenklo ins Nebenzimmer. Cookie hatte die Kontrolle über ihre Blase verloren, schleppte sich aber trotzdem noch zum nächsten geeigneten Gegenstand, etwa einer Einkaufstüte, einem Paar Schuhe oder sogar Jennifers Handtasche, um sich zu erleichtern. Niemals, auch wenn sie noch so krank war, hätte Cookie auf den Boden gemacht.

Lyndas Mutter war überzeugt davon, dass Cookie nur deshalb am Leben blieb, weil sie es nicht ertrug, ihre Freundin allein zu lassen. Lyndas Herz sagte ihr, dass die kleine Katze sie vielleicht wirklich zu sehr liebte, aber sie wollte glauben, dass Cookie sich immer noch ihres Lebens freute, dass ihr Dasein noch nicht die reine Qual für sie war. Sie streichelte sie, sie bereitete ihr Wildbrokkoli und Brathuhn zu und sprach leise und liebevoll mit ihr. Als Cookie nicht mehr Treppen steigen konnte, trug Lynda sie ins Bett und legte sie auf das Kopfkissen, das so lange ihr Lieblingsplatz gewesen war. Neunzehn Jahre lang hatte Cookie Nacht für Nacht auf diesem Kissen geschlafen. In der dritten Nacht, in der sie Cookie ins Bett getragen hatte, wurde Lynda klar, dass sie sich, kaum dass sie selbst eingeschlafen war, mühsam die Treppe hinunter in die Küche schleppte. In der vierten Nacht ließ sie Cookie unter dem Tisch.

»Schlaf hier, kleine Freundin«, sagte Lynda zu ihr. »Du brauchst dir um mich keine Sorgen zu machen.«

Cookie kam nicht mehr ins Bett zurück. Ein paar Tage später, als Lynda bei der Arbeit war, rief Jennifer weinend an. Sie hatte Cookie auf dem Küchenfußboden gefunden, in einer Pfütze ihrer Exkremente. Als Lynda heimkam, war Cookie wieder sauber, aber die Kraft war aus ihrem Körper gewichen, und ihre Augen hatten keinerlei Tiefe und Intensität mehr. Sie hob den Kopf, um Lynda anzusehen, ihre lebenslange Gefährtin. Vielleicht lächelte sie sogar, kurz und schwach, bevor sie den Kopf auf den Boden sinken ließ.

Lynda nahm sie auf den Arm und trug sie so zärtlich wie möglich zum Auto. »Alles wird gut«, flüsterte sie, während sie fieberhaft überlegte und ihre Hände am Lenkrad zitterten. »Wir besorgen dir eine Medizin, und dann geht's dir gleich wieder besser.« Sie redete immer weiter beruhigend auf sie ein, obwohl ihre Stimme brach und die Tränen ihr übers Gesicht liefen. Sie wusste, dass es das Ende war, und sie betete, dass es schmerzlos sein würde. Sie betete, dass sie, was immer geschah, für Cookie da sein konnte. Ihre letzte Pflicht, das Mindeste, was sie für ein Leben aufopfernder Liebe aufzubieten hatte, war, diese Momente für das kostbare Katzenmädchen so erträglich wie möglich zu machen.

Und das tat sie. Sie schaffte es bis zum Tierarzt, obwohl sie vor Tränen kaum etwas sehen konnte, und sie hielt Cookie bis zu ihrem letzten Atemzug liebevoll in den Händen. Sie hielt sie, bis die kleine Katze ein letztes Mal zu ihr aufschaute, wie um zu sagen *Ich liebe dich, es tut mir so leid,* und in sich zusammensank und Lynda mit den Fingerspitzen ihren letzten Herzschlag spürte.

Von niemandem, schrieb Lynda in ihrem Brief an mich, *nicht einmal von meiner Tochter oder meinen Eltern, bin ich je so geliebt worden wie von meiner Cookie.*

Sogar ihrem kurzen Brief konnte ich entnehmen, dass Lynda nicht einsam war. Ihr Leben war von Glück und Liebe erfüllt. Ich wollte eine solche Geschichte – eine ganz normale Geschichte – in das Buch aufnehmen, weil viele der Briefe, die ich erhielt, von Menschen wie Lynda stammten. Warum gerade sie, möchten Sie wissen? Wegen dieses einen wunderschönen Satzes, der die Liebe einer Katze ohne einen Hauch von Verzweiflung feierte: *Von niemandem, nicht einmal von meiner Tochter oder meinen Eltern, bin ich je so geliebt worden wie von meiner Cookie.*

»Ich weiß, das klingt seltsam«, sagte Lynda, obwohl es für mich nach meinem Leben mit Dewey überhaupt nicht seltsam klang. »Es klingt beinahe traurig, ich weiß. Aber es ist die reine Wahrheit. So sehr meine Tochter mich liebt, so sehr meine Eltern mich lieben, so sehr andere Menschen mich geliebt haben, ich habe nie das gefühlt, was diese Katze für mich gefühlt hat.«

Und das war erwiderte Liebe. Ich sage nicht, dass Lynda ihre Katze mehr liebte als die anderen Menschen in diesem Buch, denn Liebe kann sich auf unendlich viele verschiedene Arten äußern, aber sie war die Einzige, die sagte: »Danke, Vicki, dass Sie das *für Cookie* getan haben. Sie war eine so gute Katze. Sie hat es verdient, dass ihre Geschichte erzählt wird.« Mit anderen Worten, sie war die Einzige, die ausdrücklich ihre Katze über sich selbst stellte, und dafür bewundere ich sie.

»Sie war einfach eine typische getigerte Katze«, gab Lynda zu. »Sie war grau und weiß getigert, eben eine richtige Hauskatze. Ich kann nicht behaupten, dass sie irgendwelche herausragenden Dinge getan hat. Ich kann nicht sagen, dass sie eine Heldin war. Und ich kann auch nicht sagen, dass sie irgendjemanden vor einer Katastrophe gerettet hat.«

Nicht einmal Lynda. Schließlich rettete Cookie Lynda Caira nicht vor Krankheit … oder gelegentlicher Einsamkeit. Dies ist nicht die Geschichte einer Errettung. Es ist keine Geschichte eines Bedürfnisses. Lynda Caira ist glücklich

und wird es aller Wahrscheinlichkeit immer sein. Das hier ist einfach eine Geschichte über jemanden, der auserwählt und so rückhaltlos geliebt wurde, dass sich sein ganzes Leben änderte.

Dewey. Cookie. All die anderen Katzen, die unser Herz berühren und unser Leben verändern. Wie können wir ihnen jemals genug danken? Wie können wir jemals erklären, was wir mit ihnen erlebt haben?

Nach Cookies Tod schrieb Lynda einen Text zum Gedenken an ihre kostbare Katze. Der Text schloss mit den Worten: »Es gibt nichts mehr zu sagen – das Leben wird weitergehen, obwohl ich sie jeden einzelnen Tag vermisse! Jennifer wird heiraten, ich werde wunderbare Enkelkinder haben, ich werde weitere Haustiere lieben und verlieren. Aber eines ist gewiss: Nie wieder wird es eine Katze geben, die meine beste Freundin ist; es wird nie wieder ein Tier geben, das die gleiche Freude in mein Leben bringt wie Cookie.«

7

Marshmallow

*»Er war ein zäher Bursche von einem Kater. Dafür,
dass er so ein kleines und schwaches Junges war, wurde
ein ziemlich starker Kater aus ihm. Er erinnert mich
ein bisschen an Grizzly Adams. Sie wissen schon, ein
großes Herz, aber sich nichts anmerken lassen. Marshmallow zeigte nur selten seine wahren Farben.«*
»Nur dir, hm?«
»Nur mir.«

Ich kenne Kristie Graham, seit sie auf der Welt ist. Ich habe bei ihrer Kommunion an ihrer Seite gestanden. Ich war bei Ihrer Highschool-Abschlussfeier. Ich habe die Blumenarrangements bei ihrer Hochzeit organisiert. Ich habe sogar ihre Windeln gewechselt. Als sie noch kleiner war, natürlich, ein süßes kleines Baby. Als ich mit Anfang dreißig aufs College ging, nach einer schlechten Ehe mit einem Alkoholiker, der aus meinem Leben und meinen Finanzen einen Scherbenhaufen gemacht hatte, war Kristies Mutter Trudy eine meiner ersten neuen Freundinnen. Wenn ich Unterricht hatte, passte sie oft auf meine Tochter Jodi auf. Wenn ich nicht arbeiten musste, saßen wir stundenlang zusammen und tranken Kaffee, während unsere Kinder spielten. So hat es zumindest Kristie in Erinnerung – dass ihre Mutter und ich literweise Kaffee tranken. Sie war damals erst vier oder fünf Jahre alt gewesen, also erinnert sie sich nur an bestimmte Dinge. Beispielsweise weiß sie noch, dass sich die Trommel meiner Waschmaschine nicht drehte und ich meine Wäsche deshalb mit einem großen Holzlöffel umrührte (ein Mal vielleicht, etwa eine Woche lang). Sie erinnert sich, dass mein verrostetes Auto nie ansprang (was schon mal vorkam), dass ich mir die Augen ausweinte, als Elvis starb (stimmt nicht; das war meine Mutter), und dass ich, mit ihren Worten, eine schwer arbeitende, sehr schwer arbeitende Frau war.« (Da kann ich ihr zustimmen. Mir blieb nichts anderes übrig!)

Ich erinnere mich an ein hinreißendes Mädchen. Trudys älteste Tochter, Kellie, war in Jodis Alter. Sie war ein schönes, extrovertiertes Kind. Kristie, drei Jahre jünger, war genauso schön und extrovertiert, aber sie meinte, sich nie mit ihrer Schwester vergleichen zu können – obwohl Kristie später einmal zur »Königin« eines Ehemaligentreffens gekürt wurde. Im Alter von drei Jahren aber schlug sie den umgekehrten Weg ein. Sie wurde die Rotznase unserer kleinen Kaffeeklatschrunde. Im wörtlichen Sinn. Das Mädchen hatte immer etwas an der Nase hängen. Wenn man sie in ein sauberes weißes Kleidchen steckte, um mit ihr zum Fotografen zu fahren, war das Kleid mit dunklen Streifen verschmiert, wenn sie aus dem Auto ausstieg, egal, wie sauber das Auto war. Sie fand immer einen Weg, das Kleid zu ruinieren. Sogar Kristie selbst gibt zu (nicht ohne Stolz, wie mir scheint), dass sie damals immer »mit Rotz und Popeln vollgeschmiert« war. Wahrscheinlich hab ich sie deshalb »Schweinchen« getauft. Das war mein Kosename für sie.

Was mir in Zusammenhang mit Schweinchen Kristie vor allem in Erinnerung geblieben ist, sind aber nicht ihr schmutziges Gesicht und ihre verdreckten Kleider. Es ist der Spaß, den wir immer miteinander hatten. Sie und Kellie waren die lustigsten, albernsten, verspieltesten Kinder, die ich je gekannt habe. Ich erinnere mich, dass Kristie und ein paar andere Susan, die Tochter einer anderen Freundin, dazu überredeten (oder möglicherweise zwangen), durch den Wäscheschacht hinunterzurutschen. Zum Glück lag im Keller bereits ein Haufen Wäsche, denn die Fallhöhe betrug dreieinhalb Meter. Ich erinnere mich, dass ich immer wieder einmal »Hausmutter« bei großen Schlummerpartys von zehn oder zwölf etwa zehnjährigen Mädchen spielen und jedes Mal um zwei Uhr morgens zu ihnen hineingehen und ihnen sagen musste, dass sie jetzt gefälligst leiser sein sollten. Ich weiß noch, wie wir während eines fürchterlichen Schneesturms eingeschneit waren und ich Kristie, Kellie und Jodi überredete, zu Soft-Rock-Songs der 1970er Jahre zu tanzen und lippensynchron mitzusingen. Dann zogen Trudy und ich Kostüme an und »sangen« ein paar von den Girl-Group-Schlagern der fünfziger Jahre. Wir lachten noch jahrelang über das Blizzard-Wochenende, an dem wir Mädels wie immer versucht hatten, das Beste aus einer unangenehmen Situation zu machen.

Und ich erinnere mich an Kristies Kater, Marshmallow mit Namen. Er war ein riesiger, flauschiger, weißlicher Bursche, der wirklich und wahrhaftig einem Marshmallow ähnlich sah. Nicht dass ich ihn oft gesehen hätte. Normalerweise bekam ich gerade noch seinen Schwanz zu sehen, wenn er vor mir wegrannte. Ich mochte ihn, aber ich weiß nicht, ob Marshmallow etwas Besonderes für mich gewesen wäre, wenn da nicht ein Punkt gewesen wäre: Er war etwas Besonderes für Kristie. Wenn jemals ein Kind einen Kater oder eine Katze geliebt hat, dann war das Kristie Graham. Sie liebte ihren Marshmallow. Die Mädchen redeten die ganze Zeit über ihn.

Als ich überlegte, welche Geschichten ich in dieses Buch aufnehmen könnte, dachte ich deshalb auch an Marshmallow. Ich dachte daran, wie sehr Kristie ihn liebte, wie sehr er zu ihrem Leben gehörte, wie wichtig er ihr offensichtlich war und wie sehr sie ihrerseits liebte. Die Beziehung zwischen Kristie und Marshmallow kam dem, was Dewey und ich gemeinsam hatten, am nächsten. Das ist natürlich ein Teil von Deweys Vermächtnis: die Gelegenheit, Geschichten von anderen besonderen Katzen und besonderen Mädchen zu erzählen. Die Gelegenheit, der Welt zu zeigen, dass solch wunderbare Beziehungen überall entstehen können, zu jeder Zeit, und dass es in Ordnung, ja, völlig normal ist, eine Katze als besten Freund zu haben.

Ich wusste auch, dass Kristie lustige Geschichten erzählen konnte. Ich erwartete geradezu von ihr, dass sie mich zum Lachen brachte. Und sie tat es auch. Aber ich rechnete nicht damit, dass sie mich so tief anrühren würde. Ich wusste, dass

Kristies Leben nicht perfekt gelaufen war. Sie hatte schwere Zeiten durchgemacht. Aber wem blieb das erspart? So ist das Leben. Wie Kristie zu mir sagte: »Es war eine beschwerliche Reise. Ich wäre nicht dort, wo ich heute bin, wenn ich das nicht alles durchgemacht hätte, also empfinde ich es natürlich als einen Segen.« Und ich empfinde es als Segen, sie gekannt zu haben. Ich liebe Kristie, Kellie und ihre Mutter aus tiefstem Herzen. Durch sie wurde mein Leben aufgewertet zu einem Dasein erster Klasse, auch wenn die Trommel meiner Waschmaschine sich nicht drehte und mein Auto liegenblieb. Aber Kristies Geschichte überraschte mich trotzdem. Ich hatte gewusst, dass sie schlau war, aber ich hätte nie gedacht, dass sie auch weise war. Dabei ist die Frau noch keine fünfunddreißig Jahre alt.

Also Kristie, ausnahmsweise trete ich einmal zur Seite und lasse dich deine Geschichte selbst erzählen. Wie viele Geschichten hatten wir bis jetzt in diesem Buch? Sechs? Sieben? Ich muss sowieso mal eine Kaffeepause einlegen.

Ich kann mich glücklich schätzen. Das sage ich immer. Und ich bin so davon überzeugt, dass ich eine Liste der Gründe jedes Jahr in meine Weihnachtskarten aufnehme. Das sieht dann so aus:

Ich kann mich glücklich schätzen, weil alle meine Kinder mit Käse überbackene Makkaroni, Hotdogs und Tiefkühlpizza mögen.

Ich kann mich glücklich schätzen, dass meine Jungen beide denken, reden und handeln wie harte Burschen, aber immer noch mit ihrem Lieblings-Teddy schlafen.

Ich kann mich glücklich schätzen, weil ich jeden Tag vier Kreditkartenanträge in der Post habe. Manche nennen

das Junkmail; für mich sind das kostenlose Briefum-
schläge.

Ich kann mich glücklich schätzen, weil meine Kinder
ein aufregendes Leben führen und alles tun, was Mut
kostet und keine Sünde ist. Wie zum Beispiel »Mom`s
Spezialsoße« für fünf Dollar trinken: Schokoladensirup,
Ketchup, Senf und Gurkenwasser.

Ich kann mich glücklich schätzen, weil meine Tochter
Reagan nach dem Aufwachen »Lucas, D. J., ich bin wach,
kommt und holt mich« ruft und ich noch fünf Minuten
weiterschlafen kann.

Ich kann mich glücklich schätzen, weil meine Kinder Würmer
und Insekten mögen, genau wie ich. Ich kann mich glücklich
schätzen, weil sie Tomaten und Bohnen direkt aus meinem
Garten essen und Möhrchen ausgraben und in Paprikascho-
ten beißen, weil ich das auch gemacht habe. Ich kann mich
glücklich schätzen, weil Sioux City im Winter kalt genug für
Schneeburgen und im Sommer warm genug für ein aufblas-
bares Schwimmbecken im Garten ist. Ich kann mich glücklich
schätzen, weil meine Kinder ständig schmutzig sind und es
hassen, Schuhe zu tragen, obwohl meine Tochter genau wie
mein Mann Füße wie Fred Feuerstein hat. (Ich bin gespannt,
wie die in hochhackigen Schuhen aussehen werden.)
   Ich kann mich glücklich schätzen, weil Lucas das freund-
lichste, einfühlsamste Kind ist, das ich kenne. Ich kann mich
glücklich schätzen, weil mein mittlerer Junge, D. J., einen so
starken Willen hat, dass er sich weigerte, seinen richtigen
Namen – Dawson – zu akzeptieren, und alle damit einverstanden waren. »Warum habt ihr mich nicht Bruce Wayne
oder Cowboy D. J. genannt?«, hat er immer gejammert. Da

war er in einer Batman/Cowboy-Phase; jahrelang zog er sich entweder wie der eine oder wie der andere an. Ich hatte kein Problem damit, Batman in einem Einkaufswagen durch den Supermarkt zu schieben, aber schließlich musste ich die Kindergärtnerin bitten, ihm klarzumachen, dass Cowboys im Kindergarten nicht zugelassen waren. Meine dreijährige Tochter Reagan ist zur Zeit eine Seejungfrau. Sie trägt orangefarbene Haare aus dem Billigladen und drei Nummern zu große Schuhe von der Wohlfahrt und nennt meinen Mann Eric (richtig heißt er Steven), weil das der Prinz aus *Arielle, die Meerjungfrau* ist. »Mein Prinz ist zu Hause!«, schreit sie jeden Abend, wenn er zur Tür hereinkommt. Und dann tanzen sie. Mit mir tanzt Reagan nie. »Tut mir leid, Mommy«, sagt sie, »du bist Ursula.« (Ursula ist die Meereshexe.) Aber ich kann mich trotzdem glücklich schätzen, weil sie acht Jahre jünger als D. J. ist und ich schon dachte, das Patschen von Babyfüßchen würde ich das nächste Mal als Großmutter hören.

Ich kann mich glücklich schätzen, weil ich Steven habe, den Mann meiner Träume. Wir sind seit dreizehn Jahren verheiratet, und ich habe immer noch Schmetterlinge im Bauch, wenn ich mich zum Ausgehen fertig mache. Allein. Mit einem Jungen. Ha ha. Und wenn er mich ausführt, lässt er mich »das Übliche« bestellen: ein gegrilltes Käsesandwich mit geriffelten Pommes. Er versucht nie, mir das auszureden. Er lacht nur einfach und meint: »Bei dir kommt man als Mann billig weg, Schatz«, und ich sage: »Freu dich doch.«

Ich kann mich glücklich schätzen, weil ich ein schönes Haus habe. Weil ich einen vernünftigen Job habe: Ich bin Mentorin für zweiundfünfzig lernfähige Jugendliche im Alter von sechzehn bis vierundzwanzig. Ein Beruf, in dem ich meine Erfahrung nutzen kann, um den Menschen zu helfen, an denen mir etwas liegt, und in dem deren Mut und Herzlichkeit auch mir helfen. Ich kann mich glücklich schätzen, weil ich, als mein Hund Molly mit siebzehn Jahren starb, so furchtbar weinte, dass ich dachte, ich würde nie wieder ein Haustier wollen. Doch einige der Kinder, die ich betreue, arbeiten auf freiwilliger Basis in der Siouxland Humane Society, und die haben mich mit einem anderen Hund bekannt gemacht; deshalb habe ich jetzt Princess, mit der ich jeden Morgen jogge.

Ich kann mich glücklich schätzen, weil ich letzten Herbst beim Sioux City Marathon mitgelaufen bin und es richtig gemacht habe. Ich habe sogar *absichtlich* zugenommen, um in der Klasse über 175 pounds (80 Kilogramm) mitmachen zu können, in der ich dann als dritte ins Ziel kam. Was absolut irre war! Aber nicht deswegen konnte ich mich glücklich schätzen, sondern deswegen, weil alle zwei Meilen mein Mann, meine Schwester und sogar mein Dad am Straßenrand standen, um mir Wasser zu geben und mich anzufeuern, und jedes Mal mussten sie weinen, weil sie so stolz auf mich waren, denn sie wussten ja, wie hart ich gearbeitet hatte und wie weit ich gekommen war.

Woher komme ich? Wie bin ich hierhergekommen? Diese Fragen habe ich mir nicht oft gestellt. Ich bin von Gott gesegnet. Jedes Mal, wenn ich meine Dreijährige beten höre, werde ich daran erinnert. Aber es war auch harte Arbeit nötig. Das habe ich immer gewusst, denn ich war diejenige, die die Arbeit gemacht hat. Aber erst als ich anfing, über dieses Buch nachzudenken, wurde mir klar, dass Robert Frost vielleicht recht hatte. Vielleicht gibt es tatsächlich die zwei Straßen, die den gelben Wald unseres Lebens aufteilen, und ich …

Ich habe meinen Kater geheiratet.

Und dadurch wurde alles anders.

Wenn Sie dafür eine Erklärung haben wollen, und ich hoffe, das ist der Fall, dann müssen wir wahrscheinlich bis an den Anfang zurückgehen, nämlich ins Jahr 1984, als ich eine freche neunjährige Göre war und in Worthington, Minnesota, lebte, einer hübschen kleinen Stadt an einem See. Man könnte, glaube ich, sagen, dass ich ein Wildfang war, denn ich arbeitete gern mit meinem Vater im Garten, grub Würmer aus und ließ Käfer auf meinen Handflächen um die Wette rennen. Als meine Mutter sagte, sie finde meine Zöpfchen niedlich, schnitt ich mir mitten in der Nacht die Haare ab und versteckte sie in meinem Schmuckkästchen. Ich mochte Süßes, deshalb schlich ich mich in die Speisekammer und trank den gesamten Hershey-Schokoladensirup direkt aus der Dose. Dann ging ich mit verschmiertem Gesicht herum und stritt alles ab. So ein Kind, verstehen Sie? Nichts konnte mir etwas anhaben.

Doch im Sommer 1984 erkrankte mein Großvater an Darmkrebs. Er war ein großer Mann aus einer sehr kleinen Stadt, Whittemore, Iowa, wo er einen Schlachthof besaß, und für mich war er ungefähr dreißig Meter groß. Er nahm nie ein Blatt vor den Mund und hatte riesige rote Hände, weil er sein Leben lang Fleisch zerteilt hatte. Als meine Mutter, meine ältere Schwester und ich nach Whittemore zogen, um uns um ihn zu kümmern, war ich begeistert, weil das wie ein Ferienaufenthalt war. Und Grandpa war ein Held für mich. Ich weiß noch, wie ich jeden Tag mit den Rollschuhen zum Diner hinunter gefahren bin, mich auf meinen Sitz fallen ließ, »das Übliche, bitte« sagte – natürlich gegrilltes Käsesandwich mit geriffelten Pommes – und mich wie eine Erwachsene fühlte. Aber der Krebs setzte Grandpa so zu, dass er sichtlich abbaute. Sogar mir als Kind fiel auf, dass seine großen Hände zitterten. Sie konnten nichts mehr halten. Meine Mutter hatte einen starken Willen. Sie sagte immer: »Ich hab breite Schultern. Ich werde mit allem fertig.« Als mein Großvater nicht mehr gegen die Krankheit kämpfte, sah ich zum ersten Mal Angst bei ihr.

Als ich zwei Wochen später heim nach Minnesota kam, musste ich erfahren, dass meine Katze gestorben war. Ich hatte Puff bei meinem Vater zu Hause in Worthington gelassen, doch als wir von der Beerdigung zurückkamen, sagte er mir, dass Puff gestorben war. Ich schaute ihn nur an und nickte. Dann ging ich in mein Zimmer und heulte. Ich war neun Jahre alt. Was hätte ich sonst tun sollen?

Ein paar Tage später stand plötzlich eine andere Katze vor unserer Seitentür. Sie war so kunterbunt gescheckt wie keine andere Katze, die ich je gesehen habe. Nicht getigert oder sonstwie regelmäßig gemustert, sondern wie ein Fleckenteppich, sodass sie aussah, als sei ihr Fell aus dem mehrerer anderer Katzen zusammengestückelt worden. Ohren hatte sie keine, vielleicht waren sie ihr irgendwann abgefroren. Ihr Schwanz war ein Stummel. Sie war in jeder Hinsicht unansehnlich, ja geradezu hässlich … und deshalb fing ich natürlich an, sie zu füttern. Ich gab ihr Milch und einen Namen und sogar ein paar Essensreste, die ich mir unbemerkt in die Tasche gesteckt hatte. Und deshalb kam sie natürlich immer wieder.

»Kristie«, sagte mein Vater schließlich, nachdem er Bowser mehrmals an der Seitentür gesehen hatte, »warum fütterst du diese Katze?«

»Grandpa hat mir diese Katze geschickt«, sagte ich. Ich lispelte damals ein bisschen, und es klang nicht sehr überzeugend. Aber ich blies mich auf und fuhr fort: »Grandpa will, dass ich diese Katze behalte, Daddy.«

Typisch Neunjährige, nicht wahr? Die Eltern ein bisschen manipulieren? Vielleicht, aber ich glaubte, dass es die Wahrheit war. Und ich glaube es immer noch. Wenn es eine Leere gibt, die jemand ausfüllen sollte, es aber niemand tut, schickt Gott ein Tier. Bowser wurde mir gesandt. Und Grandpa hatte etwas damit zu tun.

Mein Vater war mir in vielen Dingen ähnlich. Oder vielleicht war ich ihm in vielen Dingen ähnlich, zumindest im Hinblick auf unsere Wesensart. Er war ein Farmerjunge. Er war gern im Freien, liebte das Gärtnern, liebte Tiere. Ich spielte gern mit Käfern und steckte mir Würmer in die Nase, um meine Schwester zu erschrecken. Mein Vater verstand mich. Außerdem hatte er möglicherweise ein schlechtes Gewissen wegen Puff. Ich glaube, er hatte nicht damit gerechnet, dass ich mir den Tod der Katze so zu Herzen nehmen würde.

Wie auch immer, es war nicht besonders schwierig, meinen Vater zu überreden, dass ich Bowser behalten durfte. Er stellte für sie eine Heizsonne in der Garage auf, weil der Winter in Minnesota bitterkalt war (ohne die Heizsonne wäre ihr Wasser gefroren, sogar in der Garage) und Bowser auf Moms Anordnung unter keinen Umständen ins Haus durfte. Nach der Heizsonne stellte Dad einen Pappkarton mit einer Decke als Unterlage auf die alte Kommode, in der er sein Werkzeug aufbewahrte. Ein paar Wochen später bekam Bowser Junge, was uns beide überraschte. Sie warf sie im Freien, direkt unter dem Fenster meines Zimmers. Man soll neugeborene Katzenjunge ja nicht woandershin bringen, aber mein Vater beschloss trotzdem, sie in den Karton in der Garage zu legen. Schließlich hatten wir ein Katzen-Penthouse, warum also sollten sie im Dreck liegen?

Ich muss zugeben, dass Marshmallow nicht das beste Kätzchen in dem Wurf war. Eigentlich war er eher das schlechteste. Er war der Mickerling. Er war scheu. Sein Haar war kraus, so als trüge er eine der billigen Dauerwellen, die im Herbst 1984 in meiner Kleinstadt-Grundschule in Minnesota zu sehen waren. Er war fast weiß. Fast, sage ich, denn leider hatte sein Fell gelbliche Unterwolle und sah deshalb verfärbt aus. Stellen Sie sich ein Schaf vor. Und stellen Sie sich dann ein Schaf vor, das in einer riesigen Kugel aus statischer Elektrizität schwebt. Oder einen Löwenzahn mit den weißen Schirmchen, die jeden Moment wegfliegen können. Das war Marshmallow.

Zur Vervollständigung des Penthouse-Projekts lehnte mein

Vater ein Brett an die Kommode, als eine Art Katzentreppe. Bowser stand am unteren Ende und lockte ihre Jungen eines nach dem anderen herunter wie eine Vogelmutter, die ihren Jungen das Fliegen beibringt. Marshmallow war immer der Letzte. Er stand am oberen Endes des Bretts und zitterte vor Angst. Seine Mutter miaute. Seinen Geschwistern wurde es langweilig, und sie fingen zu raufen an. Marshmallow stand einfach oben und zitterte.

»Na komm schon, Marshmallow«, redete ich ihm zu. »Lauf runter. Lauf einfach los. Es ist nichts dabei.«

Schließlich machte er einen winzigen Schritt, brach schier zusammen und rutschte und rollte in Zeitlupe das Brett hinunter auf den Boden. »Ist schon in Ordnung, Marshmallow«, lobte ich ihn. »Morgen läufst du runter.«

Doch als es Zeit wurde, die Jungen wegzugeben, war Marshmallow immer noch nicht entwöhnt, und er brachte immer noch nicht den Mut auf, zu laufen oder zu rennen. Er glitt immer noch in Zeitlupe zu Boden. Deshalb durfte ich ihn behalten. Wahrscheinlich spekulierten sie darauf, dass dieser Schwächling ohnehin nicht lange am Leben bleiben würde.

»Gib dem Kater keine Milch«, sagte mein Vater, wenn er beobachtete, wie ich den Karton aus dem Kühlschrank nahm. »Dann kommt er bloß auf den Geschmack, und das Zeug ist teuer.«

Deshalb erfand ich wie eine überbesorgte Mutter einen Ersatz: Wasser mit Mehl. Das sah genauso aus wie Milch, aber Marshmallow schnupperte nur kurz daran und sah dann ratlos zu mir hoch.

»Was ist denn, Marshmallow? Magst du's nicht? Du musst aber trinken, damit du groß und stark wirst, Marshmallow. Ich brauch dich.«

Er trank nie von dem Mehlwasser, aber groß und stark wurde er trotzdem. Als im Frühjahr der Schnee schmolz, fing er an, hinter seiner Mutter her durch den Garten zu laufen. Und ich lief hinter den beiden her. Schon bald liefen wir über die Straße und bis zu dem Wäldchen am Rand des Golfplatzes, wo wir Blätter und Steine umdrehten, um zu sehen, was darunter war. »Schau dir diesen Wurm an, Marshmallow«, sagte ich und ließ mir den Wurm übers Handgelenk und den Unterarm kriechen. »Schau dir diesen Stein an. Schau mal hier, der Schmetterling.«

In dem Jahr war ich endlich alt genug, um allein zur Schule zu gehen. Marshmallow folgte mir bis an die Ecke und schaute mir nach, bis ich außer Sicht war. Wenn ich heimkam, saß er immer an der Ecke und wartete auf mich. »Marshmallow!«, rief ich dann und rannte durch den Nachbarsgarten. Mir war es egal, wer mich mit Marshmallow sah. Ich war stolz auf ihn. Als meine Großmutter, die uns oft für längere Zeit besuchen kam, mir sagte, dass er jeden Tag genau um halb drei zur Ecke trottete, war ich noch stolzer. »Marshmallow wartet nach der Schule immer auf mich«, sagte ich zu meinen Freundinnen. Ich glaube, sie fanden das cool, aber genau weiß ich es nicht mehr.

Im Herbst rechte ich das Laub zu einem großen Haufen zusammen und begrub Marshmallow darunter. Er linste durch eine Öffnung, wackelte mit dem Hinterteil und sprang dann heraus, als wollte er mich überraschen. Oder mich jagen. Marshmallow war ein phantastischer Jäger. Wenn ich mit dem Fahrrad den Gehsteig hinuntersauste und an der Kiefer vorbeikam, sprang er aus dem Schatten nach meinen Reifen. Wahrscheinlich hätte ich langsamer fahren müssen, denn er hätte sich dabei ernsthaft verletzen können, doch ich schrie immer nur: »Pass auf, Marshmallow, ich bin gleich da«, und trat noch schneller in die Pedale. Dann ließ ich mein Fahrrad umfallen, begrub meine Beine in dem Laubhaufen, wackelte mit den kleinen Zehen und wartete darauf, dass Marshmallow

daraufsprang. Wenn wir müde waren, lagen wir nebeneinander auf der Erde. Ich blieb eine ganze Minute liegen und
schaute in den Himmel. Den friedlichen, stillen Himmel.
Plötzlich sprang mir Marshmallow aufs Gesicht.

»Warum hast du denn Kratzer auf der Nase?«, fragten
meine Lehrerinnen.

»Das war mein Kater Marshmallow«, erwiderte ich. »Er
hält meine Wimpern für Spinnen.«

»Sei vorsichtig, Kristie«, sagten sie. »Er könnte dir wehtun.«

Marshmallow mir wehtun? Nie im Leben!

Im Jahr darauf, als Marshmallow zwei war, wurde seine
Mutter, Bowser, von einem Auto überfahren. Es passierte,
genau wie bei Puff, als ich nicht in der Stadt war. Ich war
untröstlich. Bowser war meine Katze. Sie war Marshmallows
Mutter. Mein Grandpa hatte sie mir geschickt, weil ich allein war. Und ich liebte sie. Ich bestand darauf, dass sie unter
meinem Fenster begraben wurde, wo sie Marshmallow und
die anderen längst vergessenen Jungen geboren hatte.

Nachdem seine Mutter gestorben war, veränderte sich
Marshmallow. Ich weiß nicht, ob er depressiv oder einsam war,
aber ich weiß, dass er um diese Zeit anfing, mit mir zu reden.
Das finden Sie vielleicht seltsam, aber ich habe immer mit
meinem Kater geredet. Ich erzählte ihm von meinem Tag, von
der Schule, von meinen Spielsachen und den Streitigkeiten
meiner Eltern, so Sachen eben, Kinderkram. Marshmallow
hörte zu, aber er gab nie Antwort. Bis seine Mutter starb.
Dann fing er an, auf mein Fensterbrett zu springen und mit
mir zu reden.

Miau, miau, sagte Marshmallow, um meine Aufmerksamkeit auf sich zu ziehen.

»Hi, Marshmallow, wie geht's?«, sagte ich dann und legte
meine Hausaufgaben beiseite.

Miau.

»Ja, mir geht's auch gut.«

Miau, miau.

»Ja, ich hab meine Mathe-Hausaufgabe fertig.«

Miau.

»Ja, ich hab meine Socken gefunden.«

Miau, miau, miau.

»Nein, meine Schuhe passen immer noch nicht.«

Manchmal schmuggelte ich Marshmallow, den Mom nie ins Haus ließ, in mein Zimmer. Ich war nicht nur ein Ferkel, was meine Sears-Kleider anging. Auch mein Zimmer war – na ja, ein Schweinestall. Man sah den Boden nicht. Marshmallow hasste es, durch diesen Müll zu waten, aber er kletterte für sein Leben gern auf mir herum. Das Problem war, dass er dazu meine lavendelblaue Bettdecke überqueren musste. Diese Decke trieb ihn in den Wahnsinn, weil seine Krallen bei jedem Schritt in dem Gewebe hängen blieben. Ihm dabei zuzusehen war, als schaute man jemandem zu, der durch eine Pfütze aus durchgekautem Bubblegum watet. Bei jedem Schritt blieb die Decke an seinen Krallen hängen, und er musste sich losreißen. Selbst wenn er es bis zu mir schaffte, trat er regelmäßig nach zehn Minuten den Rückzug durch das Minenfeld Bettdecke an und miaute, damit ich ihn hinausließ. Wir fühlten uns beide wohler in unserem Wäldchen mit den Würmern und den Käfern, als in meinem chaotischen Zimmer.

Im dritten Sommer stand Marshmallow in voller Blüte. Haben Sie noch das mickrige, furchtsame Katerchen vor Augen, das sich in Zeitlupe das furchterregende, schräg gestellte Brett hinunterrollen ließ? Tja, vergessen Sie's, denn davon war nichts mehr zu sehen. Marshmallow war ein großer Kater geworden. Wir gingen immer noch im Wald spazieren, und ich zeigte ihm immer noch die Käfer und Schmetterlinge, die ich im Garten gefunden hatte, aber er hatte auch seinen eigenen

Zeitvertreib. Alle paar Tage schleppte sich Marshmallow auf die Stufe vor unserer Haustür und miaute, bis ich hinauskam. Vor seinen Füßen lag dann ein zerfleischtes Eichhörnchen. Oder ein Vogel. Oder ein Kaninchenjunges. Aber ich wusste, dass Marshmallow damit nichts beweisen wollte. Er war eben nur ein Kater, der seinem Instinkt folgte. Deswegen regte mich das nicht auf. Es lag in seiner Natur, nicht wahr?

Unser Nachbar, der als Jäger auf Wildenten schoss, war nicht so tolerant. Er kam eines Tages auf Marshmallow und mich zu, im vollen Jagdoutfit, die Schrotflinte über dem Arm, und zeigte auf ein Nest in seinem Garten. »Wenn Ihr Kater diese Kardinäle umbringt«, sagte er, »erschieße ich ihn, denn das sind sehr schöne Vögel.«

Derselbe Mann hängte an der Grenze zu unserem Garten ein Vogelhäuschen am tiefsten Ast eines Baums auf, dicht neben einer Stelle, wo Marshmallow sich auf die Lauer legen konnte. Das war nichts anderes als eine Falle mit Köder, hab ich recht? Das war ein Schlachthaus da drüben.

Also stemmte ich die Hände in die Hüften, schob meine Unterlippe vor und sagte: »Wenn Sie Enten umbringen, er-schieße ich Sie, denn das sind sehr schöne Vögel.« Was hatte der arme Mann gegen die rechtschaffene Entrüstung einer rotznasigen, katzennärrischen Fünftklässlerin aufzubieten? Er starrte uns nur finster an, das räudige Gör und ihren räudigen Kater, wandte sich kopfschüttelnd ab und verzog sich.

Etwa eine Woche danach brachte Marshmallow eine Ente um. Er fing sie auf dem Golfplatz, brach ihr den Hals und legte sie uns vor die Haustür wie ein Meisterkoch, der sein preisgekröntes Soufflé präsentiert. Ich war ihm nicht böse. Ich war so für Marshmallow eingenommen, dass ich ihm alles hätte durchgehen lassen, sogar ... tja, sogar Mord. An einer Ente.

Meine in Barbie vernarrte ältere Schwester war nicht so

verständnisvoll. »O Gott«, schrie sie, als sie den Kadaver sah. »Vor der Haustür liegt eine tote Ente! Und am Zaun ist Blut, igitt! Dad. Dad! Dad!! Dad!!! Da ist eine tote … Ente … vor … der … Tür!«

Es versteht sich von selbst, dass mein affektiertes Modepüppchen von Schwester Marshmallows einzigartigen, mörderischen Charme nicht wertschätzte. Wie unsere Mom hatte sie für Tiere nichts übrig und fand schöne Kleider viel wichtiger als die Jagd nach Würmern und das Spielen in Laubhaufen. Aber zu ihren Gunsten muss ich sagen: Sie war kein Fan von meinem Kater, aber sie duldete ihn nicht nur, sie wusste ihn manchmal sogar zu schätzen. Sie begriff, wie eng unsere Beziehung war, und sie freute sich für mich. Sie wusste, dass Marshmallow mein bester Freund war.

»Hey, Kristie«, sagte sie immer. »Dein Kater ist wieder am Fenster. Ich hör ihn miauen. Meinst du nicht, dass er Hunger hat?«

Der Kampf fing erst an, als ich in der siebten Klasse war. Und wenn ich Kampf sage, meine ich auch Kampf. Jeden Tag schrien Kellie und ich einander an, so laut wir konnten, und das bei offenen Fenstern, sodass die ganze Nachbarschaft uns hörte. Wir prügelten uns buchstäblich mit Brennscheren und Haartrocknern. Wir hatten Brandnarben auf der Stirn und blaue Flecken an den Armen. Hinterher standen wir dann nebeneinander vor dem Spiegel und versuchten, uns wieder einigermaßen herzurichten. Dann zischte sie aus dem Mundwinkel: »Mann, bist du hässlich.«

»Nein, du bist hässlich«, gab ich zurück. Da ich mir das Lispeln abgewöhnt hatte, konnte ich so richtig in die Vollen gehen. »Du bist die Hässliche von uns beiden, nicht ich.«

»Bin ich nicht. Und das weißt du auch.«

Miau, sagte Marshmallow und kratzte am Fliegendraht, damit ich ihn in mein Zimmer ließ. Das ist jetzt fünfundzwanzig

Jahre her, aber ich werde immer noch sentimental, wenn ich dieses alte Fliegenfenster in meinem Kindheitszimmer sehe. Dieser Fliegendraht, in dem man immer noch die Spuren von Marshmallows Krallen sieht, ist ein Denkmal meiner Jugend.

Miau. Miii-auuu.

»Ich weiß. Sie ist blöd.«

Miau miau.

»Du hast recht. Ich seh richtig gut aus.«

Mi-au, sagte Marshmallow und kletterte auf meinen Schoß. Ich weiß nicht, ob Ihr Kater das macht, aber immer, wenn er schnurrte, trat Marshmallow mit seinen Pfoten. Milchtreten. Es tat weh, aber es war schön.

»Ich weiß, du hast recht, niemand hat es verdient, dass so mit ihm geredet wird.«

Miau, miau. Miau.

»Ich weiß, Marshmallow. Ich hör's auch. Die sollten es hinter sich bringen und sich scheiden lassen.«

Ich nehme an, das klingt seltsam, dass ich so mit meinem Kater redete. Nein, mich meinem Kater anvertraute. Meinen Kater brauchte. In seinem Miauen Trost fand. Aber Marshmallow war immer auf meiner Seite, wissen Sie. Er sagte mir, dass ich gut aussah. Er stimmte mir zu, wenn ich sagte, alles sei in bester Ordnung.

Obwohl ich das größte Mädchen in der sechsten Klasse war.

Obwohl in der siebten Klasse ein paar ältere Mädchen mir die neuen Jeans, auf die ich so stolz war, aus meinem Spind klauten. Zusammen mit meiner Unterwäsche. Und meinen Schuhen.

Obwohl mich dieselben Mädchen jedes Mal, wenn ich ihnen auf dem Flur begegnete, gegen die Wand stießen und mir sagten, ich solle einen Jungen, den sie mochten, nicht mal von Weitem ansehen. Bis meine ältere Schwester sie einmal im Einkaufszentrum stellte und ihnen sagte, alle Schmerzen, die sie mir zufügten, würde sie ihnen am College mit Zinsen zurückzahlen.

Sicher, sie hat mich mit der Brennschere geschlagen, mich angeschrien und beschimpft. Aber meine große Schwester hatte mich lieb. Das hab sogar ich gemerkt, damals. Die Kämpfe waren nur unsere Art, mit unseren Ängsten und Frustrationen fertig zu werden. Sie waren unsere Art, über die Tatsache zu reden, dass Mom immer nur herumgeschrien und Dad ständig nur getrunken hat. Von meinem zehnten oder elften Lebensjahr an bin ich oft bis nach Mitternacht aufgeblieben, habe auf der Wohnzimmercouch meine Hausaufgaben gemacht und darauf gewartet, dass mein Vater betrunken nach Hause kam. Meine Mutter reagierte darauf, indem sie wütend wurde. Ich war die, die sich um ihn gekümmert hat. Kellie … ließ es an ihrer kleinen Schwester aus. Aber sie war auch für mich da. Natürlich nicht so wie Marshmallow. Aber sie war da. »Du denkst wirklich, der Kater redet mit dir, oder?«, fragte mich Dad einmal.

»Das tut er auch, Dad«, sagte ich. »Ich höre es an der Art, wie er miaut. Er spricht mit mir.«

Sonst redet ja keiner mit mir.

Selbst wenn wir nicht redeten, hat Marshmallow mich getröstet. In den Nächten, in denen ich aufblieb und auf meinen Dad wartete, beobachtete ich durchs Fenster, wie Marshmallow gemächlich den Vorgarten durchquerte und unter den Bäumen auf der anderen Straßenseite verschwand. Etwa eine Stunde später hörte ich einen dumpfen Aufprall an der Fensterscheibe, und da saß er auf dem Fensterbrett. Wenn ich im Schwimmbad ein Stück die Straße hinunter als Rettungsschwimmerin eingeteilt war, sah ich zu, wie er in dem hohen Unkraut auf dem Gelände der Fischzucht stundenlang Feldmäuse jagte. (Ja, wir haben in einem Viertel mit einem Golfplatz, einem Schwimmbad und einer Fischzucht gewohnt, aber ich schwöre, ich war ein ganz normales Mittelstandskind.) Als ich mir beim Basketball das Bein brach, hat er an meinem Gips seine Krallen geschärft. Wenn er sich dann trollte, hingen Fasern in allen Richtungen von dem Gips weg. Da konnte ich mir doch nicht mehr selbst leidtun, oder?

Er hing nicht wie eine Klette an mir. Er folgte mir nicht mehr, wenn ich zur Schule ging, und rannte nicht mehr hinter mir her, wenn ich wegfuhr. Wir wälzten uns auch nicht mehr im Herbstlaub und machten nicht mehr Jagd auf Würmer, aber immer wenn ich mich im Garten mit Sonnenöl einrieb und mich in die Sonne legte, war Marshmallow an meiner Seite. Und immer wenn ich mir beim Sonnenbaden die Fußnägel lackieren wollte, war er zur Stelle und schnupperte an meinen heißen rosa Zehen, sodass Haare von ihm im Nagellack kleben blieben und ich mein Vorhaben aufgeben musste. Aber er begnügte sich zunehmend mit der Rolle des Zuschauers in meinem Leben. Wir redeten immer noch, hauptsächlich über Sport (wo ich hervorragend war) und Jungen (mit denen ich auch hervorragend konnte, allerdings ohne es selbst zu merken), aber er überließ mir stets die Führung. Er hatte sein eigenes Leben draußen auf den Wiesen, und ich hatte meines. Aber wenn ich ihn brauchte, war Marshmallow zur Stelle. Mein Vater zog aus, dann kam er wieder zurück, dann zog er wieder aus. In meiner Frustration bestrafte ich mich selbst damit, dass ich jeden Tag lange joggte. Wenn ich heimkam, wartete Marshmallow vor der Haustür auf mich. Er ließ mich nie im Stich.

Er inspizierte auch jeden Jungen, mit dem ich ausging. Jeden einzelnen. Heute lache ich darüber, weil Marshmallow für mich immer der schönste Kater der Welt bleiben wird. Objektiv betrachtet war er aber zu dick und arthritisch. Er hatte eine Zyste im Gesicht – sie sah aus wie eine riesige

Blase –, wodurch er alt und krank wirkte. Sein gelblich-weißes Fell, das nie besonders hübsch gewesen war, war jetzt obendrein zottig und verfilzt. Und wie. Dieser Kater hatte große, schmutzige Haarklumpen am ganzen Körper. Stellen Sie sich vor, Sie würden einem besonders flauschigen Kater zwanzig Stück Bubblegum in den Pelz kleben. Dann die Haare in den Kaugummi drehen. Und dann zwei Wochen warten, bis alles richtig schön dreckig ist. So sah Marshmallow in den Jahren aus, in denen ich auf die Highschool ging. Jedes Frühjahr wurde er kahl geschoren, was für ihn so traumatisch war, dass er hinterher aussah wie eine verwundete Ratte und sich tagelang im Dachgebälk der Garage versteckte. Aber Minnesota im Winter war zu kalt für einen geschorenen Kater, also war er im Herbst jedes Mal wieder fett, haarig und klumpig. Sogar ich muss zugeben, dass er wahrscheinlich der hässlichste Kater in Worthington, Minnesota, war.

Und jedes Mal, wenn ein Junge mich abholen kam, nahm ich als erstes Marshmallow hoch, küsste ihn auf die Nase (direkt neben seiner Zyste), hielt ihn meinem Freund hin und sagte: »Das ist mein Kater Marshmallow. Ist er nicht süß?«

Miii-auuu machte dann Marshmallow und stank dabei aus dem Maul nach Verachtung und Futter.

Der Junge betrachtete meinen übergewichtigen, nikotinfleckigen, verfilzten, schrägen, lethargischen Kater mit seiner Zyste im Gesicht und … wusste nicht, was er sagen sollte. Jeder einzelne von ihnen muss sich gedacht haben: *Was soll das? Soll das irgendein Test sein?*

Und das war es auch. In gewisser Weise. Wenn ein Junge meinen Kater nicht mochte, wollte ich nicht mit ihm ausgehen.

Zumindest habe ich mir das eingeredet. Tatsächlich bin ich zweieinhalb Jahre mit einem Jungen gegangen, der meinen Kater nicht mochte. Sein Vater war ein führender

Kommunalpolitiker. Mein Vater war ein Trinker. Er war ein gut aussehender Charmeur. Ich war die magersüchtige jüngere Schwester des hübschesten Mädchens an unserer Schule. Genauer gesagt: Ich war extrem magersüchtig und klapperdürr, und das trotz intensiver Therapie, ein Mädchen, das seine Frustration und seine Unabhängigkeit mit langen Geländeläufen abreagierte und trotzdem nie mehr als einen Mund voll auf einmal aß. Nach außen hin war ich glücklich und zufrieden. Ich lachte gern (und tue es immer noch). Ich war gesellig und sportlich. Ich bewegte mich ungezwungen in allen sozialen Gruppen und zählte fast alle Mitschülerinnen und Mitschüler zu meinen Freunden. Ich war sogar einmal »Ehemaligen-Königin«, und davon träumt an der Highschool so ziemlich jede.

Aber innerlich war ich völlig zerrissen. Durch die Magersucht war für mich jeder Tag wie der erste Schultag. Kennen Sie das Gefühl, wenn man nicht schlafen kann, weil man immer wieder darüber nachdenkt, was am nächsten Tag passieren könnte? Wenn man davon besessen ist, immer genau richtig auszusehen, und das Gefühl hat, dass einem jeder ansieht, was man denkt, und dass man auf Schritt und Tritt beobachtet wird? Die schwitzenden Hände. Das Herzklopfen. Der furchtbare Moment, wenn man spürt, dass man aufs Eis fällt oder in einen Verkehrsunfall hineinrutscht. Wie in einem solchen Moment habe ich mich vierundzwanzig Stunden täglich und sieben Tage die Woche gefühlt. Es gab keine Ruhe, keine Konfliktlösungen, nur Angst. Immer. Die Angst, jemand könnte mir ansehen, dass ich nicht vollkommen war, dass ich Fehler machte.

Alle hielten meinen Freund für vollkommen. Sie sagten, er sei gut für jemanden wie mich. Sie wissen schon, jemanden mit einer … Essstörung. Meine Mutter fand ihn toll. Mein Vater fand ihn toll. Sie dachten, er sei meine Rettung. Als ich zum ersten Mal mit ihm Schluss machte, nahm mich sogar meine Sportlehrerin auf die Seite und sagte mir, ich müsse bei ihm bleiben. Zu meinem eigenen Besten.

Mein Freund wusste auch, dass ich bei ihm bleiben musste. »So einen wie mich findest du nie wieder.« Das sagte er mir immer wieder.

Ich glaube, er hat es nicht böse gemeint. Er war noch ein Kind, musste mit seinen eigenen Problemen fertig werden. Aber inzwischen hatte ich genug Kräfte gesammelt, um mich in eine Therapie zu begeben. Meine Mutter spöttelte. Sie hielt mich für schwach. Jedenfalls hatte ich damals diesen Eindruck, als ich meiner Krankheit wegen dachte, dass mich alle für einen Loser hielten. Später erfuhr ich, dass sie sich nie über mich lustig gemacht hatte, sondern stolz auf mich gewesen war. Mein Vater? Er wurde arbeitslos und musste meine Krankenversicherung kündigen, weil die Behandlungen angeblich zu teuer waren. Zum Glück ließ sich meine Patentante in Texas ihre Gewinnbeteiligung bei American Airlines auszahlen; von ihrer Rente bezahlte sie meine Therapie. Und in der Therapie lernte ich, dass ich keinen Freund brauchte, der behauptete, ein Mädchen wie ich müsse froh sein, einen Typen wie ihn als Freund zu haben.

Aber wie kommt ein unsicheres, magersüchtiges Mädchen von so einem Kerl los? Natürlich mit Hilfe ihres Katers. Denn zweieinhalb Jahre lang sagte ich mir: *Er kann Marshmallow nicht leiden. Er ist nicht der Richtige. Er kann Marshmallow nicht leiden.* Jedes Mal, wenn er sagte: »Streichle den blöden Kater nicht. Wir wollen zum Essen ausgehen, und dein Pullover ist voller Katzenhaare«, bestärkte mich das ein bisschen mehr in meinem Entschluss. Immerhin streichelte ich Marshmallow, seit ich in der zweiten Klasse gewesen war. Es fiel mir nie auf, aber ich muss zehn Jahre lang jeden Tag Katzenhaare an den Kleidern gehabt haben. Ich war seit der zweiten Klasse von oben bis unten voller Marshmallow-Haare gewesen. Er war gewissermaßen ein Teil von mir. Wenn ein Junge Marshmallows Haare auf meinem Pullover nicht ausstehen konnte, dann, sagte ich mir, konnte er auch mich nicht ausstehen. Schließlich war dann die Trennung von meinem Highschool-Freund *wegen der Katzenhaare* der wichtigste Akt meiner Kindheit.

Ich habe mich oft gefragt, warum ich meinen Mann geheiratet habe. Ich liebe ihn, so viel steht fest. Aber warum ausgerechnet ihn? Steven ist einer der ruhigsten Männer, die ich kenne. Er spricht nur, wenn er angesprochen wird, und auch dann nur, um die entsprechenden Informationen zu übermitteln. Außer er spricht mit mir. Wir beide reden die ganze Zeit miteinander. Wir haben keine Geheimnisse voreinander; ich weiß alles über meinen Mann, und er weiß alles über mich. Aber nur ganz wenige andere Menschen kennen ihn. Jedenfalls nicht so gut wie ich. Sie sehen ihn. Er ist der hochgewachsene Freilufttyp, ein ernsthafter Jäger und ein hervorragender Sportler. Die anderen sehen diese Seite von ihm, aber sie kennen den Mann selbst nicht. Sie wissen nicht, dass er auch verschmust ist. Sie wissen nicht, wie er den Arm um mich legt, wenn ich durcheinander bin. Sie wissen nicht, dass er mit mir überallhin geht. Er kauft mir keine Blumen, aber das ist in Ordnung, weil ich das gar nicht will. *Kauf mir keine Geschenke*, sage ich zu ihm, *sei einfach für mich da. Ich will den Zirkus nicht. Ich will kein riesiges Haus. Ich will keine teuren Ringe. Ich will nur einfach einen Kumpel, mit dem ich durchs Leben gehen kann.*

Es heißt, ein Mädchen will immer seinen Vater heiraten. Aber will sie das wirklich? Mein Vater war ein Trinker. Er war sehr gesellig. Er hat meine Mutter betrogen. Mehrmals. Als ich ein Kind war, hat sie alle paar Monate mit Vicki und noch ein paar Freundinnen einen Wochenendausflug gemacht. Kellie und ich haben immer gewitzelt, dass das ihre Männerhass-Wochenenden waren, weil sie jedes Mal mit unserem Vater gestritten hat, wenn sie zurückgekommen ist.

»Ich war am Wochenende mit Leuten zusammen, die mich mögen«, schrie sie. »Ich war mit Leuten zusammen, denen ich etwas bedeute.« Ich scherzte, stritt mit meiner Schwester; aber nur, weil ich Angst hatte. Ich wollte nicht so sein.

Steven trinkt nie. Er geht nie mit den Jungs aus, geschweige denn mit irgendwelchen Mädels. Seine Eltern haben, soviel ich weiß, nie einen Tropfen Alkohol angerührt. Sie schreien sich nicht an. Als er aufwuchs, haben sie noch nicht mal ferngesehen. Steven und ich sehen schon fern (wer tut das nicht?), aber wir streiten uns nie. Wir haben Meinungsverschiedenheiten, aber in fünfzehn Jahren Ehe haben wir uns nie angeschrien.

Ach, Kristie, sagte ich zu mir selbst, als ich über mein Leben nachdachte, *du hast deinen Kater geheiratet.*

Es stimmt wirklich. Das war mir nicht klar, bis ich anfing, über dieses Buch nachzudenken, aber es stimmt. Mein Leben lang habe ich nach einem Mann gesucht, der wie Marshmallow ist. Die anderen Männer in meinem Leben haben mich hängenlassen. Sie haben mich verletzt und mich verlassen. Deshalb hab ich mich auf Marshmallow konzentriert. Natürlich nicht bewusst, nicht absichtlich, aber dieser struppige Mickerling war mein Schönheitsideal. Jemand, der zuhörte. Jemand, der mit mir sprach. Jemand, der zäh und kraftvoll war, kein Weichei. Keine Klette. Kein Liebesbedürftiger. Kein abgerichtetes Haustier. Ich wollte einen Mann, der mit sich selbst im Reinen war, auch wenn er kein Sonnyboy ist. Ein Mann, der mich aufbaute, anstatt mich runterzuziehen. Der selbstbewusst genug war, um mir meinen Freiraum zu lassen, mich aber genug liebte, um immer zur Stelle zu sein, wenn ich ihn brauchte. Und jemanden, den ich genau auf dieselbe Weise liebte.

Ist es nicht seltsam, dass es so jemanden tatsächlich gab? Ist es nicht seltsam, dass ich einen Mann gefunden habe, der so vollkommen ist wie mein Kater?

Und ist es nicht seltsam, dass Steven der einzige Mensch in meinem Leben war, den Marshmallow nicht leiden konnte. Zum einen war er kein Katzenmensch, und Katzen spüren das. Steven liebte auf seine männliche Art Hunde, vor allem seinen gelben Labrador. Molly, die zwei Jahre alt war, als wir heirateten und nach Sioux City, Iowa, zogen. Aber das ist es nicht. Meine Freunde haben alle meinen Kater gehasst. Ich habe Jahre gebraucht, um das einzusehen, weil ich eine große Schwäche für diesen schrägen, verfilzten Kater hatte, aber es stimmt. Vielleicht waren sie eifersüchtig auf ihn. Vielleicht hielten sie mich für verschroben, weil ich so viel über ihn sprach. Vielleicht fanden sie ihn einfach nur hässlich oder meinten, dass ich zu viele Katzenhaare auf meinem Ballkleid hatte. Ich dachte wahrscheinlich, dass Beziehungen so funktionieren. Ich habe meine ganze Jugend hindurch gesagt, ich hätte gern einen Mann, der Marshmallow mochte, und dann bin ich immer mit Typen ausgegangen, die das genaue Gegenteil davon waren.

Aber Steven ... er hasste Marshmallow nicht. Wirklich nicht. Das soll nicht heißen, dass er ihn gemocht hätte, aber er war mehr wie meine Schwester. Er hatte kein Verhältnis zu Marshmallow, freute sich aber, dass meine Beziehung zu ihm so gefestigt war. Er war nicht gerade hocherfreut, brachte aber auch keine Einwände vor, als ich darauf bestand, Marshmallow nach Sioux City mitzunehmen. Er wusste, wie viel mir Marshmallow bedeutete.

Außerdem dachte Steven, genau wie meine Eltern damals im Jahr 1984, dass Marshmallow nicht mehr lange leben würde. Er war damals elf Jahre alt, was noch kein Alter für Katzen ist, aber sein Fell war so fleckig und verfilzt, dass er aussah wie dreiundfünfzig. Er hatte degenerative Arthritis und einen watschelnd-schlurfenden Gang. Seine Energie ließ zu wünschen übrig, sein Appetit war krankhaft und ein Reinlichkeitsdrang praktisch nicht vorhanden. Das Schlimmste aber war, dass die Zyste in seinem Gesicht zu einem Abszess geworden war, sodass die linke Seite seiner Nase einsackte. Für eine Operation sei er zu schwach, befand der Tierarzt; das Loch in seinem Gesicht sei nicht lebensbedrohend, aber die Operation könnte ihn umbringen. Auch ich war mir nicht sicher, ob Marshmallow noch lange leben würde. Aber ich wusste, dass ich ihm, egal, wie viele Tage ihm noch beschieden waren, den Rest seines Lebens so angenehm und erfreulich machen würde wie möglich.

Steven gab sich Mühe. Das muss man ihm lassen. Er versuchte es wirklich. Alle paar Tage setzte er sich auf den Boden und sagte: »Na, komm her, Marshmallow. Komm her, Kumpel, lass dich streicheln.« Marshmallow warf ihm einen verächtlichen Blick zu – *ja, ja, schon recht, »Kumpel«* – und verdrückte sich.

Aber das war gar nichts im Vergleich zu dem, was wir bei unserem ersten und einzigen Versuch erlebten, ihn einer gewissen Fellpflege zu unterziehen. Ich dachte (irrigerweise), dass es mir gelingen müsste, ein paar von den unansehnlichen Filzknäueln aus seinem Fell herauszuschneiden. Ich überredete Steven, ihn festzuhalten, während ich drauflos schnippelte. Tja, Marshmallow war nicht mehr der Jüngste, aber seine Krallen waren noch scharf. Er krallte sich mit den Vorderpfoten in Stevens Hände und kratzte ihn mehrmals kräftig mit den Hinterpfoten in die Unterarme. Damit kein Missverständnis aufkommt: Er wollte nicht flüchten. Marshmallow hatte nur auf eine Gelegenheit gewartet, es Steven heimzuzahlen – dafür, dass er ihn nach Sioux City verpflanzt hatte, dafür, dass er mich ihm weggenommen hatte, und für alle möglichen kleineren Kränkungen, die nur der Kater selbst registriert hatte –, und ließ nicht locker. Er riss Stevens Arme mit seinen Krallen auf, so wie er vor Jahren den Gips an meinem gebrochenen Bein aufgerissen hatte.

Steven gelang es schließlich, Marshmallow abzuschütteln, und er ging, blutend und mit beleidigter Miene, in den Keller. Ein paar Minuten später kam er mit Carhartt-Jacke, Hockeymaske und Jagdhandschuhen wieder. »Ich bin bereit«, sagte er und schlug seine Handschuhe zusammen wie ein HockeyTorwart. Er dachte nicht daran, den Kater gewinnen zu lassen.

Aber Marshmallow blieb natürlich trotzdem Sieger. Er zappelte und kratzte so blindwütig und so lange, dass wir schließlich aufgaben und ihn mitsamt seinem Filz in Ruhe ließen. Marshmallow war schon schwach und arthritisch, aber er war immer noch der Boss. Das war offensichtlich. Wenn er ins Zimmer kam, verbeugte sich Stevens riesiger Labrador Molly (die meiste Zeit ein richtiger Männerhund) fast vor ihm. Molly hatte keine Angst vor ihm: Es war mehr ein unausgesprochener Respekt vor diesem weisen alten Kater. Nach zwölf Jahren Leben im Freien hatte Marshmallow eine gewisse Ausstrahlung. Er war ein Überlebenskünstler. Ein schlimmer Junge. Ein cooler Kater. Er war vielleicht schon im Ruhestand, aber er war noch immer der Grande. Er war damit zufrieden, den ganzen Tag fast unbeweglich unter einer Zimmerpflanze neben der Haustür zu sitzen, aber uns konnte er nichts vormachen. Marshmallow wusste über alles Bescheid, was in unserem Haus vor sich ging – und billigte es.

Wie zum Beispiel mein Jogging. Mit harter Arbeit und einem liebevollen Mann (und natürlich meinem unglaublichen Kater) hatte ich meine Essstörung besiegt. Ich hatte sogar aus der Not eine Tugend gemacht und diese Erfahrung benutzt, um meinen lernbehinderten Teenagern und Erwachsenen zu helfen. (Verstehen Sie jetzt, warum ich mich glücklich schätzte, dass es mir gelungen war, absichtlich zuzunehmen, um in einer höheren Klasse beim Marathon anzutreten? Und warum mein Mann – und sogar mein Vater – Tränen in den Augen hatten, als sie mich anfeuerten? Sicher, in bin bloß Dritte geworden, aber ich hatte trotzdem … *gewonnen*! Für immer.) Ich bin nicht mehr krank, aber das heißt nicht, dass ich nicht auf meinen Körper aufpasse. Ich esse gut und jogge jeden Tag. Molly hat diesen Teil schnell gelernt. Jeden Morgen trieb sie mich förmlich, ihre Leine im Maul, zur Haustür. Während ich meine Schuhe schnürte und Molly sich in einen Begeisterungstaumel hineinsteigerte, lag Marshmallow unter seiner Pflanze und beobachtete uns. Wie der Pate brauchte er nichts zu sagen; jeder wusste, was er dachte. *Der einzige Grund, Hund, warum ich dich mit ihr rauslasse, ist, dass ich zu alt bin. Eines Tages wirst du vielleicht aufgefordert, mir für diese Vergünstigung deinerseits einen Gefallen zu tun.*

Wenn Molly und ich losliefen, hievte sich Marshmallow auf die Lehne der Couch, von wo aus er uns durchs Fenster nachschauen konnte. Wenn wir zurückkamen, wuchtete er sich auf den Boden hinunter und sah mir bei meinen Streckübungen zu. Und dann redete und redete und redete er mit mir. Das war das Tolle an Marshmallow: Egal, wie alt und müde er war, er hörte nie auf, mit mir zu reden.

Nach zwei Jahren half er sogar Molly dabei, ihre Stimme zu finden. Sie fing mit einem Winseln an wie eine alte Tür mit quietschenden Angeln. Dann kam ein an- und abschwellendes Knurren dazu wie das Brummen eines Rasentrimmers, der sich durch dichtes Gestrüpp kämpft. Ich kam jeden Tag zum Mittagessen nach Hause, und dann saßen wir zu dritt in der Küche und schwatzten.

»Na, wie war der Vormittag, Mädels und Jungs?«

Miau.

Knurr-urr.

»Ja, bei mir läuft's heute auch ganz gut.«

Mi-auu.

»Das Übliche, Erdnussbutter und Gelee.«

Knurr-urr-urr.

»Nein, ihr könnt nichts davon haben.«

Miau, miau. Mi-auuu.

Knu-uuuuurrrr.

»Nein, bitte nicht«, sagte mein Mann, als ihm klar wurde, was sich da abspielte. »Nicht auch noch der Hund!«

Ein paar Jahre später wurde ich schwanger. »Ich kaufe Futter für den Kater«, grummelte mein Mann, als er erfuhr, dass eine schwangere Frau kein Katzenklo saubermachen sollte. »Ich wische sein Erbrochenes auf. Jetzt mach ich auch noch seinen Dreck weg. Und was macht er? Er ignoriert mich einfach. Warum kann er nicht wie Molly sein?«

Ja, warum wohl, seufzte Marshmallow, hob kurz den Kopf unter seiner Pflanze und nickte wieder ein.

Bis zur Stunde meines Todes werde ich die Nacht nicht vergessen, in der ich mit meinem Sohn Luke schwanger war und die Wehen einsetzten. Es gibt am Ende der Mutterschaft eine unendliche Zeitspanne, in der es zu früh ist, in die Klinik zu fahren, und zu unbequem und schmerzhaft, um sich zu entspannen. Also lief ich im Wohnzimmer auf und ab, kämpfte gegen die Verkrampfung in meinem Bauch an und versuchte, mich aufs Atmen zu konzentrieren. Marshmallow war inzwischen sechzehn Jahre alt. Seit vier Jahren lebte er bei Steven und mir. Er war steif, arthritisch und fast völlig taub. Seit einem Jahr hatte ich ihn nicht mehr unter seiner Pflanze hervorkommen sehen, außer wenn er fressen wollte oder aufs Klo gehen musste. Aber an dem Abend stand er auf und lief mit mir auf und ab. Er kam immer zu mir, wenn ich krank war, aber das war anders. Marshmallow folgte mir zwei Stunden lang auf Schritt und Tritt und miaute die ganze Zeit. Molly, die es sich vor der Couch bequem gemacht hatte, fiel schließlich ein, *knu-urr, knu-urr, miau, miau, atmen, atmen, miau,* bis das Zimmer von den Geräuschen der beiden Tiere widerhallte. Und von ihrer Liebe. Ungehemmter, animalischer Liebe. Ich führte ein Gespräch mit meinen beiden Haustieren, während ich mit meinen geschwollenen Füßen herumlief, und ich hätte nicht glücklicher sein können. Ich hätte mir keine bessere Unterstützung wünschen können.

Als ich mit Luke aus der Klinik heimkam, überraschte mich Marshmallow erneut. Er kam unter seiner Pflanze hervor und schlief von da an unter dem Bett meines Sohnes. Wenn Luke im Wohnzimmer war, kam Marshmallow hereingeschlurft und setzte sich neben seine Trage. Die Leute sagten mir: »Mit einem Kater musst du aufpassen. Der springt dem Baby womöglich auf die Brust.«

Ich dachte, *Marshmallow? Soll das ein Witz sein? Der würde Luke kein Haar krümmen. Und selbst wenn er wollte … habt ihr euch den Kater mal angesehen? Der ist siebzehn. Er kann kaum noch laufen. Gesprungen ist er nicht mehr, seit ich auf der Highschool war.*

Nach Lukes Geburt verschlechterte sich Marshmallows Gesundheit weiter. Fünf Jahre nach unserem Umzug nach Sioux City konnte er nicht mehr auf sein Klo gehen. Er kam nicht mehr die Treppe hinauf oder hinunter. An manchen Tagen schaffte er es kaum zu seiner Futterschüssel, und plötzlich wurde er auch vergesslich. Es kam vor, dass er nicht mehr wusste, wer er war – jedenfalls hatte ich diesen Eindruck. Die Arthritis hatte sämtliche Gelenke in seinen Beinen verformt. Er hörte nichts mehr. Sein Gesicht sah furchtbar aus. Ich wusste, dass er Schmerzen hatte. Und ich brauchte keinen Tierarzt, um zu wissen, dass es an der Zeit war. Es war kein schwerer Entschluss. Überhaupt nicht. Mit zehn Jahren hatte ich zusehen müssen, wie mein Großvater starke Schmerzen hatte und von Tag zu Tag mehr verfiel. Marshmallow war ein guter Kumpel. Ich konnte ihn nicht leiden lassen.

Ich nahm mir einen Tag frei, schaltete den Fernseher aus und setzte mir meinen Sohn auf die Hüfte, sodass ich Marshmallow auf den Schoß nehmen konnte. Ich streichelte ihn und sah zu, wie die losen Haare ins Sonnenlicht emporschwebten und wieder herabsanken, auch auf meinen Pullover. »Marshmallow«, sagte ich zu meinem kleinen Sohn, »das ist Marshmallow. Vergiss ihn nicht.«

Ich schaute von meinem Sohn zu meinem Kater und dann in die Sonne, die zum Fenster hereinschien. Die Luft war immer noch voller Haare. Mein Fenster. Mein Haus. Meine Erwachsenenwelt. Im Zimmer war es still, bis auf ein leises Schnurren. Trotz seiner siebzehn Jahre trat Marshmallow immer noch gegen mein Bein. Es tat ein bisschen weh, und ich lächelte. Ein trauriger Tag, aber ein anheimelnder Moment, wie ich so mit den beiden auf dem Sofa saß.

Ich schlug mein Fotoalbum auf. Das war ich in einer violetten Windjacke mit meinen zerzausten Haaren, das kleine Mädchen, das ich einmal war. Marshmallow war noch ein Kätzchen, und ich hielt ihn für die Kamera hoch. Ich war so stolz auf ihn. Man sah es mir am Gesicht an. Ich war stolz. Es war nur ein Polaroidfoto, das schon verblasste, aber man sah mir an, wie glücklich ich war. Wir hatten keine Polaroidkamera, das Foto musste deshalb unsere Nachbarin Katherine gemacht haben. Sie war eine ältere Dame, die Marshmallow liebte. Sie sah uns vom Fenster aus oder aus ihrem Garten zu, und bestimmt hat sie auch unsere Gespräche gehört. Ich bin sicher, dass sie es hörte, wenn meine Eltern sich stritten und meine Schwester und ich uns prügelten, um mit unseren Ängsten fertig zu werden. Bestimmt hat sie das Foto gemacht und es mir geschenkt, weil ich ein kleines Mädchen und so stolz auf meinen Kater war.

Ich blätterte weiter: Fotos von mir und Marshmallow, unter Haufen von Herbstlaub begraben; ich und Marshmallow im Garten. Auf mehreren Seiten hintereinander waren nur Fotos von mir, in verschiedenen Sonntagskleidern, aber immer mit Marshmallow auf dem Arm. Ich erinnerte mich, dass ich mich vor jeder Tanzveranstaltung in der Schule, an der ich teilnahm, mit Marshmallow fotografieren ließ. Ich und Marshmallow auf unserer Decke in der Sonne liegend. Ich und Marshmallow nach meinem Highschool-Abschluss. Ich in meinem Hochzeitskleid, lächelnd, mit meinem Kater. »Mom«, hatte ich im Lauf der Jahre immer wieder gesagt, »hol doch bitte die Kamera. Ich möchte ein Foto von mir und Marshmallow.«

Es fällt mir schwer, an diesen Tag zurückzudenken. Wahrscheinlich halten Sie mich für eigenartig, aber es fällt mir schwer. Ich werde nicht über seinen Tod sprechen. Ich bringe es einfach nicht über mich. Weil ich ihn vermisse. Auch nach fünfzehn Jahren vermisse ich Marshmallow immer noch. Aber es war so viel Freude in seinem Leben. Er war bei mir von meinem zehnten bis zu meinem siebenundzwanzigsten Lebensjahr, und es war eine lange Reise. Ohne sie wäre ich nicht dort, wo ich heute bin, also schätze ich mich glücklich. Ich meine, wie vielen Menschen sind siebzehn Jahre mit einem Haustier vergönnt, verstehen Sie? Wie viele Menschen erleben jemals diese Art von Liebe?

8

Kirchenkatze

»Worte können nicht beschreiben, was das Buch Dewey
für mich bedeutete ... Wir haben vor vielen Jahren
eine streunende Katze in unserer Kirche aufgenom-
men: ›Kirchenkatze‹! Sie war trächtig, und als ihre
Jungen kamen, wurden sie von Gemeindemitgliedern
übernommen. Dann wurde eine Sammlung veranstal-
tet, damit sie kastriert werden konnte. Sie lebte in der
Kirche, bis wir eine größere Renovierung durchführen
mussten, und ich sie zu mir nach Hause nahm.«

Carol Riggs überraschte mich. Ihre kurze Mitteilung über die Kirchenkatze, eine Streunerin, die von der Camden United Methodist Church in Camden, Alabama, übernommen worden war, hatte mein Interesse geweckt, aber ich muss gestehen, dass ich mich wunderte: Nicht über den Inhalt, sondern über die Art ihrer Mitteilung. Ms Carol Ann Riggs (wie ihre Freunde sie nennen) sprach nämlich einen breiten Südstaatenakzent.

Ich muss zugeben, dass ich ihn sehr mochte. Und ich mochte auch Carol Ann Riggs. Sie ist in der winzigen Stadt Bragg, Alabama, geboren, wo die nächste Highschool vierzig Kilometer entfernt war. (Bis heute hat das County Lowndes nur zwei öffentliche Highschools.) Als sie mit neunzehn Jahren Harris Riggs heiratete und in seine Heimatstadt Camden zog, dachte sie, sie käme in eine Großstadt. Immerhin hatte Camden zwei Verkehrsampeln, zwei Restaurants, zwei Banken und fast fünfzehnhundert Einwohner. Aber es war ein wunderbar ruhiger Ort, trotz seiner »Größe«. Camden war keine reiche Stadt, aber wenn jemand starb, brachten nicht nur die Nachbarn Essen, sondern alle Einwohner gingen zum Begräbnis. »Fast jeder war mit jedem verwandt«, erzählte mir Carol Ann, und das galt auch für die »Leute« ihres Mannes Harris, die seit mehreren Generationen den Eisenwarenladen der Stadt führten. Carol Ann war keine Bibliothekarin – sie arbeitete bei einem Rechtsanwalt –, aber sie gehörte schon lange zum Verwaltungsrat der Stadtbibliothek. Und trotz meiner Skepsis gegenüber solchen Gremien gefiel mir das. Mir gefiel überhaupt alles an ihr. Vor allem der Akzent.

»Ich weiß, ich weiß«, sagte ihre Freundin Kim Knox. »Das ist der Südstaatenakzent, den man im Fernsehen hört, wo man sich immer sagt: *Das ist doch gar nicht echt.*« Kim ist jenseits der Grenze in Laurel, Mississippi, geboren und aufgewachsen, kennt sich also mit Südstaatenakzenten aus. »Aber das ist ein Camden-Akzent. In Camden reden viele so. Manche halten das für die Sprache von aristokratischen Südstaatlern, aber die Camdener sind bodenständig. Das ist also keine Attitüde oder so was.«

Es ist die Isolation, meint Kim, die den besonderen Charme der Camdener ausmacht. Die Stadt ist Verwaltungssitz des County Wilcox, einer spärlich besiedelten Gegend im steinigen Hügelland im Südwesten von Alabama. Das County hat nur eine Bevölkerung von dreizehntausend Menschen, weniger als das County Clay, Iowa, und das Durchschnittseinkommen lieg bei sechzehntausend Dollar, einem Drittel des landesweiten Durchschnittseinkommens und sechstausend Dollar unter der Armutsgrenze. Die meisten stellen sich den südlichen Teil von Alabama als Plantagenland vor, mit riesigen Baumwollfeldern und großen Farmhäusern. Aber man sieht keine großen Farmen im County Wilcox. Man sieht ab und zu eine Familienfarm, nicht größer als das Land eines Pachtfarmers, eingezwängt zwischen gewaltigen Kiefernwäldern.

»Es ist eine Stadt am Ende der Welt«, sagte Kim Knox. »Ein pittoreskes Kleinod.« Als ich das hörte, dachte ich an Spencer mit seinen breiten Gehsteigen und seinen angenehm altmodischen Geschäften, die sich in lokalem Besitz befinden. Ich stellte mir eine Stadt vor, in der die Generationen im örtlichen Diner ihre eigenen Tische haben und wo man an einer Tasse Kaffee mindestens zwei Stunden trinkt.

Aber so war es in Camden nicht, wie man auf Fotos von der schäbigen Innenstadt sehen kann. In Camden konzentrierte sich das gesellschaftliche Leben nicht auf die Geschäftsstraßen. Es gab keine Kinos, keine besseren Restaurants und keine großen Supermarktketten. Zentrum des gesellschaftlichen Lebens von Camden, Alabama, waren die Kirchen. Die vier größten lagen nebeneinander an einem Abschnitt der Broad Street, der im Gegensatz zur vernachlässigten Einkaufsstraße makellos gepflegt war. Die größte war die Baptistenkirche. Auf der anderen Straßenseite standen nebeneinander die zwei presbyterianischen Kirchen. Ein Stück weiter in Richtung auf die wichtigste Kreuzung der Stadt, neben der Exxon-Tankstelle am Rand des Stadtzentrums, stand die Camdener Kirche der Vereinten Methodisten. Keine der Kirchen war besonders groß – alle zusammen hatten sie wahrscheinlich rund siebenhundert Mitglieder, etwa die Hälfte der Gesamtbevölkerung –, aber sie boten Mahlzeiten, Betstunden und Aktivitäten für die Jugend an, und es gab einen Chor für Erwachsene und Jugendliche. Und wenn etwas Wichtiges auf dem Kalender stand, wie der alljährliche Weihnachtsumzug, arbeiteten sie alle zusammen.

Es war Kim Knox, neuestes Mitglied und Teilzeit-Sekretärin, die als Erste die Katze vor dem alten Pfarrhaus entdeckte, das der Gemeinde als Büro diente. Die Katze war ein kleiner grauer Tiger, und als Kim hinausging, um eine kurze Pause zu machen, kauerte die Katze ganz in der Nähe unter den Büschen. Sie hatte ein hinreißendes rundes Gesicht mit weichen Augen, und als Kim sie ansah, wandte sie sich nicht ab, sondern hielt ihrem Blick stand. Dann fing sie an zu reden. Als Kim ihr antwortete – »hallo, Miezi« –, sprang sie auf die Veranda, sodass Kim sich ganz automatisch bückte und sie streichelte. Die Katze rollte sich auf den Rücken und ließ sich den Bauch kraulen. Als Kim die Tür aufmachte, um wieder ins Büro zu gehen, sprang die Katze auf und lief ins Haus.

Hm.

Nun ist die Camden United Methodist keine formelle

Kirche. In manchen Dingen legt sie schon Wert auf Förm-
lichkeit, etwa bei der Doxologie oder dem Altarraum, aber im
Grunde genommen ist sie eine eher bodenständige Kirche
für einfachere Leute. Die Büroräume waren, gelinde gesagt,
nicht gerade tadellos. Das alte Pfarrhaus war ein ebenerdiger
Bau aus den frühen 1920er Jahren mit knarrenden Dielen
und klappernden Fensterrahmen, und der kleine Raum war
mit Kartons und Akten vollgestopft. Der Pastor war eher der
hemdsärmelige Typ, trug den Kragen immer offen, lächelte
geistesabwesend und hatte für jedes seiner Gemeindemitglieder einen Scherz parat. Und auch Kim war nicht die übliche pingelige Kirchensekretärin. Nach kurzem Überlegen
befand sie, dass eine herrenlose Katze ganz gut zu ihnen
passen würde.

Aber sie war sich nicht sicher. Das Pfarramt einer Klein-
stadt-Kirche war ein Versammlungsort der Gemeinde. Die
Leute kamen vorbei, nicht nur, um Probleme zu besprechen,
sondern auch, um sich in Klatsch und Tratsch zu ergehen.
Was, wenn sie sich mit der süßen, mondgesichtigen, grau geti-
gerten Katze auf dem Stuhl ihrer Sekretärin nicht anfreunden
konnten? Konnte sie es sich als Teilzeitsekretärin, die erst vor
ein paar Monaten zugezogen war, wirklich erlauben, eine
Katze in der Kirche wohnen zu lassen?

Miau, sagte die grau getigerte Katze wie aufs Stichwort.

Zum Glück war der nächste Mensch, der das Pfarramt
betrat, Ms Carol Ann Riggs. Carol Ann war Mitglied der
Camden Methodist, seit sie 1961 zugezogen war. Sie sang
im Kirchenchor und kam oft vorbei, um hallo zu sagen und
nachzusehen, ob irgendetwas zu erledigen war. Ihre Töchter
waren ins College gegangen und dann weggezogen, und deshalb hatte sich Carol Ann gewissermaßen darauf verlegt, die
Camden-Methodist-Gemeinde zu bemuttern. Außerdem war
sie, wie Kim herausfand, eine lebenslange Katzenliebhaberin.

»Ach, Sie haben sie behalten«, sagte Carol Ann, als die kleine Katze angelaufen kam, um an ihrer Hand zu schnuppern und zu miauen. »Sie ist ein Schatz.« Sie verschwieg Kim, dass es sich ihrer Meinung nach höchstwahrscheinlich um eine Gefängniskatze handelte. Es waren mehrere, die in einer Gasse hinter dem Gefängnis darauf warteten, dass der Gefängniskoch Reste hinauswarf. Das Kätzchen hatte nur einen Block weit die Broad Street entlanglaufen und dann die Straße überqueren müssen.

Stattdessen sagte Carol Ann einfach: »Kim, Sie sollten diese süße kleine Mieze nicht mehr hergeben.« Und da Carol Ann seit Jahrzehnten der Kirche angehörte und die Familie ihres Mannes seit Generationen in Camden ansässig war, brauchte Kim keine weitere Unterstützung.

Als Carol Ann das nächste Mal im Pfarrhaus vorbeischaute – und sie fand plötzlich mehr Gründe als je zuvor, das zu tun –, saß das graue Tigerchen in der Mitte von Kims Stuhl. Kim selbst balancierte auf der Kante.

»Sie wollte sich mir auf den Schoß setzen«, erklärte Kim ein wenig betreten, »aber es hat ihr nicht gepasst, dass ich sooft aufgestanden bin. Deshalb hat sie den bequemeren Teil des Stuhls mit Beschlag belegt.«

Miau, machte die Katze, als wollte sie zustimmen, und sprang dann zu Boden, um sich von Carol Ann streicheln zu lassen. Sie schlief fast den ganzen Tag hinter Kim auf dem Stuhl, aber jedes Mal, wenn jemand hereinkam, miaute sie und lief dem Betreffenden entgegen, um ihn zu begrüßen.

»Na, wen haben wir denn da?«, sagten die meisten Besucher und bückten sich, um sie zu streicheln. »Bist du aber eine Hübsche!«

Und das war sie tatsächlich. Die kleine Katze war unwiderstehlich. Sogar Carol Ann, die ihr Leben lang Haustiere besessen und geliebt hatte, musste zugeben, dass diese Katze etwas Besonderes war. Vielleicht war es ihr rundes Gesicht, das so weich und babyhaft war, oder ihr freundliches Wesen. Ihr Miauen war so friedlich, und ihre Annäherung so sanft, dass man sich unwillkürlich zu ihr hingezogen fühlte. Sie war lebhaft. Sie war freundlich. Aber mehr noch: Sie war liebenswert. Das ist das richtige Wort: liebenswert. Man konnte nicht zusehen, wie sie, ihre schönen Augen nach oben gerichtet, auf einen zugelaufen kam, ohne entzückt zu sein.

Trotzdem, das Kätzchen brachte die etwas steiferen Gemeindemitglieder sicher nur zum Schmunzeln. Sie sagten nie etwas, jedenfalls nicht zu Kim, aber Carol Ann entging nichts, weder ein böser Blick noch eine hinterhältige Bemerkung.

»Die mochten einfach keine Tiere«, erklärte sie. »Ich weiß von jedem Einzelnen von ihnen, dass er kein Haustier hatte. Sie waren nicht mit Tieren aufgewachsen, wissen Sie, also haben sie sie auch nicht verstanden. Sie hielten es für unpassend, dass eine Kirche ein Tier besaß.«

Jegliche Spannungen wurden jedoch sofort vom Pfarrer entschärft. Er war ein junger Mann, und Camden war seine erste Gemeinde, aber er konnte gut mit Menschen, und man musste ihn einfach mögen. Er war nur ein paar Wochen länger in der Camden Methodist als Kim Knox, aber falls er wegen seiner jüngsten Beförderung in den höheren Klerus nervös war, überspielte er seine Unsicherheit mit einem endlosen Strom von gutmütigen Scherzen und aufmunternden Bemerkungen. Er war vielleicht kein Katzenmensch und wollte es seinen Gemeindemitgliedern sicherlich recht machen, aber es widerstrebte ihm, weniger vom Glück begünstigte Zeitgenossen hinauszuwerfen, egal, wie oft sie das Klopapier in der Bürotoilette zerfetzten oder Haare auf seiner Couch hinterließen.

Also mal im Ernst, schien sein Lachen jedes Mal zu sagen, wenn er die Kirchenkatze erblickte, *was ist schon dabei?*

Und selbst die am wenigsten begeisterten Gemeindemit-glieder mussten zugeben, dass zumindest die Kinder ihre helle Freude an der Kirchenkatze hatten. Das Pfarrhaus war vom Kirchengebäude durch eine breite Rasenfläche getrennt, auf der nach dem Gottesdienst die Erwachsenen beisammen standen und sich unterhielten und die Kinder sich balgten, spielten und sich schmutzig machten. Jeden Sonntag saß die kleine graue Katze am Rand des Rasens und schaute ihnen zu. Sie spielte nicht mit. Sie konnte es nicht leiden, gejagt zu werden. Aber sie fand es herrlich, wenn die Kinder zu ihr kamen und sie streichelten.

»Geht ein bisschen zurück, Kinder«, sagte dann Carol Ann fürsorglich. »Ihr macht sie nervös, wenn ihr sie so be-drängt.« Die Kinder traten einen Schritt zurück, versuchten aber trotzdem, in der ersten Reihe zu bleiben, bis schließlich ein kleines, wohl erst etwa zwei Jahre altes Mädchen seine Begeisterung nicht mehr im Zaum halten konnte und sich mit einem Quietscher auf die Katze stürzte. Das passierte jeden Sonntag, und Kim und Carol mussten jedes Mal lachen. Das Mädchen meinte es natürlich gut, aber irgendetwas an ihr jagte der armen kleinen Katze einen Schreck ein. Sobald das kleine Mädchen zu kreischen anfing, drehte sich die Katze um und lief zum Büro, wo sie ein Dutzend Löcher hatte, in denen sie sich verstecken konnte.

»Wo ist die Kirchenkatze?«, schrien dann die Kinder und machten sich auf die Suche. »Wo ist die Kirchenkatze?«

So kam sie zu ihrem Namen. Irgendwie wurde an einem Sonntag aus der »Katze in der Kirche« die »Kirchenkatze«. »Das kleine Stück heb ich für die Kirchenkatze auf«, sagten die Frauen schon bald beim Potluck und schnitten ein Scheib-chen von ihrem Fleisch ab.

Eines Tages fuhr Kims Mann die Broad Street entlang, als er sah, dass eine ältere Frau vor dem Pfarrhaus auf dem Boden lag. Er hielt sofort an und lief zu ihr hin. Als er näher kam, sah er, dass es Carol Anns Schwiegermutter war, die hoch in den Achtzigern war. »Ms Hattie«, rief er, »fehlt Ihnen was?«

Im nächsten Moment entdeckte er die Kirchenkatze neben ihr, die sich den Bauch kraulen ließ. »Ich hab sie einfach ein bisschen streicheln müssen«, sagte Ms Hattie lächelnd und erhob sich. Und so wurde die kleine grau getigerte Katze aus der Gefängnisgasse nicht nur von Kim Knox und Carol Ann Riggs, sondern auch von der Vereinigten Methodistenkirche Camden aufgenommen.

Als sich der Winter im südlichen Alabama kurz vor Weihnachten mit einer dicken Raureifschicht bemerkbar machte, beschlossen Carol Ann und Kim, dass die Kirchenkatze ab sofort über Nacht im Haus bleiben durfte. Sie kauften Katzenstreu und Futter, und die Kirchenkatze gewöhnte sich schnell an ihren warmen, sicheren Schlafplatz. Sie war aber von Natur aus so gesellig, dass es ihr allein in der Nacht langweilig wurde. Der junge Pfarrer wunderte sich jeden Morgen, dass Kims Unterlagen über den ganzen Fußboden verstreut waren. Kim hörte ihn in seinem Büro sprechen und dachte: *Ich hab niemanden da reingehen sehen.* Dann hörte sie ein Miauen, lief hinüber und sah, dass die Kirchenkatze auf seinem Schreibtisch saß. Sie entschuldigte sich, aber er lachte nur, und dann fing die Kirchenkatze auf ihren Armen an zu schnurren. Am Morgen musste sie lächeln, wenn sie sah, dass die Kirchenkatze durch die Jalousie spähte, bereit, einen Tag lang Gemeindemitglieder zu begrüßen … oder eben auf Kims Stuhl zu schlafen.

Damit die Kirchenkatze nie mehr die Nacht im Freien verbringen musste, brauchte man auch andere Unterkünfte für sie. Carol Ann und Kim kümmerten sich zwar in erster Linie um sie, aber wenn sie verreist waren, musste jemand anderer sie füttern und die Katzenstreu wechseln. War das Büro ein paar Tage geschlossen, musste jemand sie hinauslassen, weil sie sonst einen Koller bekommen hätte. Und wie immer musste jemand aufpassen, dass sie sich nicht in den Altarraum schlich, der zwar nie offiziell zur katzenfreien Zone erklärt worden war, den Katzenhassern – und davon gab es überall welche, wie Carol Ann wusste – aber Anlass gab, von der Profanierung geweihter Räumlichkeiten zu reden. Und auch wenn sie jemanden bat, sich aushilfsweise um die Kirchenkatze zu kümmern, hatte Carol Ann schon das Gefühl, dass sie vielleicht zu weit ging. Aber diese Sorge war unbegründet. Die Kirchenkatze hatte genügend Fans, und es gab mehr als genug begeisterte Freiwillige.

Nachdem so für die grundlegende Pflege gesorgt war, kam für Carol Ann und Kim Schritt zwei: Kastration und Impfung. Und das führte zur ersten großen Überraschung im großen Katzenexperiment der Camden Methodist: Die Kirchenkatze war trächtig.

Bis März hatte sich die Nachricht in der ganzen Gemeinde verbreitet: Es gab in ihrer Mitte eine ledige Mutter. Die Kirchenkatze ihrerseits machte kein Hehl aus ihrem Zustand. Beim Laufen schwang ihr Bauch hin und her wie eine Kirchenglocke. Zweifellos gab es in diesem Frühling am Familientisch Fragen von jüngeren Kindern, doch im Großen und Ganzen herrschte freudige Erregung in der Gemeinde. Wenn irgend möglich, liefen die Kinder der Kirchenkatze noch häufiger nach als sonst. Und die Kirchenkatze ließ es sich trotz der anderen Umstände gefallen. Am Tag vor Palmsonntag fuhr Carol Ann vorbei und sah sie fröhlich über den Rasen laufen.

Am Palmsonntag jedoch war die Kirchenkatze verschwunden. Die Kinder kamen nach dem Gottesdienst auf den Rasen, in ihren Chorgewändern und mit Palmwedeln in den Händen, aber es war keine Katze da. Sie blieben stehen und schauten sich ratlos um. Dann fingen sie an zu suchen: im Gebüsch, in den Räumen der Sonntagsschule, in den Büros und sogar im Altarraum. Aber sie fanden die Katze nicht.

»Hat sie ihr Baby schon bekommen?«, kreischte das Kreischmädchen und fiel vor Begeisterung fast über die eigenen Füße.

»Ja, wahrscheinlich«, antwortete Carol Ann, »aber genau wissen wir's nicht.«

Am nächsten Tag machte sich Kim auf die Suche nach ihrer Katze. In dem Jahr hatte die Camden United Methodist Church nicht nur eine Katze adoptiert, sondern auch ein größeres Bauvorhaben begonnen. Das Kirchengebäude sollte erweitert werden. Das alte Pfarrhaus sollte abtransportiert werden, und einem kürzlich erworbenen Motel auf einem Nachbargrundstück stand der Abriss bevor, da das Grundstück künftig als Parkplatz genutzt werden sollte. Kim dachte sich, dass die alten Motelzimmer, die größtenteils keine Türen mehr hatten, ideale Verstecke für eine Katze mit ihren neu geborenen Jungen boten. Ein paar Stunden lang durchsuchte sie das verfallene Gemäuer und rief immer wieder nach der Kirchenkatze, bis diese endlich antwortete. Eines der Zimmer war voller alter Möbel und Matratzen, und hier hatte die Kirchenkatze das Kinderzimmer für ihre vier Palmsonntagskätzchen eingerichtet.

Eine Woche lang brachten Kim und Carol Ann Futter in das Zimmer, und Kim schaute jeden Tag heimlich vorbei, um nachzusehen, ob alles in Ordnung war, aber die meiste Zeit war die Kirchenkatze mit ihren Jungen allein, eine ganze Woche lang. Doch am nächsten Sonntag nach dem Gottesdienst fanden die Kinder sie. Sie standen auf dem Rasen herum und redeten über die Kirchenkatze und ihre Jungen, als eines von ihnen sie um das alte Motel schleichen sah. Etwa sechs Kinder, alle unter sechs Jahren, gingen ihr in das Zimmer nach, in dem ihre Jungen lagen. Carol Ann war rechtzeitig zur Stelle, um dafür zu sorgen, dass die Kinder nichts anstellten, aber tags darauf hatte die Kirchenkatze das Motel verlassen.

Ich weiß nur zu gut, dass es Zeiten gibt, in denen man einen verlässlichen Freundeskreis braucht: Wenn man verleumdet wird. Wenn man vor einer persönlichen Herausforderung steht. Oder wenn der Verwaltungsrat versucht, die allseits geliebte Katze aus der Bibliothek zu verbannen. Zum Glück besaß Carol Ann in Camden einen solchen Freundeskreis, und eine ihrer Bekannten wohnte nur ein paar Häuser von der Kirche entfernt. Diese junge Frau beobachtete von ihrer Veranda aus, wie die Kirchenkatze ihre Jungen eines nach dem anderen am Nacken packte und über die Broad Street in den ersten Stock eines heruntergekommenen alten Hauses trug.

Die junge Frau rief Carol Ann an. Carol Ann rief Kim Knox an. Gemeinsam beschlossen sie, die Kätzchen zu verlegen, bevor der Besitzer des Hauses zurückkam. Das Haus stand zwar seit Jahren leer, aber Carol Ann wusste, dass der Besitzer es als Warenlager benutzte. Er war ein netter Mensch, aber sie war sich nicht sicher, wie er reagieren würde, wenn er die Katze mit ihren Jungen entdeckte. Da die gesamten minderjährigen Mitglieder der Camdener Methodistengemeinde voller Spannung auf die Rückkehr der Kirchenkatze warteten, wollte sie keinerlei Risiko eingehen.

»Ich verstoße im Allgemeinen nicht gegen irgendwelche Gesetze«, sagte mir Kim, »aber manchmal hat man keine andere Wahl.« Deshalb kletterte Kim Knox ein paar Tage später durch ein Fenster im Erdgeschoss eines unbewohnten Hauses an der Main Street, nur einen Block vom Zentrum von Camden entfernt, während Carol Ann draußen wartete und sich darüber wunderte, dass eine rechtschaffene, gestandene Frau wie sie bei einer gesetzwidrigen Handlung Schmiere stand.

Und auch Kim selbst bekam irgendwann, vielleicht als sie gerade ein Bein ausstreckte, um in der Dunkelheit den Fußboden zu ertasten, Bedenken wegen dem, was sie da tat. Sie war eine unbescholtene Bürgerin. Sie war Kirchensekretärin. Und sie trug ihr adrettes Bürokostüm. Trotzdem brach sie gerade in ein baufälliges und möglicherweise gefährliches altes Haus ein. Zweifellos sagte sie sich, dass sie es schließlich für die Kinder tat, die wissen mussten, dass die Kirchenkatze und ihre Jungen in Sicherheit waren. Vielleicht sagte sie sich auch, dass es für die Kirchenkatze tat, aber sie muss gewusst haben, dass eine gewiefte Gefängniskatze wie diese auch ohne Hilfe von außen einen Wurf großziehen konnte. Letzten Endes, das wurde ihr sicher klar, als sie in die staubige Dunkelheit trat, tat sie es für sich selbst.

Sie ging zur Hintertür und ließ Carol Anns Freundin, die junge Nachbarin, herein. Carol Ann selbst war überzeugt, dass sie für so ein gefährliches Vorhaben schon zu alt war. »Kirchenkatze« flüsterte Kim, während ihre Begleiterin drinnen war und versuchte, nichts anderes außer Spinnweben zu zerstören. »Wo bist du, Kirchenkatze?« In den Zimmern im Erdgeschoss standen überall alte Möbel herum, und dazwischen stapelten sich alte Kartons mit allerlei Krimskrams. Selbst bei Tageslicht wäre das kein ungefährlicher Ort gewesen. *Ein einziger Albtraum*, dachte Kim, als unter ihren Sohlen zerbrochenes Glas knirschte. Die Treppe war noch instabiler, aber schließlich stiegen sie doch in den ersten Stock hinauf und hörten im hinteren Schlafzimmer die Kirchenkatze miauen. Als Kim um die Ecke schaute, kam die kleine grau getigerte Katze zu ihrer Freundin gelaufen, so süß und liebenswert wie eh und je.

Als gute Mutter hatte die Kirchenkatze den bequemsten Platz in der Innenstadt von Camden für ihre Jungen gefunden: einen Stapel Matratzen in einer Ecke. Eine der Sprungfedermatratzen war noch auf die altmodische Art mit Watte gefüllt. Die Kirchenkatze hatte diese Füllung ausgehöhlt, sodass ein Nest entstanden war. Darin lag ihr buntscheckiger Wurf: ein ganz weißes, ein ganz schwarzes, ein mehrfarbiges und ein wie die Mutter grau getigertes Junges.

Kim und die Nachbarin fanden eine sichere Stelle in der Mitte des Fußbodens und setzten sich. Sie warteten und gaben von Zeit zu Zeit aufmunternde Geräusch von sich, in der Hoffnung, die Jungen würden zu ihnen kommen. Die Matratze war geradezu ideal als Kinderstube, aber sie wollten, dass die Kätzchen sie kannten und ihnen vertrauten, für den Fall, dass sie sie rasch umquartieren mussten. Am ersten Tag wagte sich die Kirchenkatze als Einzige in die Raummitte. Sie war wie immer sehr redselig und auf Aufmerksamkeit bedacht. Kim streichelte sie, und nach einer halben Stunde stiegen die beiden Frauen die Treppe hinunter, Kim schloss hinter ihrer Freundin die Tür und kletterte durchs Fenster wieder hinaus.

Am nächsten Tag stieg sie erneut durch das Fenster ein, und das wiederholte sich die nächsten zwei Wochen jeden Tag. Es war etwas Zwanghaftes an ihrem Wunsch, nach den Katzen zu sehen. Wahrscheinlich sagte es mehr über ihre Bedürfnisse als über die der Katzen aus. Aber was spielte das für eine Rolle? Nach ein paar Tagen hatten die Jungen es auch gern, wenn sie sich um sie kümmerte. Wie auch ihre Mutter kamen sie, um an ihrer Hand zu schnuppern und sich streicheln zu lassen, sie als Teil ihrer Welt zu akzeptieren. Alle bis auf das grau getigerte Katerchen, das sie nur anfauchte und sich in das Wattenest verzog, sobald Kim auch nur eine Bewegung auf ihn zumachte. Er war der einzige Kater in dem Wurf; vielleicht war er deshalb vorsichtiger als die anderen. Oder vielleicht hatte er, obwohl er genauso aussah wie seine Mutter, als Einziger nicht ihr liebenswürdiges Wesen geerbt.

In der zweiten Woche kam Carol Ann gerüchtweise zu Ohren, dass der Hausbesitzer demnächst zurückkommen werde. Er wolle das Haus renovieren und es anschließend verkaufen. Also stieg Kim Knox zum letzten Mal durch das Fenster ein. Carol Ann reichte ihr mehrere Transportkörbe hinein und wartete dann vor dem Haus. Kim trug die Körbe in den ersten Stock hinauf und setzte sich wie immer auf den Boden, um die Jungen anzulocken. Das erste kam sofort. Die nächsten beiden waren schon gewitzter. Sie liefen ein bisschen im Zimmer herum, aber mit Hilfe der jungen Nachbarin gelang es Kim, sie in die Körbe zu bugsieren.

Blieb noch das grau getigerte Katerchen. Anstatt herumzulaufen, vergrub er sich in der Sprungfedermatratze und fauchte jedes Mal, wenn Kim ihn packen wollte. Und bei jedem fehlgeschlagenen Versuch vergrub er sich noch tiefer in der Baumwollfüllung. Schließlich mussten die beiden Frauen den ganzen Matratzenstapel abbauen, um an ihn heranzukommen. Dann bauten sie den Stapel wieder genauso auf, und schließlich – inzwischen war fast eine Stunde vergangen – übergab Kim die Transportkörbe Carol Ann, schloss die Tür, rückte alles gerade, was verschoben worden war, und kletterte zum letzten Mal durch das Fenster hinaus. Sie sprang zu Boden, wischte sich den Staub von Rock und Bluse, schaute in beide Richtungen, um sicherzugehen, dass niemand sie beobachtet hatte, und schlenderte dann über die Straße, um Carol Ann zu helfen, die Transportkörbe in ihrem Auto zu verstauen.

Da die Kätzchen noch zu klein waren, um entwöhnt zu werden, hatte Carol Ann beschlossen, sie nicht in die Kirche zu bringen. Carol Ann hatte zu Hause ein Katze, also brachten die beiden die Kätzchen zu Kims Haus, wo die Kirchenkatze sie dann im Gästezimmer säugte und großzog. Ein paar Wochen später, als sie entwöhnt waren, erlaubte der amüsierte Pfarrer Kim und Carol Ann, einen Aushang am Schwarzen Brett der

Kirche zu machen, um Abnehmer für die Kätzchen zu finden. Außerdem baten sie auch um Spenden für die Kastration der Kirchenkatze, und in kürzester Zeit kam eine beträchtliche Summe zusammen, die nicht nur für die Operation, sondern auch für Futter und Katzenstreu reichte. Seit diesem Aushang brauchten Kim und Carol Ann nie mehr irgendwelche Kosten für die Kirchenkatze selbst zu übernehmen.

Die drei weiblichen Kätzchen, allesamt genauso süß und freundlich wie ihre Mutter, fanden rasch Abnehmer. Aber das vierte, das Katerchen, zeigte sich nie, wenn sich Interessenten einfanden. Stattdessen versteckte es sich unter dem Bett und fauchte. Wenn Kim es überraschte, stellte es sich auf die Hinterbeine, plusterte sich auf und fauchte in alle Richtungen, um dann davonzulaufen.

Als das dritte Kätzchen Pflegeeltern gefunden hatte, brachte Carol Ann die Kirchenkatze wieder in die Kirche. Kim und ihr Mann setzten sich auf ihre Veranda, müde, aber glücklich, und überlegten, was sie mit dem kleinen Kater tun sollten. Nach einer halben Stunde schaute Kim nach ihm, weil sie ihn allein im Gästezimmer zurückgelassen hatten. Diesmal kam er, kaum dass sie die Tür aufgemacht hatte, auf sie zugelaufen und miaute, als hätte er begriffen, dass er zurückgelassen worden war.

»Na, das sind ja mal ganz andere Töne«, sagte sie zu ihm.

Sie sah ihren Mann an. Er verdrehte die Augen, dann lächelte er und nickte. Der kleine grau getigerte Sohn der Kirchenkatze durfte bleiben. Sie nannten ihn Chi-Chi, und obwohl er größer und schlanker als seine Mutter wurde und auch nicht ihr liebenswertes Babygesicht hatte, erinnerte er Kim immer an ihre Bürofreundin. Richtig zutraulich wurde er nie. Er blieb ziemlich unnahbar. »Aber das war nur sein Charakter«, sagte Kim. »Er war richtig lieb. Genau wie seine Mutter.«

Eine Stadt befindet sich in einem ständigen Prozess der Veränderung, und wenn man längere Zeit in einer Stadt lebt, muss man diese Veränderungen in sein Leben einbauen. Als Carol Ann nach Camden zog, war die Eisenwarenhandlung ihres Schwiegervaters im Stadtzentrum Dreh- und Angelpunkt des Geschäftslebens. In dem Laden konnte man alles kaufen, von Schaufeln und Schmiederohlingen bis hin zu Essgeschirr, aber der Geschäftsinhaber vergab auch Erntekredite und nahm Baumwollballen in Zahlung. Eine Zeit lang betrieb die Firma den einzigen Rettungsdienst der Gegend, und sie verfügte auch über ein Bestattungsinstitut und beschäftige sogar einen Bestatter. Als Harris ins College ging, beschloss er, statt im väterlichen Geschäft lieber in einer Bank zu arbeiten, gab diesen Job jedoch zwei Jahre später auf, als MacMillan-Bloedel, ein kanadischer Konzern, eine Papierfabrik in der Nähe der Stadt baute. Als sein Vater in den Ruhestand ging, hatte Harris bereits seinen Abschluss in Betriebswirtschaft gemacht und war leitender Angestellter in der Fabrik. Die Eisenwarenhandlung wurde von einer Kette übernommen, verkaufte normale Nägel und Werkzeuge und kam allmählich genauso herunter wie die übrige Innenstadt. Aber wenn man lange genug in Camden gelebt hat und weiß, wo man nachschauen muss, findet man immer noch den Schriftzug MATTHEW'S HARDWARE an der alten Backsteinmauer.

Zu der Zeit, als die Kirchenkatze auftauchte, dachte kaum jemand daran, die Innenstadt neu zu beleben. Der nächste Walmart war siebzig Kilometer entfernt, aber die meisten Camdener fanden einen Grund, wenigstens ein Mal pro Monat hinzufahren. »Meine Mom kann an keinem Walmart vorbeifahren«, erzählte mir Harris lachend. »Egal, in welchem Staat wir waren oder was wir gerade vorhatten, wir mussten anhalten.« Religion hatte in Camden immer eine wichtige Rolle gespielt, und auch wenn die allgemeine Wirtschaftslage schlecht war, wurde immer mehr Arbeit und Geld in die vier großen Kirchen an der Broad Street gesteckt. Anfang der 1990er Jahre wurden sie nacheinander größeren Renovierungen unterzogen.

Bei der Camdener Methodistenkirche musste als Erstes das gemütliche alte Pfarrhaus mit seiner achtzigjährigen Geschichte und seinen knarrenden Dielen verschwinden: Es wurde an ein junges Ehepaar verkauft. Als der Tieflader kam und das Haus von den Grundmauern hochgehoben und abtransportiert wurde, hatte sich eine ansehnliche Menschenmenge auf dem Rasen neben der Kirche versammelt, und manchem älteren Gemeindemitglied traten die Tränen in die Augen. Es war nur ein kleiner hölzerner Bungalow, einfach und schlicht, aber in bester alter Handwerkertradition gebaut und deshalb unverwüstlich. Er steht jetzt in einem nur gut einen Kilometer von der Kirche entfernten Viertel und ist wieder erfüllt vom Lachen und den Tränen einer jungen Familie.

Das alte Motel, ein schon längst überfälliger Schandfleck, wurde abgerissen, und an seiner Stelle entstand ein Parkplatz. Stehen bleiben durfte nur das ehemalige Restaurant, das die Kirche in ein Jugendzentrum mit provisorischen Büros für die Kirchenverwaltung umwidmete. Fast ein Jahr lang begegneten sich dort täglich die Kirchenkatze und die Kinder, zur beiderseitigen Freude. Die Katze zog Kims Gesellschaft vor, zumal wenn sie auf dem bequemen Bürostuhl liegen durfte, aber sie lief auch gern hinaus, wenn die Kinder in dem Jugendzentrum waren, und machte dann laut miauend auf sich aufmerksam. Wenn ihr die Kinder zu viel wurden – das kleine Mädchen kreischte immer noch beim Anblick der Kirchenkatze, und jetzt wurde das Geräusch auch noch in dem großen Saal des ehemaligen Restaurants verstärkt –, trollte sie sich und versteckte sich in der Küche.

In dem Jahr nach der Geburt ihrer Jungen geriet die Kirchenkatze nur ein einziges Mal in Schwierigkeiten: beim Kirchenfest der Methodisten. Kim war verreist, und Carol Ann wusste nicht, was sie mit der Kirchenkatze tun sollte, während sie bei dem Fest war. Es war kurz nach Ostern, die schönste Jahreszeit im südlichen Alabama, wenn die Abende noch so feucht und kühl sind, dass man sich von der Hitze des Tages erholen kann. Deshalb beschloss sie, die Kirchenkatze über Nacht aus dem Haus zu lassen. Dann eilte sie davon, um die Teilnehmer an dem Kirchenfest zu begrüßen, einem wichtigen Ereignis, das vom regionalen Superintendenten und Repräsentanten anderer Methodistenkirchen besucht wurde. Von ihrem Platz an der Tür aus achtete Carol Ann darauf, dass die Kirchenkatze sich nicht in den Altarraum schlich, als die Leute hereinströmten, aber irgendwie musste sie doch mit einem Nachzügler in die Kirche gekommen sein, denn plötzlich schritt sie laut miauend den Mittelgang entlang.

Carol Ann wäre am liebsten im Erdboden versunken. *Das war's dann wohl*, dachte sie, während sie die Katze zur Hintertür hinausscheuchte. *Das ist das Ende der Kirchenkatze.*

Doch anstelle von Unmutsäußerungen hörte sie hinter sich von der Kanzel Gelächter. Dann sagte der junge Pfarrer etwas, und die anderen Leute lachten, und so wurde aus dem schrecklichen Fauxpas, dem tragischen Irrtum der Kirchenkatze, eine lustige Geschichte, die rasch in der ganzen Stadt die Runde machte.

Bald danach verließ der junge Pfarrer die Stadt. Carol Ann, Kim und viele andere Gemeindemitglieder bedauerten seinen Weggang sehr, aber in der Methodistenkirche werden die Pfarrer regelmäßig versetzt, und es war (so die Kirchenleitung) Zeit für einen Wechsel. Das Bauvorhaben näherte sich seiner Vollendung, und nachdem der junge Pfarrer gegangen war, drang das eine oder andere Gerücht an Carol Anns Ohr.

Vor allem ein Mann ließ keinen Zweifel daran aufkommen, dass er keine Kirchenkatze in einem der neuen Gebäude dulden werde.

Kim und Carol Ann beschlossen deshalb, am Schwarzen Brett der Kirche einen Aushang zu machen: Die Kirchenkatze suche ein neues Zuhause. Sie hatten viele Anfragen erwartet, doch nach einer Woche hatte sich noch niemand gemeldet. Einige Gemeindemitglieder hatten die Katze natürlich noch nie gern auf dem kirchlichen Areal gesehen, geschweige denn bei sich zu Hause. Die Leute, die sie liebten – und das waren viele –, waren der Meinung, es stehe ihnen nicht zu, Anspruch auf die Katze zu erheben. Alle wussten, dass Carol Ann vor Kurzem ihren geliebten Kater Hogan verloren hatte und dass sie auf ihre höfliche Südstaatlerart insgeheim hoffte, es würde sich niemand melden. Und deshalb taten sie es auch nicht.

Und so ging im Jahr 2001 die Zeit der Kirchenkatze in der United Methodist Church von Camden zu Ende, weniger als vier Jahre, nachdem sie auf der Veranda des Pfarrhauses aufgetaucht und Kim Knox ins Kirchenbüro gefolgt war. Sie fand ihr neues Zuhause bei Carol Ann, wo sie sich in vollen Zügen dem faulen Leben einer verwöhnten und geliebten Hauskatze hingab. Kim Knox kam oft zu Besuch, und jedes Mal blieb ihr der Mund noch länger offen stehen.

»Ich weiß, ich weiß«, sagte Carol Ann. »Aber ich gebe ihr gar nicht besonders viel zu fressen. Ehrlich. Ich weiß nicht, wieso sie so dick geworden ist.«

Bald danach weihte die Kirche ihre neuen Gebäude ein, die, soviel ich weiß, nie auch nur durch ein einziges Katzenhaar beschmutzt wurden.

Carol Ann lässt keinen Zweifel daran, dass das Bauvorhaben eine gute Idee war, auch wenn die Kirchenkatze es mit dem Verlust ihres Zuhauses bezahlen musste. Die Kirche brauchte einen schöneren Altarraum, eine größere Küche für die Gebetsessen am Mittwoch und die Potlucks sowie mehr Klassenzimmer für die Sonntagsschule. Die neuen Gebäude seien für Camden da, meinte Carol Ann, nicht nur für die Gemeindemitglieder. So konnten sie beispielsweise ihre Fastenessen auf die ganze Stadt ausweiten. »Wir brauchen auch neue Toiletten«, ergänzte Harris. »Da hat vorher ein regelrechter Notstand geherrscht.«

Kim Knox ist auch der Meinung, dass die Baumaßnahmen eine gute Idee waren. Und ihrer Ansicht nach sind die Gebäude schön. Aus rotem Backstein mit weißen Einfassungen erbaut werden sie gut in Schuss gehalten, und sie sind auf Zuwachs angelegt, für den Fall, dass die Methodistenkirche und die Stadt Camden allgemein irgendwann einmal einen Wachstumsschub erfahren. Die Gebäude sind unendlich viel besser als das schreckliche Motel, das abgerissen wurde. Und sie sind zweifelsohne praktischer und angenehmer anzuschauen als die Gebäude, die früher an dieser Stelle standen. Sie haben alles, was eine moderne, in die Zukunft blickende Kirche haben sollte.

Andererseits, findet Kim Knox, ist auch etwas verloren gegangen. »Es ist jetzt eine stärker strukturierte Umgebung«, sagt sie von der neuen Kirche. »Nicht mehr so ungezwungen und lässig.« Das alte Pfarrhaus, in dem sie mit der Kirchenkatze gearbeitet hatte, war zugig. Heizen ließ es sich nur mit kleinen Ölöfen, weshalb es den ganze Winter nach Heizöl roch. Die Fenster klapperten. Die Türen knarrten. Aber selbst an den kältesten Tagen hatte Kim das Gefühl, dass das Haus eine Wärme ausstrahlte, die von seiner langen Geschichte und dem alten Holz stammte, vom Lachen eines jungen Pfarrers und davon, dass sie immer, wenn sie vergeblich versuchte, einigermaßen bequem auf der Kante ihres Stuhls zu sitzen, die schlafende Katze an ihrem Rücken spürte. Und wenn sie morgens ins Büro kam und die knarrende Tür öffnete, regte sich die Kirchenkatze, ein herzliches »Morgen, Kim« schallte ihr entgegen und dann ein noch herzlicheres »Miau«.

Sicher, die neue Kirche ist wunderschön. Sie ist etwas, auf das die Bürger von Camden mit Recht stolz sind. Aber sie ist nur ein Gebäude. Sie strahlt weder Wärme noch eine Geschichte aus. Wie auch. Jedenfalls bis jetzt. Anders gesagt: Die neue Camden United Methodist Church ist kein Ort, an dem jemals eine Katze zu Hause sein könnte.

So ist das Leben: Egal, ob man gegen den Fortschritt ist oder sich für ihn einsetzt, für alles, was man gewinnt, verliert man auch etwas.

Wir sind fast am Ende dieser Geschichte angelangt. Das Einzige, was noch zu sagen bleibt, ist wahrscheinlich, dass es der Kirchenkatze sehr gut gefiel bei Carol Ann, die sie verwöhnte wie die Oma, die sie tatsächlich ist, dass ihr Leben aber ein tragisch frühes Ende fand. Als die Kirchenkatze sich im Sommer 2005 mit erst acht Jahren eine Infektion zuzog und starb, war Carol Ann so untröstlich, dass sie mehrere Wochen brauchte, bis sie es der Gemeinde mitteilte. Sie war die dickste Katze, die man je gesehen hat, wie mir Kim und Carol Ann unabhängig voneinander erzählten, aber auch die glücklichste, und Carol Ann und ihr Mann Harris vermissten sie schrecklich. Sie begruben sie in ihrem Familiengrab, Seite an Seite mit den Generationen von Vorfahren, die im County Wilcox, Alabama, gelebt hatten und gestorben waren.

Im Jahr darauf zogen Carol Ann und Harris Riggs weg. Ms Hattie, die Frau, die sich vor der Kirche auf die Erde gelegt hatte, um die Kirchenkatze zu streicheln, und ihre Eltern waren gestorben, und sie hatten sich schon lange gegenseitig versprochen, dass sie, sobald sie keine familiären Verpflichtungen mehr in Camden hatten, woandershin ziehen würden. Als ihre Töchter noch jung waren, hatten sie weite Reisen mit ihnen gemacht: in den Westen der Vereinigten Staaten, nach Kanada, nach Australien. Für ihren Ruhestand zogen sie zweieinhalb Autostunden weit weg nach Tuscaloosa, Alabama, dem Sitz der University of Alabama, wo sie ins Theater und zu Sportveranstaltungen gehen können, ohne hinterher im Dunkeln hundertdreißig Kilometer nach Hause fahren zu müssen.

Sie sagen beide, sie seien aus Camden weggezogen, weil sie noch etwas mehr von ihrem Leben haben wollten, aber es ist klar, dass auch andere Faktoren mitspielten. Keine ihrer Töchter hatte in der Gegend bleiben wollten. Sie waren verheiratet, die eine mit einem Anwalt, die andere mit einem höheren Beamten, und sie studierten beide Medizin. Im County Wilcox gab es keine Arbeitsmöglichkeiten für sie.

Unterdessen wurde die Papierfabrik MacMillan-Bloedel, in der Harris die meiste Zeit seines Lebens gearbeitet hatte, erst an Weyerhauser und dann an International Paper verkauft. In ihrer besten Zeit hatte die Fabrik fast zweitausend Menschen aus der Gegend beschäftigt. Heute schätzt Harris die Belegschaft auf vierhundert Leute, obwohl er sich nicht sicher ist. »Sie wissen ja, wie das mit diesen Weltkonzernen ist«, sagte er. »Wenn man in Rente geht, löschen sie einen im Computer, und man ist weg.« *Einfach weg.* Das war ein ziemlich unrühmliches Ende für über hundert Jahre Familiengeschichte der Riggs in Camden.

Und so endet eine Story, aber das ist natürlich nicht die einzige Geschichte, die man über Camden erzählen kann. Die Stadt liegt im Zentrum des Gebiets, in dem sich die Rassenunruhen abspielten – sechzig Kilometer nördlich liegt Selma, der Ausgangspunkt der berühmten Märsche, und fünfundvierzig Kilometer westlich beginnt das County Lowndes, bekannt als »Bloody Lowndes« wegen seiner hartnäckigen Weigerung, schwarze Wähler zu registrieren. Es gibt also in Camden mindestens zwei Geschichten, zwei Weltanschauungen. Würden

Sie jemand anderen über Camden befragen, vor allem einen alteingesessenen schwarzen Einwohner, bekämen Sie zweifellos eine andere Geschichte zu hören als die, die sie eben gelesen haben.

Aber es gibt immer andere Geschichten zu erzählen. Ich hatte nicht die Absicht, die Geschichte einer Stadt darzustellen, sondern ich wollte nur die Geschichte der Kirchenkatze erzählen, die vier Jahre lang in der Kirche der Vereinigten Methodisten von Camden wohnte und so gestorben ist, wie sie immer gelebt hat, nämlich mit Carol Ann Riggs an ihrer Seite. Das erscheint einfach genug, und ich habe mir Mühe gegeben, die Geschichte so zu erzählen, wie ich sie von Carol Ann gehört habe. Doch selbst etwas vermeintlich so Unkompliziertes wie das Leben der Kirchenkatze ist, das weiß ich wohl, von persönlichen Ansichten und Auslegungen geprägt.

Vollends bewusst wurde mir das durch die drei Gespräche, die ich, verteilt über mehrere Monate, mit Carol Anns guter Freundin Kim Knox geführt habe. Kim hatte nämlich eine andere Ansicht über die Kirchenkatze. Eine Ansicht, die nicht auf dem Verhalten der Kirchenkatze beruht, sondern auf der Tatsache, dass sie, Kim, todunglücklich war, nachdem sie nach Camden übersiedelt war, einer Stadt, von der sie nie auch nur gehört hatte, bis ihr Mann dort eine Anstellung als Lehrer bekam. Sie liebte die Stadt und ihre Menschen, doch es war für sie eine Zeit schwerer Prüfungen. Ihre Mutter starb kurz nach ihrem Umzug, und da sie noch keine neuen Freunde gefunden hatte, konnte sie sich niemandem anvertrauen. Schlimmer noch, nachdem sie es jahrelang versucht hatte, erfuhr sie, dass sie keine Kinder bekommen konnte.

Das war nicht wie bei Mary Nan Evans mit ihren achtundzwanzig Katzen auf Sanibel Island. Mary Nan erzählte mir, ohne zu zögern, sie habe nie darunter gelitten, keine Kinder bekommen zu können. Sie ist älter als Kim und deshalb weiter von der Enttäuschung entfernt, aber ich glaube nicht, dass das der Grund für ihre gleichmütige Haltung ist. Kinder zu haben hat anscheinend nie zu Mary Nans Lebensplan gehört. Sie brauchte das nicht, um glücklich zu sein.

Kim Knox war anders. Das konnte ich an ihrer Stimme hören. Kim Knox wollte unbedingt Kinder. Sie brauchte sie, und es war ein furchtbarer Schlag für sie, als man ihr sagte, dass sie nie welche bekommen würde. Sie und ihr Mann versuchten alles bis auf eine In-vitro-Fertilisation, die sie sich nicht leisten konnten. Sie erkundigten sich auch nach Adoptionsmöglichkeiten, aber nachdem sie über ein Jahr lang telefoniert und Agenturen aufgesucht hatten, stand fest, dass selbst die billigsten Alternativen außerhalb ihrer bescheidenen finanziellen Möglichkeiten lagen. Es gab nicht einen bestimmten Moment, sagte Kim, in dem ihr der Ernst der Lage endgültig bewusst wurde – keine Zusammenbrüche im Büro, kein nächtliches Schluchzen, keine dunklen Vormittage, an denen die Gegenwart der Kirchenkatze ihre Stimmung hob, während ihre Kräfte nachließen. Sie weinte oft in Gegenwart ihres Mannes, aber der emotionale Prozess war ein allmähliches Schwinden ihrer Hoffnungen, die langsame, unerbittliche Zerstörung all ihrer Träume, nicht eine plötzliche Kapitulation. Und der Beitrag der Kirchenkatze bestand mehr in unwandelbarer Zuneigung und täglicher Wärme als in einer einzigen unvergesslichen Handlung.

Doch diese Zuneigung war wichtig, mehr als Carol Ann oder sogar ich je verstehen werden. Für Kim war die Kirchenkatze nicht nur einfach eine süße Katze. Sie war ihr eine Quelle der Kraft und des Trostes. Sie war eine Freundin, der Kim ihre mütterliche Kraft und Liebe widmen konnte, da sie sonst keine Verwendung dafür hatte.

Anwesend sein. Das ist der Ratschlag für jemanden, der leidenden Menschen helfen möchte. Für sie *da sein*, was immer sie brauchen. Und genau das war die Funktion der Kirchenkatze.

Nicht weniger wichtig war, dass Kim sich durch diese kleine Katze einen Kreis von Unterstützern aufbaute. Durch sie freundete sie sich mit Carol Ann Riggs an, der sie sich schließlich auch anvertraute. Mit Hilfe der verstreuten Unterlagen und des zerrissenen Toilettenpapiers entwickelte sie eine herzliche, unbefangene Beziehung zu dem jungen Pfarrer, die es ihr schließlich erlaubte, in der Stille des Pfarrhauses und mit der Kirchenkatze als einziger Zeugin ihr Herz auszuschütten.

Ändert das etwas an der Geschichte der Kirchenkatze? Erklärt es, warum eine berufstätige Frau in ihrer Mittagspause durch das Fenster in ein leer stehendes Haus einstieg? Ich weiß es nicht. Kims Mann, der älter war als sie, war zum zweiten Mal verheiratet und übte seinen zweiten Beruf aus, den eines Lehrers. Er hatte einen Sohn aus erster Ehe, doch der Junge war sein ganzes Leben lang schwer krank. Im Jahr 1999, als die Kirchenkatze ihre Jungen in einem alten Motel zur Welt brachte, empfahlen die Ärzte des Jungen eine Transplantation. Kims Mann spendete ihm eine Niere. Er und Kim wussten beide, dass der Zeitaufwand, die Rekonvaleszenz und die Kosten bedeuteten, dass sie ihre letzte Hoffnung auf eine mögliche Adoption endgültig begraben konnten. Trotzdem zögerten sie keinen Moment. Ich kann mir nicht helfen, aber ich glaube, das Kim Knox, als sie in dem leer stehenden Zimmer saß und die Katzenjungen mit sanftem Nachdruck dazu brachte, ihr zu vertrauen, sich irgendwie als Mutter fühlte. Dass sie von diesen weichen kleinen Wesen getröstet wurde. Dass sie auf ihre Weise dem nachtrauerte, was ihr für immer versagt bleiben würde.

Im August 2002 bekam sie dann einen Anruf von dem jungen ehemaligen Camdener Methodistenpfarrer. Eine Frau habe ihn besucht, erzählte er ihr. Ihre Nichte kenne eine junge Frau, die es sich nicht leisten könne, ihr Baby zu behalten. Sie sei im siebten Monat schwanger und suche Adoptiveltern für ihren Sohn.

Acht Wochen später, im Oktober 2002, fuhr Kim Knox fünf Stunden dorthin, um sich mit der Frau zu treffen. Sie nahm nur Kleider zum Wechseln und einen Kindersitz in der Originalverpackung mit. Sie weigerte sich, irgendetwas anderes zu kaufen. Sie hatte Angst, dass nach all den schwierigen Jahren noch etwas schiefgehen würde.

Zwei Tage später war sie im Kreißsaal, als ihr Adoptivsohn Noah das Licht der Welt erblickte. Die Frau sprach kein Englisch, aber sie flehte Kim mit Gesten und gestammelten Sätzen an, noch bei ihr zu bleiben und sie für einen Moment ihr neugeborenes Baby halten zu lassen. Sie sahen die Frau noch einmal, als das Kind elf Monate alt war. Dazu fuhren sie nach Birmingham, das ein paar Stunden von Camden entfernt ist. Die Frau weinte, lächelte, dankte ihnen in gebrochenem Englisch, nahm ihr Kind in die Arme und verschwand dann. Kim empfand ihren Kummer fast so stark wie früher ihren eigenen. Aber wohin sie ging oder warum, weiß sie nicht.

»Wir waren hingerissen, als wir Noah zum ersten Mal sahen«, erzählt Carol Ann. »Er war ein richtiger Schatz. Die ganze Gemeinde vergötterte ihn.«

Im Jahr 2005 zogen Kim und ihr Mann wieder nach Laurel, Mississippi, Kims Heimatstadt. Sie liebten Camden, aber sie hatten in der Gegend keine Verwandten, und sie wollten ihren Jungen im Kreis der Familie großziehen. Der Umzug fand ganze zwei Monate vor dem Hurrikan Katrina statt. Obwohl sie hundertfünfzig Kilometer von der Küste entfernt wohnten, mussten sie von dem Haus ihrer Tante Lee aus zusehen, wie Bäume entwurzelt wurden und umstürzten. Sie drückten ihr Kind an sich und hoffen, dass Chi-Chi, der Sohn der Kirchenkatze, den sie in ihrem gemieteten Häuschen ganz in der Nähe zurückgelassen hatten, den Sturm überleben würde.

Er überlebte ihn, aber das ist wieder eine andere Geschichte. Für diese Geschichte hier genügt die Feststellung, dass die Kirchenkatze nicht nur einfach ein hübsches Tier war, dass ihre Liebe beruhigend auf Kim Knox und vielleicht auch auf andere Camdener wirkte, in Zeiten, da sie solche Beruhigung dringend nötig hatten. Und dass Kim Knox, mit Hilfe der sanften Katze und des gütigen Pfarrers, ihre schwere Zeit überstand und es erlebte, dass ihr Mutterschaftstraum in Erfüllung ging. Und dass Chi-Chi, der Sohn der Kirchenkatze, zwar nie so freundlich war wie seine Mutter, aber seinen kleinen Bruder Noah ungestüm liebte, was sogar Kim überraschte, die ihr Leben lang für die Wärme und Intelligenz von Katzen dankbar sein wird.

9

Dewey und Rusty

»Ich lag auf dem Vordersitz, den Kopf unter dem
Armaturenbrett, und spürte etwas auf meiner Brust.
Ich schaute hin und sah ein kleines, orange und weiß
gemustertes, vielleicht sechs Wochen altes Katerchen.
Er saß auf meiner Brust und miaute. Ich schaute ihn
an und sagte: ›Na, Rusty, wie geht's?‹ Ich streichelte
ihn, er streckte sich auf meiner Brust aus und blieb
einfach da. Er hat mich nie verlassen.«

Teil 1

Für uns im Nordwesten von Iowa ist Sioux City der Mittelpunkt der Welt. Wir fahren in diese Stadt, um für Weihnachten einzukaufen, um ins Theater oder tanzen zu gehen, geschäftliche Besprechungen abzuhalten oder uns in medizinische Behandlung zu begeben. Tja, die Großstadt, murmeln wir kopfschüttelnd in Spencer. Die Eisenbahnstadt, sagten wir, weil man in Sioux City keine fünf Kilometer fahren kann, ohne Eisenbahngleise zu überqueren. Zu voll. Zu viel Verkehr.

Aber das stimmt nicht ganz. Die Wahrheit ist, dass Sioux City sich nur vom Rest der Welt hier draußen auf den High Plains unterscheidet. Städte sind hier überwiegend flach, sonnig, dem Himmel geöffnet. Sioux City ist dicht bebaut, eine gen Himmel strebende Industriestadt voller Kirchtürme und Fabriktürme. Es ist eine dieser alten Städte wie Pittsburgh und Cleveland, die anscheinend mit roher Gewalt aus dem Boden gestampft wurden. Pittsburgh hatte Stahl. Cleveland hatte Öl. Sioux City wurde für Rinder gebaut. Sie kamen in Herden von tausend Tieren den Missouri herunter oder über Land, um eingepfercht, gemästet und in den Backsteinfabriken längs des Flusses geschlachtet und dann wieder per Güterwaggons in alle Himmelsrichtungen transportiert zu werden.

Auf dem Missouri, dem die Stadt ihre Gründung verdankt, kamen auch andere Güter: Granit, Getreide, Stahl, Tierhäute und die Männer, die mit ihrer Herstellung und Verarbeitung zu tun hatten. Im Zentrum von Sioux City gab es die besten Restaurants und Hotels der Region. Die Lagerhäuser an der Lower Fourth Street, am Rand der Innenstadt, waren die berühmtesten Lasterhöhlen im Umkreis von hundertfünfzig Kilometern. Die Wohnsiedlungen der Arbeiter erstreckten sich bis in die vom Fluss und seinen Nebenflüssen geformten Berge, akzentuiert von katholischen und orthodoxen Kirchen für die überwiegend osteuropäischen Einwanderer. Auf einem Felsvorsprung stand das Oktagon, das Haus eines alten Dampferkapitäns mit Aussicht auf den Fluss. Auf dem höchsten Hügel, dem Rose Hill, befanden sich die Villen der Schlachthof- und Fabrikbesitzer, überwiegend aus dem roh behauenen Sioux-Falls-Granit erbaut, der den Fluss hinab und dann in alle Welt verschifft wurde.

Glenn Albertson wuchs in einem Arbeiterviertel am Rand von Rose Hill auf, in den Zeiten, als die Fabriken auf Hochtouren liefen, die Flussschiffe fuhren und jeweils zehn Blöcke mit dicht beieinanderstehenden Vierzimmerhäusern und vierstöckigen Mietshäusern sich als eine Welt für sich vorkamen. Glenn und seine Familie zogen oft um, aber sie landeten immer wieder in der Nähe der Pierce Street, wo die Läden nah an der Straße standen und mit der Rückseite oft an Pensionen aus der viktorianischen Zeit angebaut waren. In den 1950er Jahren, als Glenn aufwuchs, gab es Bäckereien, Frisiersalons und in Privatbesitz befindliche Lebensmittelgeschäfte fast an jeder Ecke. Die Kinder spielten Schlagball, fuhren Rad und gingen zur Schule, und das auch im bitterkalten Winter von Sioux City. Im Sommer versammelten sie sich auf dem Gehsteig und schauten auf die großen Farbfernseher im Schaufenster von Williams Television & Appliance Store.

Sie waren autark, die Kinder der Pierce Street. Ihre Väter arbeiteten in den Fabriken, die meisten Mütter gingen ebenfalls arbeiten. Um das Familieneinkommen zu ergänzen, arbeiteten sie in »Frauenberufen« – kellnerten, nähten und erledigten Hausarbeit –, die das heimliche Rückgrat des Mittleren Westens darstellten. Glenns Mutter arbeitete bei einer Catering-Firma und in der Küche eines Restaurants und bediente im Coffeeshop im Warrior, dem Grandhotel, das seit den 1930er Jahren ein Wahrzeichen von Sioux City war. Schließlich fand sie eine Dauerstellung als Küchenchefin in einem Altersheim für Frauen. Sie bereitete sämtliche Mahlzeiten zu und erfüllte auch Sonderwünsche. Sie begann im Morgengrauen mit der Arbeit und fuhr nachmittags rasch nach Hause, weil sie wusste, dass ihr Mann, sobald er zur Tür hereinkam, mit dröhnender Stimme »Ist hier jemand, der kochen kann?« rief. Dann lächelte er und umarmte sie. Sie hatte immer sein Essen fertig.

Glenns Vater arbeitete in der Werkzeugfabrik Albertson. Der Name war nicht zufällig gewählt. Glenn Albertson, sen., ein Soldat aus der Steinbruch-Region im südlichen Indiana, heiratete am Ende des Zweiten Weltkriegs Christel Mai, eine Farmerstochter aus der Kleinstadt Pierce, Nebraska. Sie versuchten, im ländlichen Nebraska ihren Lebensunterhalt zu verdienen, zogen aber schon bald in das etwa hundert Kilometer entfernte Sioux City, in der Hoffnung auf bessere Arbeitsmöglichkeiten. Glenn sen. las einen Bericht über die Albertson Tool Company und kam zu dem Schluss, dass die Firma mit diesem Namen sein Schicksal sein müsse. Er arbeitete mehrere Jahrzehnte bei Albertson Tool, wo er Luftdruck- und Elektrowerkzeuge herstellte, bevor er aufhörte und der beste Anstreicher weit und breit wurde.

Glenn sen. war ein »richtiger Mann«, ernst und stark. Er leistete körperliche Schwerstarbeit, war eins achtzig groß und muskulös vom Umgang mit Hämmern und Stahl. Tagsüber formte er Werkzeuge bei Albertson; abends war er Barkeeper und Rausschmeißer in der Lower Fourth Street, dem Kneipenviertel am Rand der Innenstadt. Er war ein geselliger Mann und hatte viele Kumpels, und es kam nicht selten vor, dass er mit ihnen tagelang um die Häuser zog und sich zu

Hause nicht blicken ließ. Bis Glenn jun. neun Jahre alt war, kannte er so ziemlich jeden Barkeeper in der Lower Fourth.

»Setz dich, Junge, und trink eine Erdbeerlimonade«, sagten sie. »Wir finden deinen Dad schon.« Nicht lange, und Glenns Vater erschien, mit Ringen unter den Augen und einem zerknautschten Lächeln im Gesicht, und klopfte seinem Sohn auf die Schulter.

»Komm, gehen wir heim«, sagte er. »Ich hab Hunger.«

Mit achtzehn Jahren war Glenn jun. eins zweiundneunzig groß, aber alle nannten ihn »Tiny«, also »Winzling«. Wenn der Schuldirektor ihn vor einem wichtigen Footballspiel vorstellte, kam Glenn mit dem kleinsten Jungen der Schule auf der flachen Hand aus der Kabine. Der Kleine sprang herunter und klatschte mit ihm ab, und alle lachten. Glenn war ein sanfter Riese, der große Mann in der Pierce Street, und mit allen befreundet.

Sechs Monate später war er verheiratet und stolzer (wenn auch unfreiwilliger) Vater, noch nicht ganz mit der Highschool fertig, aber schon berufstätig in einer Reparaturwerkstatt mit Tankstelle. Sein Arbeitsplatz war nicht weit vom höchsten Punkt der Court Street entfernt, ein paar Straßen von der Gegend, in der er aufgewachsen war. Vom vorderen Rand des Grundstücks aus konnte er die zehnstöckigen Gebäude in der Innenstadt sehen. Dahinter versteckten sich der Missouri und die Lower Fourth Street, wo sein Vater seine Nachmittage in Gesellschaft anderer hart arbeitender Männer verbrachte. Hinter ihm, etwa anderthalb Kilometer entfernt, arbeitete seine Mutter in den Küchen von Rose Hill. Wenn er die Tankstelle verließ, ging er dieselben Straßen entlang, durch die er schon immer gegangen war, wo die Kinder mit dem Rad zu den Läden fuhren, in denen sie Limonade und Süßigkeiten bekamen, auch wenn sie sich zum Fernsehen nicht mehr vor einem Schaufenster versammeln mussten. Jetzt in den Sechzigerjahren hatten die meisten von ihnen zu Hause einen Fernseher.

Glenn war zufrieden. Er wollte nicht mehr, als seinem Sohn ein guter Vater sein. Er kam jeden Abend nach Hause, um ihn ins Bett zu bringen. Er las ihm aus Büchern vor, erklärte ihm, wie Motoren funktionieren, und sagte ihm, dass er ihn liebe, dass er immer für ihn da sei. Er erfror fast in dem Winter in der Tankstelle, weil monatelang Schnee lag und der eisige Wind aus dem oberen Mittelwesten ihn ständig durchpustete. Er nahm noch einen zweiten Job als Koch an, wegen des Zusatzverdienstes, aber auch, weil er es da wärmer hatte. Nach ein paar Jahren gab er die Tankstelle auf und nahm eine Arbeit in der gemäßigteren Umgebung des Fließbands bei Sioux Tools an, der ehemaligen Firma Albertson.

In seiner Freizeit ließ er sich zum Polizisten ausbilden. Es gab damals in Sioux City keine Polizeiakademie. Die Ausbildung bedeutete auch, dass er auf rein freiwilliger Basis als Partner eines erfahrenen Beamten arbeitete. Ein Jahr lang fuhr er in einem Streifenwagen mit. Er schlichtete häusliche Streitigkeiten, erlebte Verfolgungsjagden mit dem Auto, brachte wütende Betrunkene von törichten Vorhaben ab. Er war gut. Aber Polizeiarbeit war schlecht bezahlt. Als sein zweiter Sohn auf die Welt kam, trat er deshalb eine Stelle im Versicherungsbüro seines Schwiegervaters an. Versicherungen zu verkaufen, das stellte sich bald heraus, lag ihm noch mehr als die Polizeiarbeit. Er verstand es, den Kunden ihre Bedenken zu nehmen. Er war riesig von Statur, aber er schüchterte niemanden ein. Ich muss daran denken, mit welchen Worten einmal ein Kommandeur des Zweiten Weltkriegs beschrieben wurde, der ebenfalls aus Iowa stammte: »Er war eine Führungspersönlichkeit – ruhig, selbstlos, bescheiden und doch sehr stark … man glaubte ihm, was er sagte; man war bereit, zu tun, was er vorschlug.« Mit anderen Worten, man war bereit, Glenn Albertson abzunehmen, was er verkaufte – ob es nun eine Versicherungspolice oder eine Unterrichtsstunde in der Sonntagsschule war –, weil man ihm glaubte. Und man wusste, dass er glaubte, was er sagte. Glenn Albertson, das sah man sofort, war ein aufrechter Mensch.

Ehrlichkeit und Offenheit machten sich für ihn bezahlt, und mit dreißig Jahren verdiente Glenn als Versicherungsvertreter siebzigtausend Dollar im Jahr. Er hatte ein Haus in den Vororten jenseits von Rose Hill, mit fünf Zimmern, einer riesigen Dachterrasse und einem weißen Gartenzaun. Tagsüber spielte er mit seinen beiden Söhnen Football, und nachts hielt er seine kleine Tochter in den Armen und staunte über das Wunder des Lebens. Seine Frau neigte dazu, den Rauchmelder als Küchenwecker zu benutzen, und deshalb bereitete er oft auch das Abendessen zu. Seine Söhne nahm er überallhin mit, zum Tanken und in den Supermarkt, und fast jeden Samstag in die Werkstatt, in der er die heißen Schlitten aufmöbelte, mit denen er gern Rennen fuhr. Er hatte sogar eine Hündin namens Maggie. Die Jungen tollten mit ihr im Garten herum, und Glenn sah ihnen von seiner großen Terrasse aus lachend zu und drehte die Burger auf dem Grill um.

Am Sonntag gingen sie in die Kirche. Keine neumodische Megakirche, sondern eine altmodische Kirche in einem Gebäude, das durch seine Einfachheit und Bescheidenheit schön war. Die Gottesdienste waren schmucklos, und die Gemeinde war klein. Glenn wurde Sonntagsschullehrer für alle Kinder der Gemeinde, vom Kleinkind bis zum Zwölftklässler. Nur drei Jungen interessierten sich für Basketball, deshalb rekrutierte Glenn ein paar Kinder aus dem Viertel, das sich als Schmelztiegel von griechischen, afroamerikanischen und indianischen Einwohnern herausstellte, und sagte ihnen, sie könnten Basketball spielen, vorausgesetzt, sie gingen jeden Sonntag in die Kirche. Diese Jungen gehörten schließlich zu Glenns erweiterter Familie. Es gibt kein Problem, hätte Glenn Albertson gesagt, das man mit harter Arbeit, der richtigen Einstellung und wahrer Liebe nicht lösen kann.

Dann bekam seine Tochter Kari eine fiebrige Krankheit.

Sie war erst sechs Monate alt, und die Mädchen in der Sonntagsschule hielten sie für ihr Leben gern auf dem Arm. Es war ein typischer eiskalter Wintersonntag, und alle fünfzehn Kinder tobten herum, als eines der Mädchen zu Glenn kam und sagte: »Kari fühlt sich heiß an.«

Glenn fühlte seiner kleinen Tochter die Stirn. Sie war glühend heiß. »Ich bringe sie nach Hause«, sagte er.

Er bugsierte die Jungen ins Auto und fuhr nach Rose Hill hinauf. Es schneite heftig, und die Sicht war schlecht. Als er um die letzte Ecke bog, konnte Glenn kaum das Fahrzeug ausmachen, das seine Einfahrt versperrte. Er hielt auf der Straße, packte seine Tochter in eine warme Decke ein und lief mit ihr zur Haustür.

Mit der Kleinen im Arm konnte er seinen Hausschlüssel nicht aus der Tasche holen. Er klingelte. Seine Frau war krank und deshalb zu Hause, also hätte sie ihm eigentlich aufmachen können, aber sie reagierte nicht.

Er klingelte erneut. Die Jungen standen neben ihm und froren trotz ihrer warmen Jacken. Er zog die Decke enger um seine Tochter. Niemand kam an die Tür.

Er klingelte immer wieder.

Schließlich ging die Tür auf. Es war nicht seine Frau. Es war einer seiner besten Freunde.

»Wo ist meine Frau?«, fragte er.

»Unter der Dusche«, antwortete sein Freund.

In diesem Moment war die Ehe zu Ende. Das Vertrauen – das Fundament von Glenns Dasein – war weg. Er hing ein paar Monate herum, sprach nie darüber, was passiert war, aber der weiße Gartenzaun, das Fünfzimmerhaus und das glückliche Leben hatten sich an diesem eiskalten verschneiten Sonntagmorgen in Nichts aufgelöst.

Sie ließen sich scheiden. Er zog aus und in eine Junggesellenwohnung. Bald darauf kam er mal zu früh in das Versicherungsbüro und stellte fest, dass sein Schlüssel nicht mehr passte. Seine Schwiegereltern hatten die Schlösser ausgewechselt.

Er kehrte zu dem zurück, was er konnte. Sein Schwiegervater hatte erreicht, dass Glenn die Zulassung als Versicherungsvertreter entzogen wurde, und so verbrachte Glenn seine Tage zwischen Autos, als Leiter der Kundendienstabteilung eines Autohändlers. Abends arbeitete er noch als Rausschmeißer und Barkeeper in der Lower Fourth Street, eine Querstraße von dem Lokal entfernt, in dem sein Vater mit der Flasche in der Hand Hof hielt. Den Nebenberuf brauchte er für die Anwaltskosten wegen der Auseinandersetzung um das Sorgerecht für seine Kinder, doch Anfang der Siebzigerjahre galten Väter in Sioux City nicht als zuverlässige Elternteile. Er verlor seine Kinder, bis auf ein sonntägliches Besuchsrecht. Er verlor sein Haus. Er verlor seinen Hund. Er hatte sehr viele Freunde, aber die meisten von ihnen verlor er durch die Scheidung ebenfalls. Er hasste es, sich erklären zu müssen, sagte er; lieber bleibe er allein. Eine herrenlose Katze, Chloe, tauchte in seiner Wohnung auf und leistete ihm Gesellschaft. Sie war ein bisschen distanziert, rollte sich aber manchmal auf seinem Schoß zusammen.

Etwa ein Jahr später bekam Glenn an einem Sonntagnachmittag einen Anruf von seinem älteren Sohn. Das war eine Seltenheit. Seine Söhne redeten nicht mehr viel mit ihm.

»Mom trinkt«, sagte der Junge mit seiner hellen Kinderstimme. »Im Garten sind Motorräder.«

Glenn sprang in sein Auto. Als er vor seinem ehemaligen Haus vorfuhr, sah er vier Motorräder auf dem Rasen und weitere auf dem Gehsteig. Ein Biker kam aus dem Haus und fragte: »Wer, zum Teufel, sind denn Sie?«

»Ich bin ihr Exmann«, sagte Glenn, der mitten im Garten stand.

»Dann verschwinden Sie besser.«

»Ich bin nur wegen meiner Kinder hier.«

Auf der Veranda erschienen noch mehr Biker. Zwei von ihnen kamen in den Garten herunter. »Ich möchte vorschnelle Reaktionen verhindern«, sagte Glenn und zeigte seine leeren Hände her. »Es sind Kinder in diesem Haus, und ich möchte, dass ihnen nichts passiert.«

Im Gras lag ein Baseballschläger für Kinder. Glenn sah ihn nicht, bis einer der Biker ihn aufhob und auf ihn zukam. Als er ausholte, lief Glenn nicht davon, sondern trat vor, entriss dem Biker den Schläger und schlug ihm damit gegen das Knie. Seine Freunde sprangen von der Veranda. Wäre es noch einer mehr gewesen oder wären sie nüchtern gewesen, hätte Glenn in Schwierigkeiten kommen können. Doch als Rausschmeißer wusste er, wie man mit Betrunkenen umgeht. Ehe er es sich versah, lag der zweite Biker mit ausgerenktem Ellbogen auf der Erde, und die anderen beiden starteten ihre Motorräder. Glenn ließ den Baseballschläger fallen, ging in sein ehemaliges Haus und fuhr mit den Kindern in seine Wohnung.

Drei Stunden später klopfte es bei ihm. Es war ein Polizist, den er von seiner Ausbildung her kannte.

Glenn erzählte ihm, was vorgefallen war. Der Polizist sagte: »Tja, Glenn, schön und gut, aber ihre Eltern sind jetzt dort, und du musst die Kinder zurückbringen, weil sie dich wegen Kindesentführung angezeigt haben.«

Von da an wurde das Leben in Sioux City für Glenn Albertson unerträglich.

Eines Tages, als er noch im Versicherungsbüro seines Schwiegervaters arbeitete, hatte ein älterer Mann Glenn auf der Straße angehalten. »Ich wollte Ihnen nur sagen, junger Mann«, sagte er und musterte Glenns Anzug, »dass sie ziemlich gut aussehen. Haben Sie eine Minute Zeit?«

»Ja«, sagte Glenn.

Sie setzten sich. Der Mann war schmuddelig und ungepflegt und trug einen zerschlissenen cremefarbenen Anzug. Seine Schuhe hatte er schon lange nicht mehr geputzt.

»Ich war mal Banker«, sagte der ältere Mann und reichte Glenn seine Visitenkarte. Darauf stand: DIREKTOR, FIRST NATIONAL BANK OF CHICAGO. »Mein Vater war Banker, und vor ihm war auch sein Vater schon Banker. Alle meine Freunde und Bekannten waren Banker. Ich habe nie was anderes gemacht. Aber als die Depression kam, ist meine Bank pleitegegangen. Ich hab meinen Job verloren.« Glenn nickte und wartete.

»Was machen Sie, junger Mann?«

»Ich verkaufe Versicherungen.«

»Aha. Also, ich möchte Ihnen etwas sagen, für den Fall, dass das nicht so läuft, wie Sie es sich vorstellen: Lernen Sie möglichst viel auf möglichst vielen Gebieten, dann werden Sie nie Schwierigkeiten haben, eine Arbeit zu finden.«

Glenn bedankte sich für den Rat, gab dem Mann die Visitenkarte zurück und schenkte ihm ein bisschen Kleingeld. Er sah ihn nie wieder, und er erfuhr nie, ob er tatsächlich Banker gewesen oder nur ein alter Säufer mit einer Visitenkarte war, aber er dachte immer wieder einmal daran, was er gesagt hatte. Glenn ging nie aufs College, aber er studierte das Leben. Als seine Söhne noch klein waren, lernte er in einer Friseurschule Haare schneiden. Er kannte sich in Polizeiarbeit und Security aus. Er konnte Versicherungen verkaufen, hinter einer Bar stehen und so ziemlich jedes Auto reparieren. Er war bewandert in Tischlerei und Klempnerei und kannte sich auch in

Elektrotechnik so gut aus, dass er damit nie Probleme haben würde. »Lernen *und* tun«, lautete sein Credo. Aber er war in einer Umgebung geboren, in der man sehr schnell ganz unten sein konnte, der Weg nach oben aber lang und steinig war, und nach seiner Scheidung hätte sein Weg natürlich leicht nach unten führen können. Zu der Zeit war er verbittert und gekränkt genug, um alles in Alkohol zu ertränken. Denn es ist zwar leicht, einen neuen Beruf zu erlernen, aber schwer, sich eine neue Lebensweise anzugewöhnen. Und wenn es schwierig wurde, gingen die Männer der Pierce Street in die Kneipe. Und Glenn? Er hat zwar an der Lower Fourth gearbeitet, verbrachte seine Abende aber lieber in einem Diner in seiner Nachbarschaft als auf einem Barhocker. Drei Jahre später heiratete er dort eine Kellnerin und zog mit ihr nach St. Petersburg, Florida.

»Da waren mir zu viele Geister«, sagte er über seine Gründe dafür, dass er von Sioux City wegzog. »Zu viele Leute, die herumliefen und dachten, sie wüssten etwas. Das ist mir einfach zu viel geworden.«

In Florida arbeitete Glenn am Bau, bis der Besitzer des Fitnessstudios, in dem er trainierte, ihm einen Job anbot, als er sah, wie beliebt er war. Nach einem Jahr leitete er bereits das Studio: Er nahm neue Mitglieder auf, wechselte die Poolfilter aus, reparierte den Whirlpool. Nebenbei machte er einen sechsmonatigen Lehrgang und wurde diplomierter Massagetherapeut. Er arbeitete sieben Tage in der Woche, nicht nur, weil er das Geld brauchte, sondern auch, weil er ein Arbeiter aus Sioux City war und gern viel arbeitete.

Als die Investoren sich zurückzogen und der Fitnessclub schließen musste, zog Glenn mit seiner Familie nach Texas, wo ein Freund den Auftrag hatte, die städtischen Schulen von Dallas neu auszumalen. Er war fünfunddreißig Jahre alt und hatte keinen einzigen Schlüssel an seinem Schlüsselring. Kein

Haus. Keine Wohnung. Kein Bankkonto. Er besaß nicht einmal ein Auto. Aber er hatte das Wichtigste: eine Frau, einen neugeborenen Sohn und einen Hund. Glenn Albertson ging es nie um die Arbeit. Er war mit jedem Job glücklich. Ihm ging es um die Familie. Mehr brauchte er nicht, um sich zu Hause zu fühlen.

Aber Texas war nicht seine Heimat. Auch Florida war nie seine Heimat gewesen. Nicht wirklich. Seine Heimat war Sioux City, Iowa, wo seine Eltern sich schließlich ein kleines weißes Haus an einer belebten Straßenecke gekauft hatten und seine Kinder aus der ersten Ehe in seinem alten Fünfzimmerhaus ohne ihn aufwuchsen. Nach ein paar Jahren, als die Malerarbeiten abgeschlossen waren, zog Glenn mit seiner neuen Familie wieder in den Nordwesten von Iowa zurück: zu den kalten Wintern, dem harten Granit und den Fragen alter Freunde. Er arbeitete wieder als Automechaniker. Seine Frau fuhr regelmäßig zu ihren Eltern in Michigan und nahm jedes Mal ihren gemeinsamen Sohn mit. Die Fahrten waren eine finanzielle Belastung, und er vermisste seinen Jungen schrecklich, aber er nahm das alles auf sich, weil es seine Frau bei Laune hielt. Er rechnete sich aus, dass er noch ein Jahr von dem großen Garten, dem weißen Gartenzaun und dem Haus entfernt war.

Ihre Cousine klärte ihn auf. »Sie trifft sich mit ihrem Freund aus der Highschool«, erzählte sie ihm. »Sie ist nie von ihm losgekommen.«

Glenn war sich nicht sicher. Obwohl seine erste Ehe so kläglich gescheitert war, war Glenn Albertson noch immer ein so vertrauensvoller Mensch, dass er sich nicht vorstellen konnte, dass auch seine zweite Frau ihn betrog.

Doch diesmal war er wenigstens vorgewarnt. Als seine Frau ihm sagte, dass sie nach Michigan ziehen und ihr Kind mitnehmen würde, fragte Glenn nicht nach dem Grund. Er kämpfte nicht um seinen Sohn, denn er wusste aus Erfahrung, dass das ein aussichtsloser Kampf war. Sie ließen sich scheiden, und das war's.

Er versuchte es noch einmal. Diesmal heiratete er eine Freundin, eine Frau, die er seit über zehn Jahren kannte. Er konnte sich vorstellen, dass er sie eines Tages lieben würde, und sie sagte, sie liebe ihn, also lag eine Heirat nahe. Sie waren beide nicht mehr ganz jung, also versuchten sie, möglichst bald ein Kind zu bekommen. Nach ein paar Jahren Kummer und Stress wurde die Frau schwanger. Dann verlor sie ihr Kind. Einen Monat lang weinten sie und trösteten einander. Der Arzt sagte ihnen, dass sie nie mehr ein Kind bekommen würden. Das war ein vernichtender Schlag.

Sie nahmen Pflegekinder auf, Kleinkinder und auch ältere Kinder, die durch das System geschleust worden waren und sich danach sehnten, eine feste Bindung zu irgendjemandem zu entwickeln. Die Pflegeelternschaft war sehr befriedigend, aber auch aufreibend. Immer wieder widmete sich Glenn mit Leib und Seele einem Kind, arbeitete daran, ihm Geborgenheit und Familiengefühl zu vermitteln, entwickelte eine starke Bindung und investierte viel, musste dann aber doch zusehen, wie das Kind woandershin gebracht wurde, oft aus Gründen, die er nicht nachvollziehen konnte. Sie nahmen insgesamt elf Kinder in Pflege. Das zwölfte, ein Mädchen, wollten sie dann adoptieren. Sie war reinrassige Sioux, die Tochter einer jungen Mutter, die sich nicht um sie kümmern konnte, und Glenn war am Tag der Geburt in der Klinik. Kaum sah er sie, wusste er schon: Das ist die Richtige. Seine Frau empfand genauso. Darauf hatte sie gewartet: eine eigene Tochter. Sie tauften sie Jenny, und wenn sie sie in den Armen hielten, war die Welt für sie beide in Ordnung.

Jedenfalls dachte Glenn das. Wie es um seine Ehe wirklich bestellt war, erfuhr er erst, als er eines Tages früher nach Hause kam und seine Frau mit ihrer Mutter in der Küche reden hörte.

»Ich brauche ihn jetzt nicht mehr«, sagte seine Frau.

»Dann schaff ihn dir vom Hals«, erwiderte ihre Mutter. »Du hast deine Tochter, und du kommst an sein Geld ran. Was willst du mehr?«

»Stimmt.«

Mit diesem einen Wort wurde für Glenn Albertson abermals eine Tür zugeschlagen. Er war fünfzig Jahre alt, war mit drei Frauen insgesamt vierundzwanzig Jahre verheiratet gewesen, und was hatte er vorzuweisen? Sein Leben lang hatte er sich nach nichts so gesehnt wie nach Liebe, nach einer Familie. *Ich geb auf*, sagte er sich.

Es gibt tausend Arten, einen Mann so gründlich k. o. zu schlagen, dass er, selbst wenn er sich wieder aufrappelt, nicht mehr derselbe ist. Vielleicht geht es ihm danach besser, vielleicht schlechter. Vielleicht geht es ihm eine Zeit lang schlechter, dann aber irgendwann besser als je zuvor. Oder er erhebt sich taumelnd, so stark verletzt, dass es keine Rettung mehr gibt. Wenn es tausend Arten gibt, jemanden niederzuschlagen, gibt es mindestens genauso viele Arten, wieder auf die Beine zu kommen.

Über solche Dinge denkt man öfter nach im nordwestlichen Iowa, einer Region, die im Lauf der Jahre mehr als einmal niedergeschlagen wurde. Zu meinen Lebzeiten war der schwerste Schlag der gegen die Familienfarm. Mein Vater war stolzer Nachkomme einer langen Reihe von Farmern, aber in den 1950er Jahren änderten sich durch das Aufkommen riesiger Mähdrescher sowohl die Art der landwirtschaftlichen Arbeit als auch die finanziellen Rahmenbedingungen. Wir konnten uns die großen Maschinen nicht leisten, mussten aber bei ständig fallenden Preisen konkurrenzfähig bleiben, was die Familie in ihren Grundfesten erschütterte. Schließlich war mein Vater gezwungen, die Farm an einen Nachbarn zu verkaufen, der unsere Bäume fällte, unser Haus abriss und unser Land umpflügte.

In Sioux City führten dieselben Kräfte – die Konzentration und Industrialisierung der Farm- und Ranchwirtschaft – zu fast ebenso drastischen Veränderungen. Als der Missouri noch der wichtigste Transportweg des oberen Mittelwestens war, war die Stadt ein bedeutender Verkehrsknotenpunkt, an dem raubeinige Cowboys und Schiffskapitäne Whisky und Frauen vorfanden. Die Schlachthöfe gehörten zu den größten der Welt, und selbst in einer Stadt mit hundertzwanzigtausend Einwohnern übertraf die Anzahl der Rinder die Anzahl der Bürger oft um das Zehnfache. Die Villen der Rinderbarone auf Rose Hill waren aus massivem Granit erbaut, die Kirchen ebenfalls. Selbst die Central Highschool, 1893 aus Sioux-Falls-Granit erbaut, war ein Schloss mit Türmen und Türmchen.

Doch nach dem Zweiten Weltkrieg verlor der Missouri nach und nach an Bedeutung. Straßen ersetzten Eisenbahnen und Dampfer, wodurch die landwirtschaftliche Produktion dezentralisiert und die Farmer und Rancher näher zu ihren heimatlichen Feldern getrieben wurden. Die Stadt wurde mehrmals überschwemmt, bis schließlich in einem Groß-projekt die Nebenflüsse des Missouri reguliert wurden. Das Geschäft mit den Schlachthöfen und den mit ihnen zusam-menhängenden Fabriken ging zurück, und dementsprechend auch die Einwohnerzahl. Sioux City schrumpfte von einhun-dertzwanzigtausend auf hunderttausend und schließlich auf neunzigtausend. Der Flughafen schloss ein Gate und fertigte nur noch einige wenige Flüge pro Tag ab. Mit der Zeit wurde die Innenstadt wiederbelebt, und die Lower Fourth Street verwandelte sich in ein hochkarätiges Einkaufs- und Vergnügungsviertel, in dem sogar das ehemalige Vereinsheim des El Forastero Motorradclubs zu einem Haus mit teuren Eigentumswohnungen umgebaut wurde. Doch in den äußeren Vierteln riss der Frost nach wie vor die steilen Straßen auf, auch wenn sie noch sooft wieder ausgebessert wurden, und der arktische Wind fegte durch die Pierce Street mit ihren Läden. Die meisten Villen auf dem Rose Hill wurden in mehrere Wohnungen aufgeteilt. Sioux Tools machte dicht. Die Bäckerei an der Ecke gegenüber von Glenns Elternhaus wurde zu einem bis drei Uhr morgens geöffneten Mini-Markt, dessen Leuchtreklamen ihr grelles Licht auf die heruntergekommenen Zapfsäulen der Tankstelle warfen. Glenns Vater, der nicht nur hart gearbeitet, sondern auch gern gelacht und getrunken hatte, bekam einen inoperablen Lebertumor.

Jahre früher, bevor Glenn seine eigene Familie hatte, war sein Vater zu Hause ausgezogen. Glenn erfuhr nicht, warum. Er nahm an, das es etwas mit dem Alkohol zu tun hatte. Eine Zeit lang dachte er, er würde seinen Vater nie wiedersehen, doch als Glenn Albertson sen. drei Jahre später zurückkam, war er ein neuer Mensch. Zwar immer noch ein Trinker und ein Arbeiter, aber freundlicher und verständnisvoller. Und dankbarer für das, was er zu Hause hatte. Er umwarb seine Exfrau so gekonnt, dass sie sich wieder in ihn verliebte, heiratete sie zum zweiten Mal und war mit ihr glücklich bis an sein Lebensende. Er gewann auch seinen Sohn zurück – Glenn hatte seinen Vater immer geliebt – und pflegte jetzt die Beziehung zu ihm. Selbst als er in Florida und Texas lebte, rief Glenn seinen Vater jede Woche an. Nach seiner dritten Scheidung gründeten sie gemeinsam ein Malergeschäft und wohnten oft wochenlang in ein und demselben Hotelzimmer. Sie malten die McGuire Air Force Base in Trenton, New Jersey, aus. Desgleichen die Highschool in Madison, Nebraska, einschließlich von Glenns Wandgemälde von einem Drachen, dem Maskottchen der Schule. Als er Donnelly Marketing in South Sioux City sah, dachte Glenn, sie würden nie fertig werden. Das dreistöckige Gebäude nahm ein ganzes Karree ein und hatte keine Fenster. Zu zweit erledigten sie den Job in nur drei Monaten, einschließlich handgemalter Beschriftungen.

Das wichtigste Projekt, an dem Glenn je gearbeitet hat, war jedoch die Bemalung des 1984 Buick LeSabre seines Vaters nach einem Hagelschlag. Eine Woche lang beulte Glenn sämtliche Dellen aus, während sein Vater an der Wand lehnte und ihm zusah. Er lackierte den Wagen burgunderrot, langsam und präzise, und entfernte sogar den goldenen Pinstripe, den sein Vater scheußlich fand, und ersetzte ihn durch ein Metallic-Kastanienbraun. Als Glenn fertig war, zeigte sein Vater den Wagen all seinen Freunden. Er war so stolz auf das Meisterstück seines Sohnes, dass alle es sehen sollten. Glenn hatte sein Leben lang um Anerkennung gekämpft und sie nun endlich bekommen. Einige Jahre später starb Glenn Albertson sen.

Kurz danach zog Glenn zu seiner Mutter. Sie waren beide in einem Übergangsstadium: Christel Albertson vom Leben als Ehefrau, Glenn von den Jahrzehnten, in denen er versucht hatte, Ehemann und Familienvater zu sein. Glenn erledigte Besorgungen für seine Mutter, führte Reparaturen am Haus aus und kochte gelegentlich, obwohl seine Mutter die beste Köchin im ganzen Viertel war. Sein Zimmer war eine Mönchszelle, wie er sagte: ein Bett, eine Kommode, weder Radio noch Fernseher, kahle Wände. Nachts spielte er Gitarre und übte so lange, bis er an den Fingerkuppen der linken Hand die Schwielen bekam, die einem das Herunterdrücken der Saiten erleichtern. Tagsüber arbeitete er auf der New Car Row, dem drei Blöcke langen Abschnitt der Sixth Street zwischen den Eisenbahngleisen, in dem alle Autohäuser ihre Ausstellungsräume hatten. Im Lauf der Jahre arbeitete er irgendwann in fast allen diesen Autohäusern; er fand es tröstlich, die Autos zu inspizieren, sie auseinanderzunehmen und wieder zusammenzumontieren. Und wenn ein Porsche ab und zu einmal ausgefahren werden musste, als Test für einen Kunden, dann ließ sich Glenn nie lange bitten.

Seine Adoptivtochter Jenny sah er jeden Sonntag in der Kirche, und dann wurde gemacht, was das kleine Mädchen wollte – Eis essen, im Park spazieren gehen, Karussell fahren. Er rief seine anderen Kinder an, schickte ihnen Geburtstagskarten, versuchte in Kontakt zu bleiben, aber sie riefen ihn nur selten zurück. Er litt unter ihrer Zurückweisung seiner Liebe und nahm seinen Anteil an der Schuld dafür auf sich, dass er nicht der Vater geworden war, der er immer hatte sein wollen. Als ihm seine Gitarre nicht die Antworten gab, nach denen er suchte, probierte er es mit Counseling. Er nahm regelmäßig an einer Selbsthilfegruppe für geschiedene Väter teil, saß im Rauch von einem Dutzend Zigaretten und hörte sich die Geschichten anderer Väter an, die zu Hause rausgeworfen worden waren … oder von sich aus das Weite gesucht hatten. Er sprach langsam, mit tiefer Stimme, spendete eher Trost als Rat und redete kaum über seine eigene Lage. Eines Abends erwähnte er, dass das Musikmachen eine der großen Freuden seines Lebens sei, und die Nonne, die die Gruppe leitete, bat ihn, seine Gitarre mitzubringen. Zum ersten Mal seit Jahren spielte er vor Publikum, einer Gruppe verstoßener Ehemänner und vergessener Väter.

Bald danach joggte er eines Tages mit dem Hund eines Nachbarn auf einer Landstraße, als er einen Abschleppwagen sah, der langsam rangierend in ein Wäldchen fuhr.

»Na, was wird das denn?«, fragte er den Fahrer.

»Ein Farmer hat da drin ein altes Auto. Wir fällen ein paar Bäume, verladen die Karre und bringen sie zum Schrottplatz.« Glenn erkannte die Rostlaube: es war ein Studebaker

Commander, Baujahr 1953. Obwohl er halb im Gestrüpp verschwand, weckte der Wagen bei ihm Kindheitserinnerungen. Nicht an Sioux City, wo er seine Schulzeit verbracht hatte, sondern an Pierce, Nebraska, die Heimatstadt seiner Großmutter, wo er immer in den Sommerferien gewesen war. Pierce war ein verschlafenes Nest an einer Straßenkreuzung mit weniger als tausend Einwohnern, eine Kleinstadt, in der die Männer alte Klapperkisten fuhren, die Frauen Apfelkuchen backten und ein Nachbar seinen Rasen mit einem Pferdegespann mähte. Im Haus seiner Großmutter hörte er in jedem Zimmer die Dampflok pfeifen, wenn der Zug sich der Kreuzung in der Stadtmitte näherte, und dann lief er hin, um zuzusehen, wie der Zug in einer Dampfwolke vorbeifuhr. Die Sommer in Pierce prägten Glenns Jugend mindestens genauso stark wie sein Alltag zu Hause in Sioux City: die langen Radfahrten zu dem Angelteich, das Rattern der Autos auf den kopfsteingepflasterten Straßen, der eine große Baum in der Stadt, der eine Stadtpolizist, die Nähe der Menschen, die einander kannten (und oft verwandt waren, wenn nicht biologisch, dann durch ihre deutschen Wurzeln) und gemeinsam durchs Leben gingen, die Arbeit auf der Farm eines Nachbarn, als der Mann eines Sommers krank wurde – wofür er keinen Cent annehmen wollte.

Seine Großmutter verbrachte ihre Tage in der Küche und unterhielt sich mit Glenn, indem sie Deutsch und Englisch ebenso vermischte, wie sie mit den Händen Mehl und Butter vermischte. Sie gewöhnte sich nie ganz an die englische Sprache, und deshalb schrieb Glenn ihr Briefe, die sie immer wieder las, um die Sprache zu lernen. Nachmittags wartete er auf seinen Großvater. Selbst in den Sechzigerjahren musste dieser als Schreiner sehr lange arbeiten, und wenn er heimkam und sich als Erstes eine Salem anzündete und den Rasen wässerte, wusste Glenn, dass er erschöpft war. Wenn er seinen 1941er

Studebaker in der Einfahrt stehen ließ, wusste Glenn, dass sie zum Angeln fahren würden. Glenn hielt die Ruten fest, deren Enden aus dem Fenster ragten, und sein Hund Spook bellte auf dem Rücksitz, während der graue Studebaker über die staubigen Landstraßen flitzte.

Wenn Glenn nicht bei seiner Großmutter in der Küche war, hielt er sich in der Autowerkstatt nebenan auf. Er sah dem Mechaniker beim Zerlegen von Motoren zu und verliebte sich in Autos. Mit zehn Jahren fuhr er zum ersten Mal den Studebaker seines Großvaters. Mit zwölf wusste er genau, wie das Auto funktionierte. Gegenüber der Autowerkstatt lag ein Schrottplatz, der dem Bruder des Mechanikers gehörte. Glenn fuhr oft mit, wenn kaputte Traktoren oder Laster von irgendwelchen Farmen abzuholen waren, und half beim Abwracken. Eines Tages fuhr der Abschleppwagen am Abstellplatz eines Autohändlers vorbei, und dort glänzte ein 1953er Studebaker Commander in der Sonne. *Eines Tages wird mir so einer gehören*, gelobte sich Glenn.

Es war nicht nur der Wunsch, einen Sportwagen zu besitzen, mit dem er jedem richtigen amerikanischen Jungen imponieren konnte. Es war der Wunsch, es zu schaffen, erfolgreich zu sein, ein Leben zu führen, auf das ein Junge stolz sein konnte. Aber es war auch so viele Jahre später auf der Landstraße außerhalb Sioux City der Heimatgedanke. Für ihn war der 1953er Studebaker Commander unlösbar mit Erinnerungen an Apfelstrudel und Angelteiche verknüpft und an seinen Hund Spook in seinem Anhänger am Fahrrad eines kleinen Jungen.

»Ich muss das Auto haben«, sagte Glenn dem Fahrer des Abschleppwagens.

»Da wird wohl nichts draus, Sportsfreund«, sagte der Fahrer. »Die Kiste ist durchgerostet. Ist schon seit Jahren nicht mehr bewegt worden.«

»Ich will es trotzdem«, sagte Glenn. Ein paar Stunden später stand der Commander in einer Garage, eine Straße vom Haus von Glenns Mutter entfernt. An dem Nachmittag ist Glenn bestimmt zwanzig Mal um den Wagen herumgegangen, nur um sich an seiner stromlinienförmigen Form sattzusehen. Der Zustand des Studebaker war so schlecht, wie der Fahrer gesagt hatte. Eher noch schlechter. Glenn wusste, dass er ein Projekt fürs Leben hatte.

Als Erstes musste er den Rost abschleifen. Nichts lässt einen Wagen so rettungslos kaputt erscheinen wie eine äußere Schicht der Verwahrlosung, eine tote alte Haut. Kratzt man den Rost ab, weiß man, was noch übrig ist. Löcher lassen sich leichter schließen, als die meisten denken. Man muss sich nur die Zeit nehmen, sie ausfindig zu machen und festzustellen, wie tief sie sind. Glenn nahm sich die Zeit. Er schleifte auch noch das kleinste Rostfleckchen ab, bis überall das Metall zum Vorschein kam. Dann reparierte er die Löcher. Der 1953er Studebaker Commander ist ein Sportwagen, der an die Autos erinnert, die Sean Connery in den alten James-Bond-Filmen fuhr, und Glenn spachtelte und schliff, bis die Karosserie wieder sanft geschwungen und geheimagentenmäßig elegant war.

Er baute den Motor aus. Dann zerlegte er ihn, sodass die verbogenen, zerbrochenen und verrosteten Teile inspiziert und notfalls entsorgt werden konnten. Er arbeitete bedächtig, ging abends zu den Treffen mit den anderen geschiedenen Vätern, spielte nachts auf seiner Gitarre und sparte sein Geld für Ersatzteile. Er kaufte Einlassventile aus einem alten Ford, Auslassventile aus einem alten Oldsmobile und Kolben aus einem Chevrolet-Oldtimer. Er trat aus der Garage heraus, steckte sich eine Zigarette an, schaute in den Nachthimmel und dachte an die Küche seiner Großmutter und den geliebten Buick seines Vaters. Nach einer Weile drückte er die Zigarette aus und ging wieder an die Arbeit – Kotflügel abschleifen oder Zylinder reinigen. Er bearbeitete jedes Teil, überprüfte jede Klappe, jedes Ventil. Er brauchte über ein Jahr, aber als der Motorblock wieder in den Studebaker eingebaut wurde, war er komplett restauriert.

Seine nächste Aufgabe war, alles zusammenzubauen. Die Kardanwelle, die Kurbelwelle, die Radachsen, die Lenksäule – alle Teile mussten reibungslos zusammenarbeiten. Glenn reinigte die Verbindungen Bolzen für Bolzen und Scharnier für Scharnier. Zwei Jahre waren vergangen, als er den Schlüssel ins Zündschloss steckte. Der Motor sprang an, die Räder rollten. Er fuhr mit dem Wagen zum Laden an der Ecke. Er fuhr damit zu seiner Selbsthilfegruppe, die Gitarre auf dem Rücksitz, und er zeigte ihn seiner Tochter Jenny, nahm sie aber noch nicht mit. Noch nicht, der Wagen war noch zu gefährlich. Er hatte zwar Bremslichter, aber keine komplette elektrische Anlage, und die Karosserie war zwar abgeschliffen, aber nicht lackiert. Der Studebaker sah noch nicht besonders gut aus, aber er konnte wieder atmen.

Ein paar Wochen später lag Glenn auf dem Vordersitz, den Kopf unter dem Armaturenbrett, summte vor sich hin und arbeitete an der Verkabelung, als er spürte, wie etwas auf seine Brust fiel. Er schaute auf – beinahe hätte er sich den Kopf an der Unterseite des Armaturenbretts angeschlagen – und sah direkt in die Augen eines orange und weiß gefärbten Katers. Er war klein, wahrscheinlich sechs oder sieben Wochen alt, und er schaute Glenn mit schräg gelegtem Kopf an. Glenn hatte keine Ahnung, wo das Katerchen herkam, aber irgendetwas an der Färbung seines Fells erinnerte ihn an den Studebaker, als sie ihn aus dem Gehölz gezogen hatten.

»Na, Rusty, wie geht's?«, fragte er und tätschelte dem Kater sanft den Kopf.

Der Kater schnupperte an Glenns Handfläche. Dann schaute er ihn wieder an. Schließlich streckte er sich auf

Glenns Brust aus und begann zu schnurren. Nach einer Weile zuckte Glenn die Achseln und wandte sich wieder seiner Arbeit zu, und das Klappern der Werkzeuge und Rustys rollendes Schnurren waren die einzigen Geräusche in der leeren Garage.

Am nächsten Abend wartete der Kater schon, als Glenn ankam. Als er die Hand ausstreckte, kam der Kater zu ihm und gab Köpfchen. »Schön, dich wiederzusehen, Rusty«, sagte Glenn. Rusty schaute ihn mit schräg gelegtem Kopf an, dann miaute er. »Schon gut, schon gut«, sagte Glenn. »Ich hab verstanden.« Als Glenn unter das Armaturenbrett glitt, sprang Rusty ihm wieder auf die Brust und rollte sich zu einem Nickerchen zusammen. Am nächsten Abend war er erneut zur Stelle. Nach einer Woche bemerkte Glenn, dass der kleine Kater in dem Commander schlief und auf ihn wartete. Er bot ihm hin und wieder etwas Fleisch aus einem Sandwich oder Stücke von anderen Imbissen an. Rusty schnupperte begierig an allem; die meisten Stücke schlang er gierig hinunter.

»Willst du zu mir nach Hause mitkommen, Rusty?«, fragte Glenn eines Abends. Er hatte sich angewöhnt, mit Rusty wie mit einem alten Freund zu sprechen, während er an dem Wagen herumbastelte. Rusty war dazu übergegangen, ihm zu antworten. Offenbar hatte er immer etwas zu sagen.

»Kein Interesse?«, fragte Glenn, als Rusty ihm am nächsten Abend nicht folgte. »Auch recht. Dann bis morgen.«

Glenn konnte gut mit Tieren umgehen. Als Kind hatte er jeden Streuner, der ihm über den Weg lief, mit nach Hause gebracht. Jumper, eine lebhafte Labrador-Hündin, durfte er jedoch nur ein paar Tage behalten, dann brachte sein Vater sie auf die Farm eines Freundes. Glenn fand am Straßenrand einen blutenden Terrier und trug ihn in den Keller. Er gab ihm Wasser und verband ihn, und als er am nächsten Tag noch am Leben war, nannte er den Hund Rocky. Ein Jahr später sahen die ursprünglichen Besitzer Rocky mit Glenn spielen und verlangten ihren Hund zurück. Bald darauf lief Spook Glenn bis nach Hause nach. Als Glenns Eltern zweimal umzogen, ohne ihm Bescheid zu sagen – das erste Mal in eine Wohnung im selben Gebäude, dann in ein Haus ein paar hundert Meter weiter –, erkannte Glenn an Spooks Bellen, wo er hinmusste. In Texas freundete er sich sogar mit einem Löwen an, der seinem Freund gehörte (der Löwe kam später in einen Zoo, aber in den Siebzigerjahren wurden in Vororten von Dallas offenbar vereinzelt Löwen in Privathäusern gehalten), und die beiden fuhren in Glenns Pontiac Grand Prix herum: Auf der einen Seite steckte der Löwe den Kopf durchs Fenster, auf der anderen hing sein Schwanz heraus.

Glenn war deshalb nicht überrascht, als Rusty ihm ein paar Tage nach seiner ersten Einladung tatsächlich nach Hause folgte. Unglücklicherweise hatte Glenns Mutter bereits eine Katze. Ein heimtückisches, übellauniges, reserviertes Tier. Im Jahr zuvor hatte Glenn sie gefunden und gerettet, nachdem sie fünf Wochen in einer verlassenen Zisterne eingesperrt gewesen war – sie musste Feuchtigkeit von den Wänden geleckt und Insekten gefressen haben, auch eine tolle Geschichte, die man irgendwann einmal erzählen könnte –, aber diese Katze tat ihm trotzdem keinerlei Gefallen. Mit der Sturheit des Revierinhabers wollte sie Rusty auf keinen Fall ins Haus lassen. Rusty war ein recht stattlicher Kater und hatte im Gegensatz zu seiner Widersacherin Krallen, aber er war keine Kämpfernatur. Nicht aus Angst oder Unterwürfigkeit, sondern … er war einfach von Natur aus nicht aggressiv. Seine Grundhaltung war »leben und leben lassen«.

Glenn entschuldigte sich bei Rusty, sagte ihm, dass er gern in die Garage mit dem Commander zurückkönne, aber Rusty ließ sich lieber auf der Veranda nieder. Er war immer da, wenn Glenn zur Arbeit ging, und er war immer da, wenn er nach Feierabend heimkam. Nach dem Abendessen gingen sie zusammen in die Garage, um an dem Studebaker zu arbeiten; Glenn überlegte sogar ein paarmal, ihn in seine Selbsthilfegruppe mitzunehmen. In dem Sommer nahm die Stadt größere Reparaturmaßnahmen an der Court Street in Angriff, der breiten Straße neben dem Haus von Glenns Mutter, und deshalb gewöhnten sich Rusty und Glenn an, neun Blöcke weit durch die Baustelle bis zu Bill's Beer Bar zu laufen. Rusty wartete draußen, während Glenn sich ein Bierchen genehmigte. Oft hatte Rusty dann einen neuen Freund oder eine neue Freundin gewonnen – meistens war es eine Frau.

»Ist das Ihr Kater?«, fragte die Frau.

»Ja, sicher.«

»Der ist ja süß! Und so freundlich!«

»Stimmt«, sagte Glenn. »Das ist Rusty. Er ist ein cooler Kater.«

Schließlich wurde es Herbst, und die Tage wurden kürzer. Die Court Street wurde wieder für den Verkehr geöffnet, sodass es für Spaziergänge mit Rusty zu gefährlich wurde. Glenn schloss sich einer Band an, ein paar alte Freunde, die gern Blues spielten, und verbrachte deshalb mehrere Tage in der Woche außer Haus. Rusty gewöhnte sich an, auf das Verandageländer und von dort aufs Küchenfensterbrett zu springen, um in die warmen Zimmer zu schauen. Jeden Abend sah Glenn beim Zubettgehen, dass Rusty ihn beobachtete. Bei jedem Blickkontakt miaute der große orange Kater und kratzte an der Fensterscheibe.

»Wir müssen ihn reinlassen, Mom«, sagte Glenn. »Es ist kalt draußen.«

Aber seine Mutter wollte wegen des feindseligen Verhaltens ihrer eigenen Katze nichts davon wissen. Als deshalb ein paar Straßen weiter ein Haus zu vermieten war, zog Glenn aus. Das neue Haus war eine andere Version seiner Mönchszelle – klein und unmöbliert –, aber diesmal hatte Glenn wenigstens einen Zimmergenossen. Er ließ immer ein Fenster offen, das der Kater benutzte, wenn Glenn nicht zu Hause war. Wenn Glenn zu Hause war, blieb Rusty ständig in seiner Nähe. Eine besondere Vorliebe hatte er für Menschenfutter. An allem, was Glenn zubereitete, musste Rusty schnüffeln. Wenn ihm der Geruch zusagte, musste er es probieren. Wenn es ihm schmeckte, musste Glenn ihm einen Teller voll abgeben. Nach dem Abwaschen legte sich Glenn normalerweise auf die Couch, damit Rusty auf ihn klettern und ihm mit den Krallen den Rücken bearbeiten konnte. Das war die denkbar beste Massage nach einem Tag harter Arbeit.

Bei seiner Mutter hatte Glenn jeden Abend im Bett Gitarre gespielt. Oft war er dann morgens mit der Gitarre in den Armen aufgewacht. »Die Gitarre wurde mein bester Freund«, sagte er einmal zu mir.

Wenn man psychologisieren wollte, könnte man vielleicht sagen, das sei der Grund gewesen, warum Rusty die Gitarre hasste. Anfangs brauchte Glenn sie nur in die Hand zu nehmen, um ein paar Songs zu üben, und schon sprang Rusty zum Fenster hinaus.

»Das ist doch bloß Rock 'n' Roll«, rief Glenn ihm dann lachend nach.

Schließlich blieb Rusty doch im Zimmer. Immer wenn Glenn die Gitarre aus ihrem Kasten nahm, kam er an und stieg hinein. Dann schlug er mit der Pfote nach dem Deckel, bis er zufiel. Glenn wusste nicht, was der Kater da drin machte, aber solange er spielte, blieb Rusty im Kasten. Wenn er den Deckel anhob, um die Gitarre zurückzulegen, sprang Rusty heraus. Wenn Glenn zu Bett ging, legte Rusty sich neben ihn.

Selbst als Rusty träge wurde und ihn nicht mehr zu der Garage begleitete, arbeitete Glenn weiter, lackierte den Studebaker mattschwarz – nicht spektakulär, aber cool. Er traute noch immer nicht allen Systemen, denn es gab nach wie vor Fehlzündungen, aber er arbeitete auch nicht mehr so besessen an dem Wagen. Stattdessen verbrachte er den Abend öfter mit Rusty im Garten. Das Haus war ein einfacher Bungalow an der Straße, aber der Garten war voller Bäume, Blumenbeete und – zu Rustys großer Freude – Schmetterlinge. Mit seinen zwei Jahren wog Rusty schon fast neun Kilo. Er war ein sanfter Riese und tat vielleicht einer Fliege etwas zuleide, aber Schmetterlinge hatten nichts von ihm zu befürchten. Wenn er doch einmal einen im Flug erwischte, ließ er ihn entkommen. Als bei einem Sturm ein Ast von einem Baum abbrach, befestigte Glenn ihn in einem entsprechenden Winkel, damit Rusty darauf hochsteigen konnte, um einen besseren Rundblick zu haben. Er liebte es, im Geäst zu sitzen, die Vögel zu beobachten und in den Nachbarsgarten zu schauen. Er kannte jeden Grashalm, aber er verließ nie das Grundstück.

»Ich hab ihn beobachtet«, sagte der Nachbar verwundert zu Glenn. »Der bleibt immer auf Ihrem Grundstück.«

Glenn zuckte die Achseln. »Tja, das ist Rusty.«

Er war ein treuer Gefährte. Immer wenn Glenn redete – über seine Probleme und seine Erfolge, seinen Ärger und seine Freuden oder die Witze, die er tagsüber gehört hatte –, hörte Rusty ihm zu. Und reagierte. Rusty konnte auch während einer ganzen Mahlzeit einschließlich Abwasch ununterbrochen reden, wenn ihm danach war. Miau-miau-miau-miau-miau. Rusty spürte es, wenn Glenn niedergeschlagen war. Dann sprang er auf seinen Schoß und schaute ihn genauso unverwandt an wie an jenem ersten Tag in dem Studebaker Commander: mit schräg gelegtem Kopf und weit offenen, intelligenten Augen. Das ist eine Katzenfrage. *Alles in Ordnung mit dir, Kumpel?* Glenn reagierte, indem er seinen Bart an Rustys Gesicht rieb und ihm sagte, dass es ihm gut gehe.

Rusty half Glenn auch mit seiner Tochter Jenny. Glenn hatte nie Gelegenheit gehabt, in der Nähe seiner anderen Kinder zu sein; Jenny war seine letzte Chance, der Vater zu sein, der er immer hatte sein wollen. Einem Gerichtsbeschluss zufolge durfte sie jedes zweite Wochenende bei ihm verbringen, und er gab ihr alles, was er konnte. Jenny vergötterte ihren Vater, das wusste Glenn, aber er machte sich Sorgen, dass sie ihm genauso entgleiten könnte wie die anderen Kinder. Aber da war Rusty. Jenny liebte Rusty. Jedes Mal, wenn Glenn sie bei ihrer Mutter abholte, fragte sie sofort nach ihm. Wenn sie einander sahen, liefen sie beide los. Jenny streckte die Arme aus, und Rusty sprang hinein wie ein Hündchen.

Rusty war immer … nun ja, grobknochig. Mit fünf Jahren wog er nach Glenns Schätzung um die zwölf Kilo; wiegen konnte er ihn nicht, denn Rusty weigerte sich, auf eine Waage zu steigen. Glenn meinte, dass das alles Muskeln wären, weil Rusty viel auf die Jagd ging und auf Bäume kletterte, aber auch er musste zugeben, dass Rusty wie ein dicker Buddha aussah, wenn er sich auf die Hinterbeine setzte. Die acht Jahre alte Jenny fand Rusty zu wabbelig und nahm sich vor, ihm zu einer schlankeren Figur zu verhelfen. Sie hielt seine Vorderpfoten und schob sie wie beim Cha-Cha-Cha vor und zurück. Dann legte sie ihn auf den Rücken, packte seine Beine und drehte sie wie beim Radfahren. Sie nannte das Rustys Fettsack-Gymnastik.

»Zeit für deine Gymnastik, Fettsack«, rief sie jeden Samstagmorgen nach den Pfannkuchen mit Ahornsirup. Dann stieß er eine Art Seufzer aus und kam mit hängendem Kopf angetrottet, denn Rusty tat alles, was Jenny wollte. Und trotz der lästigen Gymnastik rollte er sich jeden Abend neben Jenny zusammen. Er liebte sie, so einfach war das. Liebte sie auf eine Art, die Glenn verstand, weil er sie auf dieselbe Art liebte. Sie waren beide jedes Mal enttäuscht, wenn ihre Mutter sie am Sonntagabend abholte.

Die Jahre vergingen – tagsüber die Arbeit als Mechaniker, abends bei seiner Mutter zum Essen und für Arbeiten im Haus. Den späteren Abend verbrachte er mit Rusty oder in der Selbsthilfegruppe, wo er sich mehr als Berater denn als Überlebender fühlte. Er arbeitete immer noch an seinem Studebaker Commander, langsam, aber stetig. Er reparierte die Lenkung, brachte das Getriebe auf Vordermann, malte rote Flammen an die Seiten der Karosserie. Aber eigentlich alles ohne Plan und Ziel. Der Commander war eine Lebensaufgabe, und er freute sich darauf, bis in alle Ewigkeit an dem Wagen herumzubasteln, ihn immer besser zu machen. Wenn eine Band spielte, die er mochte, fuhr er Mittwochabend in die Eagles Dance Hall. Er hatte sehr viele Freunde in der Musikszene, und oft holten sie ihn auf die Bühne, damit er den einen oder anderen Song spielte. Aber er tanzte nie. Wenn ihn eine Frau aufforderte, schüttelte er den Kopf. Er wollte nicht unhöflich sein; er hatte einfach nicht die Kraft. Er war wegen der Musik da.

Als ein alter Freund, Norman Schwartz, beschloss, in der Kleinstadt Waterbury, Nebraska, ein Tanzlokal zu eröffnen – »Wir kehren zu dem Spaß von früher zurück«, sagte er. »Ausschließlich Rock 'n' Roll und Live-Musik« –, stellte sich Glenn vor, dass er Norm helfen würde, den Saal zu entrümpeln und den Parkettboden zu verlegen, den Norm aus der alten Kirche St. Michael's gekauft hatte, bevor diese abgerissen wurde.

»Ich dachte, du bist allergisch gegen manuelle Arbeit«, witzelte Norm.

»Bin ich auch«, versicherte Glenn, »aber für einen guten Freund ertrage ich jedes Leid.« Sie genehmigten sich das eine oder andere Bier und tranken auf die alten Zeiten. Er ging auf die sechzig zu, und die einzigen Frauen, die er in seinem Leben noch haben würde, so meinte Glenn, waren seine Mutter und seine Tochter. Sein bester Freund, abgesehen von Norm, war ein Kater. Es hätte ihm schlechter gehen können. Viel schlechter. Deshalb beschloss er, sich zur Ruhe zu setzen. Er stellte sich vor, dass er sich nur noch mit seinem Studebaker Commander, seiner Selbsthilfegruppe und seiner Gitarre beschäftigen würde. Er würde angeln gehen, wann immer ihm danach war, Norman mit seinem Tanzsaal helfen, mit Rusty und seiner Mutter zusammen sein. Doch an seinem letzten Arbeitstag in der Autowerkstatt kam eine Stammkundin herein und sagte rundheraus: »Sie setzen sich nicht zur Ruhe. Sie arbeiten ab sofort für mich.«

Die Frau leitete ein Beschäftigungsprogramm für Behinderte mit dem Titel New Perspectives. Glenn erwiderte: »Vielen Dank für das Angebot, aber ich habe keinerlei Erfahrungen auf diesem Gebiet.«

»Es wird Ihnen gefallen«, sagte sie. »Kommen Sie einfach mal vorbei.«

New Perspectives war eine Reihe niedriger Häuser aus Betonsteinen oberhalb einer Geschäftsstraße in Sioux City. Es machte nicht viel her, weder drinnen noch draußen, aber dank seiner Menschen war es etwas Besonderes. Bobby sammelte mit Begeisterung Pfandflaschen. Eine junge Frau hatte bei einem Verkehrsunfall große Teile ihrer Gehirnfunktionen eingebüßt, konnte sich aber von jedem das Geburtsdatum merken und sagen, auf welchen Wochentag er in jedem beliebigen Jahr fallen würde. Sie brauchten einen starken Mann, der Ross festhalten konnte, einen fast drei Zentner schweren Diabetiker mit Downsyndrom, wenn dieser einen Anfall bekam. Während Glenn sich die Einrichtung ansah und mit den Behinderten bekannt gemacht wurde, empfand er zunehmend ein Gefühl der Freude und der Erleichterung. Er hatte so viele Jahre an seinem Auto gearbeitet und die verschiedenen Systeme analysiert. Er war so viele Jahre mit Rusty zusammen und hatte gelernt, wie ein Kater zu leben, ohne Groll oder Enttäuschung. Er hatte nicht nur einfach die Zeit totgeschlagen. Er hatte an sich selbst gearbeitet. Er hatte systematisch auf ein Ziel hingearbeitet. Und das hatte er jetzt gefunden.

»Sie haben mich«, sagte Glenn. »Ich fange morgen an.«

Schon nach einem Monat brauchte Glenn Ross nicht mehr während eines Anfalls festzuhalten; er kannte den Mann so gut, dass er es spürte, wenn ein neuer Anfall sich ankündigte, und hatte immer etwas Süßes gegen Ross' Unterzucker dabei. Er stellte jeden der jungen Frau mit der Gehirnschädigung vor, weil er wusste, dass sie gern mit ihrer Geburtstags-Rechnerei glänzte. Eines Montagmorgens kam er herein und sagte zu Bobby, dem Flaschensammler: »Ich hab ein Geschenk für dich, Kumpel, aber du musst mir einen Gefallen tun.«

»Ja, was denn, Glenn?«

»Ich brauche deine Mütze.«

Bobby wich zurück. Er trug jeden Tag dieselbe, völlig verdreckte Mütze und dachte gar nicht daran, sich von ihr zu trennen.

»Ich hab eine nagelneue Mütze für dich, Bobby, sogar das Preisschild hängt noch dran.«

Glenn zeigte ihm eine leuchtend orangefarbene Jagdmütze, auf der quer über die Vorderseite GRAHAM TIRE stand. Bobby schnappte sie sich und roch sofort daran; er hatte die Angewohnheit, an allem zu riechen. Dann drehte er sich um, nahm langsam seine alte Mütze ab und gab sie Glenn. Als er sich wieder umdrehte, hatte er die neue Mütze auf dem Kopf und ein breites Lächeln im Gesicht.

»Wir versuchen seit zwei Jahren, ihm die alte Mütze auszureden«, sagte die Frau, die Glenn angeheuert hatte. »Aber er hat sie für niemanden abgenommen.«

Seit er bei New Perspectives arbeitete, ging Glenn nicht mehr so oft zu den Sitzungen der Selbsthilfegruppe. Er spielte öfter mit der Band und verbrachte deshalb viele Abende im Eagles oder anderen Musikclubs in der Stadt. Als Storm'n Norman's Rock'n' Roll Auditorium aufmachte, spielte Glenn nicht nur Gitarre mit der Band, sondern er trug auch das Bierfässchen und half, es auszutrinken. Es gab keinen offiziellen Eröffnungstanz, keine Werbung, kein Schild an dem Gebäude, keine Pfeile, die im Hügelland von Nebraska auf die kleine Stadt hingewiesen hätten. Doch irgendwie fanden sich trotzdem über hundertfünfzig Leute ein. Es gab keine Klimaanlage und zu wenig Toiletten, und die einzigen Stühle waren von einem Bestattungsinstitut ausgeliehen – was sogar hinten daraufstand –, aber alle hatten großen Spaß.

Man könnte vermutlich sagen, dass Glenns Leben nach Jahrzehnten voller Enttäuschungen und arbeitsreicher Jahre erfüllt war. Er hatte Rusty, seine Mutter und seine Tochter Jenny, die schon auf der Highschool war. Er hatte eine wichtige Arbeit mit Menschen, die er mochte. An dem einen Abend pro Monat, an dem Storm'n Norman's geöffnet hatte, half er aus: Er reparierte verstopfte Toiletten, stand hinter der Bar und »fütterte die Hühner« – ein euphemistischer Ausdruck für das Verteilen von Wachs, um die Tanzfläche griffiger zu machen. Nach einer Weile stellte er fest, dass viele Frauen ihre Männer zwar überreden konnten, einmal mit ihnen zu Storm'n Norman's zu gehen, dass die Männer aber nicht tanzen wollten. Also legte er sich noch einen Job zu: Einmal-Tanzpartner für die frustrierten Ehefrauen aus Iowa und Nebraska, der hochgewachsene, gut aussehende Galan, der sie dazu brachte, aus sich herauszugehen, wenigstens für ein paar Minuten. Ihre Gesichter nahm er allerdings kaum wahr. Das Tanzen war eine andere Möglichkeit, die Musik zu genießen, einer fremden Frau zu helfen, sich die Zeit zu vertreiben. Er tanzte sehr gern – fast hatte er vergessen, wie schön das war –, aber ansonsten war für ihn der Tanzsaal trotz der hellen Beleuchtung nur ein Meer in Grau.

Doch dann eines Abends, sechzehn Jahre nach seiner letzten Scheidung und zehn Jahre, nachdem Rusty sein Herz erobert hatte, sah Glenn Albertson ein Gesicht. Er stand hinter der Bar und mixte Drinks, als er aufschaute und sie am anderen Ende des Raums entdeckte. Sie saß an einem Tisch am Rand der Tanzfläche und unterhielt sich mit zwei Freundinnen, und es war, als sei ein Spotlight auf sie gerichtet. Es war nur ein Moment, dann wurde sie wieder verdeckt, aber es war etwas, was Glenn noch nie erlebt hatte. Im grauen Meer seines Lebens schien diese Frau zu glühen. Und dann trafen sich ihre Blicke.

»Übernimm mal, Joe«, sagte er seinem Barkeeper-Kollegen, »ich muss eine Frau zum Tanzen auffordern.«

Gesagt, getan. Sie schaute zu ihm auf, zögerte einen Moment und sagte dann: »Gern.«

Sie gingen schweigend auf die Tanzfläche. Sie war kleiner, als er gedacht hatte. Ihr Scheitel reichte ihm nur bis zur Mitte der Brust, und trotzdem hatten sie das Gefühl, gut zusammenzupassen, als sie anfingen, sich – immer noch ohne ein Wort – über das Parkett zu bewegen. Sie sagte nichts, war vielleicht mit den Gedanken woanders, doch dann sah sie ihm tief in die Augen, hielt seinem Blick ein paar Sekunden lang stand und schaute dann widerstrebend wieder weg. Sie kam sich in seinen Armen nicht wie ein Hindernis vor. Und sie spürten beide keinen Widerstand, kein Gewicht. Für ihn zählten nur ihre warme Hand und die Erinnerung an ihren tiefen Blick in seine Augen.

»Ich heiße Glenn«, sagte er.

»Ich bin Vicki«, antwortete sie.

Er schwenkte sie noch ein paarmal über die Tanzfläche und nahm dabei das um sie herumwirbelnde Meer in Grau kaum wahr. »Wohnen Sie hier in der Gegend?«

»In Spencer«, sagte sie.

Als die Musiknummer zu Ende war, legte er ihr die Hand um die Taille. Wenn sie an ihren Tisch zurückwollte, würde er sie nicht daran hindern. Aber das wollte sie nicht. Sie lehnte sich gegen seinen Arm und erlaubte ihm, sie zu halten. Irgendwo weit weg, in einer anderen Welt, setzte die Musik wieder ein, und Glenn führte sie mühelos über die Tanzfläche und drückte sie an sich, während die Band etwas spielte, was seinetwegen nie hätte zu Ende gehen müssen.

»Das war ein schöner Abend«, erzählte er Rusty, als er schließlich zu Hause war. »Ein richtig schöner Abend.«

Der große Kater schaute ihn an, die Augen halb geöffnet, und miaute, weil er etwas zu fressen haben wollte.

Teil II

Ich habe schon immer leidenschaftlich gern getanzt. Als ich ein Kind war, haben uns Mom und Dad das Tanzen beigebracht, nach Rhythmen aus dem alten Radio im Wohnzimmer unseres Farmhauses bei Moneta, Iowa. Mit neunzehn Jahren arbeitete ich in einer Kartonagenfabrik in Mankato, Minnesota, und tanzte mir jeden Abend die Schuhe durch. Das Tanzen führte mich auch in die Familie meines ersten Mannes, und es half mir durch die dunkle Zeit nach meiner Scheidung. Als alleinerziehende Mutter, die mit dreißig Jahren erstmals ins College ging, hatte ich keine Zeit mehr für irgendwelchen sogenannten Zeitvertreib, aber das Tanzen war für mich nie ein bloßer Zeitvertreib gewesen. Es war etwas sehr Wesentliches. Wenn ich die Musik hörte, wenn ich zur Tanzfläche ging, war ich ganz ich selbst – nicht die Frau, die nach einer verpfuschten Totaloperation mit Anfang zwanzig sechs weitere Operationen über sich hatte ergehen lassen und fast zehn Jahre mit einem Alkoholiker verheiratet gewesen war. Auch an den dunkelsten Abenden, wenn ich meine Tochter zu Bett gebracht, das Geschirr gespült und noch für mein Studium gearbeitet hatte, ging ich oft in die Küche und tanzte ganz für mich allein.

Und ich tanzte all die Jahre in der Spencer Public Library. Wenn abends geschlossen wurde, tanzten Dewey und ich, nur wir beide, zusammen hüpften wir zwischen den Büchern umher. Auf öffentlichen Tanzveranstaltungen war ich bei meinen männlichen Freunden und meinem jeweiligen Partner bekannt dafür, dass ich alle Hemmungen verlor. Ich ging auch zu Single-Tanzabenden, allerdings nicht in Spencer. Es schien irgendwie unpassend, dass die Bibliothekarin der Stadt dabei gesehen wurde, wie sie sich auf einer Tanzfläche an einen Mann schmiegte. Das hätte nur Gerede gegeben.

Und so tanzte ich außerhalb der Stadt: dreißig Kilometer entfernt in dem berühmten Tanzlokal Roof Garden im Iowa Lake County, in den Lieblingslokalen meiner Freundin Trudy in Worthington, Minnesota, oder in den seriöseren Clubs in Sioux City. Ich hatte auch Beziehungen, aber aus keiner wurde etwas. Ein Verehrer zeigte mir gleich am ersten Abend seine Scheidungsurkunde – wohl ein Wink mit dem Zaunpfahl. Am nächsten Tag rief seine Frau an und drohte damit, mich umzubringen. Ihr Mann trug offenbar denselben Namen wie sein Onkel, und er hatte mir dessen Scheidungspapiere gezeigt.

Der Cowboy, den ich bei einem Blind Date in Sioux City kennenlernte, fuhr mit mir zu den Pferchen, in denen Rinder darauf warteten, geschlachtet zu werden; sie sähen im Mondlicht so schön aus, meinte er. Dann fuhren wir zu ihm nach Hause, und er zeigte mir, wie man Patronen herstellt. Ein Mann aus Minneapolis lud mich zu einem Wochenende auf seinem Segelboot ein. Ein Sturm kam auf, und ich wurde so seekrank, dass ich über mein Kleid erbrach. Am nächsten Morgen sprach er von einer Stadt in Italien und sagte, sie sei für ihn der schönste Ort der Welt. Er fragte mich nach meinem Lieblingsort. Ich war Mitte dreißig und noch nie aus Iowa und Minnesota herausgekommen. Auch aus dieser Beziehung wurde nichts, das war mir von Anfang an klar.

Nicht dass ich unbedingt einen Mann wollte. Ich hatte Spaß mit Männern, besonders beim Tanzen, aber ich verzehrte mich nicht nächtelang nach ihnen. Ich war zu sehr damit beschäftigt, zu genießen, was ich hatte: eine sinnvolle Arbeit, eine loyale Familie, tolle Freunde und einen wundervollen Kater namens Dewey. Zwar war ich es, die Deweys Fanpost beantwortete, aber er behandelte mich nie wie eine Hilfskraft. Wir waren Partner. Ich richtete mein Leben auf diese Partnerschaft aus und besonders auf diesen Job, aber ich verzichtete deswegen auf nichts. Ich gewann ein Leben voller Zufriedenheit und Lachen, ein Leben, in dem ich mich nicht verzetteln oder meine Energie vergeuden musste für Dinge, die ich nach Meinung wohlmeinender (und neugieriger) Leute hätte anstreben sollen. Ich konnte mich auf das Wesentliche konzentrieren: meine Tochter ernähren, mich um meine Eltern kümmern, Freundschaften schließen und meine Talente in den Dienst einer Institution stellen, deren Aufbau den Bürgern von Spencer zugutekam. Ich war vollkommen glücklich als Mutter und Bibliothekarin aus Berufung, als Katzenliebhaberin und Tänzerin aus Gewohnheit. Ich wollte keine Beziehung.

Dann starb Dewey.

Mein Verhältnis zu Dewey lässt sich nicht in wenigen Sätzen zusammenfassen. Das weiß ich. Und doch kommen mir, wenn ich an ihn denke, immer wieder diese Zeilen aus meinem ersten Buch in den Sinn.

»Dewey war mein Kater und ich die Person, zu der er für die Streicheleinheiten kam. Für Trost. Und ich kam zu ihm für Streicheleinheiten und Trost. Er war kein Ersatzehemann oder

Kinderersatz für mich. Ich war nicht einsam; ich hatte viele Freunde. Ich fühlte mich nicht unerfüllt; ich liebte meinen Job. Ich war nicht auf der Suche nach jemandem. Ich sah Dewey nicht einmal jeden Tag. Wir lebten nicht zusammen. Wir konnten ganze Tage in der Bibliothek verbringen und uns kaum sehen. Aber selbst wenn ich ihn nicht sah, wusste ich, dass er da war. Mir ging auf, dass wir entschieden hatten, unsere Leben miteinander zu teilen, nicht morgen, sondern für immer.«

Aber nichts währt ewig, so stark die Bindung auch sein mag. Dewey war mein bester Freund, er war mein Trost und mein Gefährte. Er hat die Bibliothek verändert. Er hat unsere Stadt verändert. Und er war nicht mehr da.

Von da an war meine Arbeit nicht mehr dieselbe. Ich hatte die Bibliothek zwanzig Jahre lang geleitet. Ich hatte über zwei Jahrzehnte meines Lebens ihrem Aufbau gewidmet. Nun kam es mir plötzlich vor, als sei es nicht mehr meine Bibliothek. Das lag zum Teil daran, dass mein gutes Verhältnis zum Vorstand in die Brüche gegangen war, als er Dewey seines Alters wegen entfernen wollte. Und nun machten sich auch Kälte, Einsamkeit und eine Leere breit, die in den neunzehn Jahren, die Dewey in diesem Mauern gelebt hatte, nicht existierten.

Wie immer stürzte ich mich in die Arbeit. Ich hatte Projekte, die ich zu Ende führen, Ziele, die ich noch erreichen wollte. Ich wollte weiter ausbauen, was Dewey und ich geschaffen hatten, wollte aus einem Bücherdepot eine Begegnungsstätte für Menschen machen.

Und ich wollte Deweys Geschichte aufschreiben. Das war ich ihm schuldig, fand ich, weil er mir und der Stadt Spencer so viel gegeben hatte. Und ich war es seinen Fans schuldig; sie hatten es verdient, alles zu erfahren. Seine Liebe, seine Kameradschaft, seine Freundschaft – das waren die Gründe, warum zweihundertsiebzig Zeitungen seine Todesanzeige druckten und mehr als tausend Fans Briefe und Karten schrieben. Deswegen hatte sein Leben einen Sinn gehabt. Und das wollte ich mitteilen. Ich fand, ich schuldete der Welt das Buch, weil ich glaubte und noch immer glaube, dass Deweys Leben eine wichtige Botschaft birgt: Gib niemals auf. Finde deinen Platz. Du kannst die Welt verändern.

Aber ich war krank. Nach Deweys Tod holte ich mir eine Infektion der oberen Atemwege, die ich einfach nicht wieder loswurde, egal, was ich versuchte. Ich war jahrzehntelang immer wieder schwer krank gewesen; die Totaloperation – bis ich aus der Narkose erwachte, hatte ich gar nicht gewusst, dass es eine war – hatte mein Immunsystem geschädigt. Alle drei bis vier Jahre bekam ich eine Mandelentzündung und landete im Krankenhaus. Das gehörte zu meinem Leben, zu dem, was Dewey mir ertragen half.

Doch diesmal war es anders. Diesmal war ich auch im Herzen krank. Im Dezember zwang ich mich noch, alle mit Dewey zusammenhängenden Bitten zu erfüllen, aber es war bitterkalt, und nach den Feiertagen fühlte ich mich schwach und erschöpft. Im Februar erfasste die Schwäche meine Muskeln und die Lunge, und im März schaffte ich es kaum noch aus dem Bett. Um meine Kräfte zu schonen, begann ich im April, bei reduziertem Gehalt von zu Hause aus zu arbeiten. Der Arzt versuchte alles Mögliche, aber mein Zustand verschlechterte sich weiter. Übelkeit, Kopfschmerzen, Fieber. An den meisten Tagen konnte ich nur Salzcracker bei mir behalten. Der Arzt führte alle möglichen Untersuchungen durch: Darmspiegelung, Endoskopie, MRTs, alles ohne Ergebnis. Im Mai ging ich wieder zur Arbeit, aber ich war noch nicht wieder auf der Höhe. Man überwies mich zu Spezialisten in Sioux City und Minnesota, doch die Fahrten dorthin kosteten mich sehr viel Kraft. Bis zum Sommer war ich so geschwächt, dass ich nicht einmal mehr duschen konnte, ohne mich danach hinlegen und ausruhen zu müssen.

Alle hielten mich für depressiv. Und das war ich auch. Deweys Tod und meine Schwierigkeiten mit dem Bibliotheksvorstand hatten meine behagliche Welt einstürzen lassen. Aber ich war nicht krank, weil ich depressiv war, ich war depressiv, weil ich krank war. Und niemand wusste, was mit mir los war. *Das war's*, dachte ich. *So wird es mein Leben lang bleiben. Ich komme nicht mehr aus dem Bett, ich kann nirgends mehr hingehen, ich kann niemanden mehr sehen. Ich werde sterben.*

Zwanzig Jahre zuvor war ich alleinerziehende Mutter gewesen und hatte fünfundzwanzigtausend Dollar im Jahr verdient. Um meinen Job zu behalten, hatte ich meinen Master in Bibliothekswissenschaft machen und jedes Wochenende für zehn Stunden Lehrveranstaltungen zwei Stunden hin- und zwei zurückfahren müssen. In dieser Zeit entfernte sich meine Tochter von mir. Vielleicht war das bei einer Heranwachsenden ganz normal, vielleicht lag es aber auch daran, dass ich nicht genug Zeit für sie hatte, weil ich so viel arbeiten musste, um das Geld für sie zu verdienen. Jahre später erinnerte ich mich nur noch an meine einsamen Abende in der Bibliothek, wenn ich todmüde versuchte, noch etwas für mein Studium zu tun und meine Prioritäten zu ordnen. Manchmal war es, als sei die Last zu schwer und der Boden müsste unter mir einbrechen.

In solchen Momenten kam Dewey zu mir. Er sprang auf meinen Schoß, er schlug mir den Stift aus der Hand, er ließ sich auf die Computertastatur plumpsen. Er stieß mich mit dem Kopf an, bis ich nachgab, dann lief er hinaus und einen dunklen Gang zwischen zwei Bücherregalen entlang. Manchmal sah ich ihn gerade noch um eine Ecke verschwinden, manchmal hatte ich ihn nach fünf Minuten noch immer nicht gefunden. Und dann, wenn ich schon aufgeben wollte, drehte ich mich um, und er stand direkt hinter mir. Ich hätte schwören können, er lachte.

Und jetzt kam Dewey wieder zu mir. Bevor es gesundheitlich mit mir bergabging, hatte ich mir vorgenommen, ein Buch zu schreiben, denn ich bin kein Mensch, der so leicht die Flinte ins Korn wirft. Jeden Abend, wenn ich für die Bibliothek gearbeitet hatte, soviel ich konnte, setzte ich mich an den Küchentisch und sprach mit meinem Mitautor Bret Witter über Dewey. Und je mehr ich über ihn sprach, desto lebendiger wurde er. Ich sah wieder vor mir, wie er sich hinkauerte, wenn ich seinen roten Faden vor ihm baumeln ließ, und wie er sich, wenn ich mich dann abwandte, mit allen vier Pfoten darauf stürzte. Ich erinnerte mich genau, wie seine Nase gezuckt hatte, wenn er an seinem Fressen schnupperte – und es dann verschmähte. Ich lachte, wenn ich an den armen tropfnassen, wütenden Kater nach seinem halbjährlichen Bad zurückdachte, daran, wie er seine Zehen leckte, wie er mit seinen nassen Pfoten seine Ohren gründlich reinigte. Ich lächelte bei dem Gedanken, wie er dreimal täglich an der Belüftungsöffnung in meinem Büro geschnuppert hatte, immer darauf bedacht, mich zu beschützen.

Manchmal waren die Gespräche schwierig. Der Selbstmord meines Bruders. Der Tod meiner Mutter. Am meisten fürchtete ich mich davor, über meine Totaloperation zu sprechen. Ich hatte sie geheim gehalten, und selbst noch zehn Jahre später fühlte ich mich verletzlich und gezeichnet. Ich wollte nicht einmal mir selbst eingestehen, dass ich das Gefühl hatte, der Boden würde mir unter den Füßen weggezogen, als der Arzt mir sagte, ich hätte Brustkrebs. Niemand berührte mich, niemand wollte das Wort aussprechen. Nur Dewey war für mich da, Stunde um Stunde, Tag für Tag. Nur Dewey schenkte mir den Körperkontakt, nach dem ich mich so sehnte.

An manchen Tagen war es noch schlimmer. Als ich das erste Mal von Deweys Tod sprach – wie er mir in die Augen gesehen und *Hilf mir, hilf mir* gefleht hatte, als ich ihn beim Arzt im

Arm hielt –, schluchzte ich ins Telefon. Monate waren seitdem vergangen, doch auch jetzt wieder war ich fix und fertig und einem Zusammenbruch nahe, wie damals, als Dr. Beale sagte: »Ich taste etwas Festes. Es ist ein aggressiver Tumor. Er hat Schmerzen. Wir können nichts mehr tun.«

Doch nachdem ich diese Tür geöffnet hatte, kehrten auch andere Erinnerungen zurück: der kalte Untersuchungstisch, Deweys zerschlissene Lieblingsdecke, sein Schnurren, die Art, wie er sich in meine Arme schmiegte und den Kopf an meine Haut legte. Ich erinnerte mich an seine vertrauensvollen goldenen Augen, die ruhige Mitte hinter seiner Angst, die Nähe unserer Herzen, wenn ich flüsterte: »Ist gut, Dewey. Ist ja gut. Alles wird gut.«

Ich erinnerte mich, wie ich ihm in die Augen sah und erkannte, dass ich allein war.

Man könnte meinen, all das Reden, Schreiben und Weinen sei in meinem geschwächten Zustand zu viel für mich gewesen. Aber das Gegenteil war der Fall: Das Buch hielt mich am Leben. Wenn man so krank ist, dass man sich schon übergeben muss, wenn man sich nur im Bett umdreht, wenn man nichts anderes mehr bei sich behalten kann als ein paar Cracker, wenn niemand garantieren kann, dass es einem je wieder besser gehen wird, dann ist man versucht, den Tag abzuschreiben. Und wenn man erst einmal anfängt, ganze Tage abzuschreiben – wo soll das enden?

Doch ich schrieb keinen einzigen Tag ab, ich freute mich täglich auf meine Abende mit Dewey. Selbst an Tagen, an denen ich nichts anderes mehr tun konnte, als mich mühsam ins Bad zu schleppen, legte ich mich abends mit dem Telefon am Ohr aufs Sofa und erzählte von Dewey.

Als ich die ersten Rohfassungen des Buches las, spürte ich förmlich, wie er auf meiner Schulter saß und mitlas. *Nein*, sagte er oft, *so war's nicht*. Und wenn ich dieses Wispern des Zweifels in meinem Kopf vernahm, befasste ich mich noch einmal eingehend mit dem betreffenden Abschnitt, dem Satz oder auch nur dem Wort. Ich musste Dewey gerecht werden. Das wusste ich. Er war nicht nur Herz und Seele des Buches, er war alles. Je mehr ich mich auf Einzelheiten konzentrierte, desto deutlicher kehrte er in meinen Kopf und in mein Herz zurück. Und je deutlicher ich seine Anwesenheit spürte, desto sicherer war ich mir, dass alles in dem Buch stimmte. Nicht nur das, was man sah und hörte, sondern auch das *Gefühl*, in seiner Nähe zu sein – Deweys alte Magie –, Wort für Wort.

Im August fasste ich einen Entschluss. Ich hatte es satt, auf die Spezialisten zu hören. Ich hatte es satt, nach einer zweistündigen Autofahrt immer neuen Ärzten meine Lebensgeschichte zu erzählen, die dann genauso wenig herausfanden, was mit mir los war. Ich hatte es satt, am Ende des Tages vor Erschöpfung in die Knie zu gehen, mich vom Sofa hochzuquälen, wenn mich die Übelkeit überfiel. Wenn ich gesund werden wollte, so sagte ich mir, dann musste ich selbst etwas tun. Nachdem ich mich ein halbes Jahr lang in Gedanken mit Dewey befasst hatte, war ich ganz von seinem Geist erfüllt. Das glaube ich wirklich. Seine Tatkraft, sein unverwüstlicher Optimismus inspirierten mich.

Ich kündigte in der Bibliothek. Ich schlich mich nicht davon wie ein geprügelter Hund, ich ging aus eigenem Antrieb, nachdem ich meine wichtigsten Ziele erreicht hatte. Der Bibliotheksvorstand – Gott segne ihn – gestattete mir das. Nun hatte ich nur noch halb so viel Stress und war nur noch einem Zehntel der Krankheitserreger ausgesetzt, und sofort ging es mir besser.

Ich stellte meine Ernährung um. Ich nahm weniger Medikamente ein. Ich hörte auf, immer nur an meine Grenzen zu denken, und konzentrierte mich auf meine Stärken. Ich wusste, ich brauchte Bewegung, aber ich hasse Gymnastik. Da fing ich wieder an zu tanzen. Anfangs tappte ich nur ein paar Minuten zur Musik in meinem Wohnzimmer herum und ließ mich dann aufs Sofa fallen. Irgendwann begann ich, mit dem Fuß den Rhythmus zu schlagen und mich im Takt zu wiegen. Nach ein paar Monaten – ja, es dauerte Monate – begann ich richtig zu tanzen. Für mich allein zwar, in der Zurückgezogenheit meiner Wohnung, aber ich tanzte.

Bis Weihnachten ging es mir wieder so gut, dass ich daran dachte, zum Tanzen auszugehen. Aber es musste der perfekte Abend sein: meine Lieblingsband, die Embers, im besten Tanzlokal der Gegend, Storm'n Norman's Rock 'n' Roll Auditorium.

Storm'n Norman's war ein angesagter, fast verschwiegener Tanzclub in der Turnhalle einer ehemaligen Highschool in einem kleinen Ort zwei Autostunden von Spencer entfernt. Man kam nicht einfach so dorthin, denn wenn ich sage, Waterbury, Nebraska, war ein kleiner Ort, dann meine ich damit zwei Häuserblöcke und eine Ampel in einer Gegend, in der sich Fuchs und Hase gute Nacht sagen. Für mich war es immer eine Einhundestadt gewesen, weil ich dort mitten auf der einzigen Kreuzung der Stadt jedes Mal denselben gefleckten Köter gesehen hatte, aber als ich eines Nachmittags die Hauptstraße entlangging, merkte ich, dass es in Waterbury genauso viele Hunde zu geben schien wie Menschen. Irgendwie erinnerte mich Waterbury an meinen Heimatort Moneta, Iowa, mit seinen gut fünfhundert Einwohnern, der jedoch, seit ich in den Fünfzigerjahren dort gelebt hatte, auf weniger als fünfzig Einwohner geschrumpft war. Moneta starb, als 1959 sein Herzstück geschlossen wurde, der rote Backsteinbau der Moneta School. Waterbury war nicht gestorben, als seine Schule geschlossen wurde, aber es dämmerte nur noch dahin. Vermutlich lebten dort keine achtzig Menschen mehr, und der einzige Betrieb (außer Storm'n Norman's) war die Buzzsaw Bar.

Storm'n Norman's machte von außen nicht viel her. Die ehemalige Turnhalle war ein gedrungener grauer Betonklotz am Ortsrand, halb versteckt hinter einer Baumgruppe. Als Parkplatz dienten die Schotterstraße davor und ein Grasstreifen. Eine hölzerne Rampe führte zum Eingang hinauf, einer schmucklosen Metalltür. Drinnen endete ein schmaler Flur an dem alten Schalterfenster der Turnhalle. Den Eintritt bezahlte man bei Jeanette, Normans Frau.

Als Nächstes sah man durch eine schmale Tür auf die Tanzfläche und konnte auch einen ersten Blick auf die Bühne werfen. Es war eine schlichte hölzerne Aulabühne, wie es sie zwischen 1916 und 1983 in fast jedem amerikanischen Schulhaus gab, nur ragte hier in der Mitte die Schnauze eines 1955er Chevrolet aus der Wand. Er war schwarz mit Feuerzungen an den Seiten, und wenn die Musiker auf einen Knopf drückten, heulte der Motor auf und die Räder begannen sich zu drehen.

Der Chevy bestimmte das Flair, denn wenn man das Storm'n Norman's Rock 'n' Roll Auditorium betrat, war es, als erwachte ringsum eine prachtvolle neue Welt – die Welt von 1955 – mit einem Schlag zum Leben. Der Raum war groß und fensterlos, erhellt von versteckten Lampen und zwanzig Lichterketten, die über einer Discokugel in der Mitte der hohen Decke zusammenliefen. Die Lichter lenkten den Blick auf die Wände, wo auf sechs Meter hohen Podesten drei amerikanische Sportwagen aus den Fünfzigerjahren standen, zwei davon in Pink. Darunter waren signierte Gitarren, Plastiken und Schwarz-Weiß-Fotos von Marilyn Monroe, Elvis Presley und James Dean. Ging man die Wände entlang, sah man über dem Eingang das Nummernschild eines Oldtimer-Chevys und an der hinteren Wand die Original-Zuschauertribüne aus poliertem Holz, auf deren Sitzreihen man sich wunderbar ausruhen konnte. In zwei Ecken gab es einfache Bars, und die ordentlich aufgereihten Sitzgelegenheiten am Rand der hölzernen Tanzfläche erinnerten an Schultische oder Sitze in einem Speisewagen. Es war, als tauchte man in die idealisierte Erinnerung an seinen Highschool-Abschlussball ein, nur dass man jetzt erwachsen war und nichts mehr beweisen musste. Wenn sich zweihundert Leute im Storm'n Norman's drängten und eine tolle Band klassischen Rock and Blues spielte, gab es keinen schöneren Ort auf der Welt.

Ich wollte unbedingt dorthin. Ich wollte unbedingt die Embers hören. Und ich hatte nicht vor, das Mauerblümchen zu spielen. Ich wollte tanzen. Nicht etwa einen Mann kennenlernen, wohlgemerkt, aber beweisen, dass ich von meinem Sofa hochkommen, meinen kranken Körper kurieren und den Rest meines Lebens genießen konnte.

Und so fuhr ich am fünfzehnten März 2008, sechzehn Monate, nachdem Deweys Tod meine Gesundheit ins Wanken gebracht hatte, mit Trudy und Faith, zwei meiner besten Freundinnen, nach Waterbury, Nebraska. Ich war zwar noch nicht wieder gesund – ich war noch schrecklich schwach und musste mehrmals das Fenster öffnen, weil mir schlecht zu werden drohte –, aber das behielt ich für mich. Ich war es leid, über meine Krankheit zu sprechen, war es leid, dass man sich nach meinem Befinden erkundigte, war es leid, Erklärungen abgeben zu müssen. Ich wollte einfach nur Spaß haben, und da war es das Beste, ich tat so, als sei alles in Ordnung. Außerdem hatte ich Trudy und Faith überredet, aus Minnesota herzukommen, und konnte auf keinen Fall einen Rückzieher machen.

Wir waren früh dran (ein kleines Wunder mit einer chronischen Zuspätkommerin wie Faith), denn ich brauchte einen Sitzplatz, und die Tische an der Tanzfläche waren immer schnell besetzt. Ich wusste nicht, was mich nach einem Jahr im Bett erwartete, aber ich spürte die Energie im Raum. Kaum fingen die Embers an zu spielen, begannen meine Fußspitzen zu wippen. Bis zur zweiten Tanzpause hatte ich mit vier Männern getanzt. Ich bin ohnehin klein – nur etwas über einen Meter fünfzig – und war schon immer schmal, doch während meiner Krankheit war ich auf dreiundvierzig Kilo abgemagert. Ich war zu schwach zum Treppensteigen, und im Stehen wurde mir schwindlig. Aber das Tanzen war etwas anderes. Solange ich mich bewegte und die Dinge nicht durch Reden komplizierte, fühlte sich mein Körper kräftig an. Zwischen zwei Songs aber, wenn die Musik aufhörte, drohte ich zu kollabieren. Als mich ein Mann um einen zweiten Tanz bat, brachte ich kaum noch ein »Sorry, zu müde« hervor, ehe ich an meinen Tisch zurückging.

Als ich in solch einer Pause gerade Atem schöpfte, stand er plötzlich vor mir. Ich kann mich nicht erinnern, dass ich ihn hätte kommen sehen. Und mit Sicherheit hatte ich ihn überhaupt noch nie gesehen, auch nicht flüchtig. Ich schaute auf, und da war er. Er streckte mir die Hand hin und forderte mich zum Tanzen auf.

»Gern«, sagte ich.

Er war groß und breitschultrig, beim Tanzen aber erstaunlich leichtfüßig. Wir bewegten uns geschmeidig, ließen uns von der Musik tragen. Es gefiel mir, dass er mir nicht zu nahe rückte und sich nicht bemüßigt fühlte, etwas Dummes zu sagen – oder überhaupt etwas zu sagen. Wir schwebten einfach dahin, und es fühlte sich vollkommen natürlich an. Nach einer ganzen Weile schaute ich ihm zum ersten Mal ins Gesicht. Er sah auffallend gut aus: kahlköpfig, lässig-elegant, ein gepflegter Bart, ein ungezwungenes Lächeln. Am meisten aber faszinierten mich seine Augen. Es waren die sanftesten, warmherzigsten Augen, die ich je gesehen hatte. Und sie waren auf mich gerichtet. Nicht auf mich als zufällige Tanzpartnerin, sondern auf mein wahres Ich. Ihr bloßer Anblick sagte mir, dass er mich sofort zu meinem Platz zurückgeführt hätte, wenn er gewusst hätte, wie krank ich war.

Aber diesmal wollte ich mich nicht setzen, und als die Musik aufhörte und er den Arm um meine Taille legte, lehnte ich mich dagegen und ließ mich von ihm stützen. Er merkte, dass etwas nicht stimmte – ich sah seinen besorgten Blick –, aber er sagte nichts. Er hielt mich einfach nur fest, und als die Musik wieder einsetze, begnügte er sich mit einem Two Step.

»Ich muss mich setzen«, sagte ich nach vier Stücken widerstrebend.

Er brachte mich an meinen Tisch zurück und nahm mir gegenüber Platz. Trudy und Faith, meine besorgten Freundinnen, bombardierten ihn mit Fragen. Ich fühlte mich wie in einem Nebel und bekam kaum Luft. Seine Antworten schwebten mit der Musik davon, und nur sein gutmütiges Lächeln blieb. Als die Welt sich zu drehen begann, griff ich nach meinem Wasserglas, verfehlte es und stieß es um. Er fing es auf, holte einen Lappen und wischte den Tisch ab. Wir tanzten noch ein paarmal, wie oft, weiß ich nicht, ich erinnere mich nur, dass die Musik verstummte und die Leute sich nach und nach zerstreuten.

»Ich muss los«, sagte er, nahm meine Hand und küsste sie. »Es war schön, Sie kennenzulernen.«

Ich dankte ihm gerade für den schönen Abend, da kam er um den Tisch herum und küsste mich auf die Wange. Normalerweise hätte mich so viel Dreistigkeit abgestoßen, aber als er in der Menge verschwand, dachte ich nur: *Das war schön.*

»Wie hieß der noch?«, fragte ich meine Freundinnen, als wir draußen in der kühlen Märzluft standen und ich wieder einen klaren Kopf bekam. »Paul?«

»Du lieber Himmel, Vicki«, sagte Trudy. »Er heißt Glenn.«

Ich hätte mir seinen Namen vielleicht gar nicht gemerkt, aber dieser Glenn hatte etwas an sich, das ich einfach nicht wieder vergessen konnte. Etwas, das meine Stimmung hob, das ihn mir in Erinnerung rief, wann immer ich meine Gedanken schweifen ließ. Etwas, das mich in den seltsamsten Momenten wieder seine Hände spüren ließ.

Dieses Etwas waren seine Augen. Es mag sonderbar klingen, aber als ich an jenem Abend im Storm'n Norman's in Glenn Albertsons Augen sah, musste ich an Dewey denken. Als ich Dewey aus der Rückgabeklappe der Bibliothek gezogen, ihn in eine Decke gewickelt und an mich gedrückt hatte, war er eiskalt gewesen. Seine Pfoten waren buchstäblich erstarrt, sein Puls kaum noch fühlbar. Er kannte mich nicht, aber er schaute mir voller Zuneigung in die Augen. Ich schaute in seine und sah darin Offenheit und Vertrauen.

Dass Glenn mich nie herumgeschoben, nie versucht hatte, zu eng zu tanzen, sagte mir, dass er ein Gentleman war. Die Art, wie er mich zwischen den Songs gestützt hatte, sagte mir, dass er ein fürsorglicher Mann war. Die Art, wie er mit meinen Freundinnen gesprochen hatte, sagte mir, dass er ein freundlicher Mann war. Aber noch etwas anderes lag in seinen Augen. Es war die Ruhe der alten Seele, und es war aufrichtige Zuneigung. Wie Dewey sah er mich nicht bloß, er *nahm mich wahr*. Und er ließ zu, dass auch ich ihn wahrnahm. Nicht nur die Freundlichkeit, sondern auch das, was sich dahinter verbarg: Furcht und Verletzlichkeit, aber auch tiefe Zufriedenheit und Stolz.

Dewey hat ihn mir geschickt, dachte ich, als ich seine Augen sah. Es war nur ein kurzer Moment gewesen, ein Aufblitzen, dann merkte ich, dass es an der Ähnlichkeit lag – sie waren einander ähnlich, Dewey und Glenn. Doch der Gedanke ließ mich nicht wieder los. *Dewey hat ihn mir geschickt*. Ich wusste, das konnte nicht sein, aber die Liebe ist so verhüllt und kompliziert, so tief empfunden und so unlogisch – was können wir da jemals mit Sicherheit wissen?

Doch eines wusste ich mit Sicherheit: Ich wollte ihn wiedersehen. Ich rief Normans Frau Jeanette an. »Letzte Woche habe ich bei euch einen Mann namens Glenn kennengelernt«, sagte ich. »Groß, mit Bart, nettes Lächeln, guter Tänzer.«

»Den kenne ich«, sagte Jeanette.

»Ist er ein Guter oder ein Böser?«

»Glenn? Der ist ein Guter.« Jeanette wurde ganz aufgeregt. »Ein richtig Guter.« Ich wusste nicht, dass Glenn jahrelang im Storm'n Norman's ausgeholfen hatte. Ich wusste nicht, dass er seit der Highschool mit Norman und Jeanette befreundet war. Zu diesem Zeitpunkt wusste ich praktisch gar nichts von ihm, nur dass er der offenste, aufmerksamste Mann war, den ich je kennengelernt hatte.

»Ich könnte da was arrangieren«, sagte Jeanette. »Auf der Highschool hab ich so was dauernd gemacht. Das kann ich richtig gut. Ich ruf ihn an, wenn du willst.«

Ein paar Stunden später rief Glenn mich an. Wir unterhielten uns eine halbe Stunde, und einige Abende später noch länger. Schon bald telefonierten wir jeden Abend miteinander und dann zwei-, dreimal täglich. Wir sprachen über alles – unsere Arbeit, unsere Katzen (das Buch erwähnte ich allerdings nicht), sogar über die großen Themen: Politik und Religion. Als der nächste Tanzabend im Storm'n Norman's anstand, konnten wir es beide kaum erwarten, uns wiederzusehen. *Nur wegen des Tanzens*, sagte ich mir. *Er ist so ein guter Tänzer*. Doch meine Nervosität während der langen Fahrt mit Trudy und Faith nach Waterbury strafte mich Lügen. Ich hatte so viele Schmetterlinge im Bauch, dass ich mich in die Lüfte hätte erheben können.

Wegen Faith waren wir spät dran (Faith-Zeit nannten wir es), und am Schalter stand eine Schlange. Als wir durch waren, sah ich ihn an der Tür auf mich warten. Er trug schöne schwarze Jeans und ein schwarzes Button-Down-Hemd; er hatte sichtlich einige Sorgfalt darauf verwendet, sich für den Abend zurechtzumachen. Dann sah ich die rote Rose in seiner Hand, und die Schmetterlinge verschwanden. Ich ging ohne Zögern zu ihm und küsste ihn auf die Wange. Was wir sagten, weiß ich nicht mehr. Ich erinnere mich nur noch an das Tanzen, denn es war, als hätten wir schon unser Leben lang miteinander getanzt. Irgendwann später, als die Band Ronnie Milsaps »Lost in the 50s Tonight« anstimmte, schaute ich ihm in die Augen und sah darin zum hundertsten Mal seine Wärme – und eine Einladung. *Ich bin offen*, sagten sie. *Ich bin da. Für dich. Ich werde dir niemals wehtun.*

»Mein Lieblingssong«, sagte Glenn, als die Band »*shoo-bop, shoo-be-bop, so real, so right*« sang.

»Meiner auch.« Ich lehnte den Kopf an seine Brust, genau über seinem Herzen, und dachte. *Hier bin ich zu Hause.*

Was wäre gewesen, wenn ich damals schon von seinen drei Ehen und den fünf Kindern gewusst hätte? Ehrlich gesagt wäre ich trotzdem an Glenn Albertson interessiert gewesen. Vielleicht nicht, ehe wir zum ersten Mal miteinander tanzten, aber nach dem zweiten Abend? Da gab es kein Zurück mehr. Auch als wir uns in den folgenden Wochen näher kennenlernten und sein Leben sich vor mir ausbreitete, zweifelte ich nie an seinem Charakter. Eine Scheidung, das kann jedem passieren. Aber drei? Da hört man auf, mit dem Finger auf andere zu zeigen, und fängt an, vor der eigenen Tür zu kehren. Das hatte Glenn getan. Und deshalb wurde er für mich umso ungewöhnlicher, je mehr ich über sein Leben erfuhr. Ich hatte genug Männer gekannt, die alles andere als offen waren, die vor ihren Gefühlen davonliefen und über wenig anderes reden konnten als über Sport. Glenn hatte mehr durchgemacht als sie alle, und trotzdem war er bereit, seinen Schmerz mit mir zu teilen. Er konnte mich wie eine Feder hochheben, er konnte mein Auto auseinandernehmen und reparieren, er konnte mich herrlich massieren und mir sogar die Haare schneiden, er konnte mir eine Rose schenken und einen Kuss und mir das Gefühl geben, ich sei die schönste Frau in ganz Iowa. Und das Wichtigste: Er konnte ehrlich mit mir sein. Er konnte mir sein Herz öffnen.

Doch über Glenns Leben nachzudenken, heißt, das größte Hindernis für unsere Beziehung außer Acht zu lassen: Mein Single-Dasein, das mir ungeheuer wichtig war. Es währte nun schon so lange, und ich hatte nicht die Absicht, es aufzugeben. Wie ich immer sage (sagte): »Ich will nur einen Mann, den ich wie einen alten Anzug in den Schrank hängen und wieder herausholen kann, wenn ich tanzen möchte.« Und das meinte ich ernst. Mit fast sechzig Jahren, nach über dreißig Jahren glücklichen Single-Daseins, mochte ich nicht einmal daran denken, einen Mann in mein Leben zu lassen. Ich hatte der Bibliothek und meiner Tochter alles gegeben, und das Erreichte machte mich stolz und zufrieden. Ich pflegte einen engen Kontakt mit meiner Familie, besonders mit meinem Vater, der mich seit dem Tod meiner Mutter mehr denn je brauchte. Ich hatte wunderbare Freunde, die ich seit Jahrzehnten kannte, und auf die ich immer zählen konnte, wenn ich Liebe, Unterstützung und ein herzerfrischendes Lachen brauchte. Ich hatte meine Tochter. Und Enkelkinder. Ich stellte Schaukästen her, und ich hatte vierzehn Hochzeiten geplant (Tendenz steigend), von den Blumen über die Einladungen bis hin zum ersten Song. Ich war zwar im Ruhestand, aber ich war noch Mitglied mehrerer Bibliotheksvorstände überall im Land und deshalb häufig unterwegs. Nie werde ich vergessen, wie ich in New Orleans in ein Taxi fiel, nachdem ich den ganzen Abend mit befreundeten Kollegen getrunken und getanzt hatte. Der Fahrer drehte sich nach ein paar

Minuten zu uns um und sagte: »Kaum zu glauben, dass Sie Bibliothekare sind, so viel Spaß, wie Sie haben!«

Und ob wir Spaß hatten! Bibliothekarinnen sind keine wohlfrisierten Damen, die ständig *schschsch* machen. Bibliothekarinnen und Bibliothekare sind hochgebildete Leute, die einen Betrieb leiten. Wir kämpfen gegen Zensur, wir gehören zu den ersten Nutzern von E-Books und Computernetzwerken. Wir vermarkten, wir erziehen, wir gestalten. Unsere Arbeit ist anspruchsvoll und komplex, zumal, wenn eine Katze zum Personal gehört, und deshalb lieben wir diese Arbeit so.

Ich war zwar keine aktive Bibliothekarin mehr, ich hatte zwar Dewey nicht mehr, aber solange ich gesund war, war ich zufrieden. Ich hatte immer so viele Aktivitäten wie irgend möglich in meine Tage gepackt und war froh gewesen, wenn ich die Abende für mich hatte. Ich konnte essen, wann immer ich Hunger hatte, konnte zu Bett gehen, wann immer ich müde war, und mir im Fernsehen anschauen, was ich wollte. Warum, in aller Welt, sollte ich das alles für einen Mann aufs Spiel setzen?

Aber ich wurde mitgerissen. Und ich genoss es! Ein paar Mal versuchte ich zurückzurudern, mir einzureden, dass ich so eine Beziehung nicht brauchte, aber das währte nie länger als ein paar Stunden. Sobald Glenn anrief (irgendwann waren wir bei sieben Telefonaten pro Tag angelangt), knickte ich ein. Nicht vor dem Druck, nicht einmal vor seinem Charme, sondern vor seiner Zärtlichkeit. Seinem Verständnis. Seiner offenkundigen Liebe. Wenn ich von Dewey erzählte, hörte er nicht nur zu, er stellte auch Fragen. Er begriff. Andere Männer hätte meine Liebe zu einer Katze irritiert, aber bei Glenn hatte ich immer das Gefühl, dass er sah, wer ich wirklich war, und dass ihm gefiel, was er sah.

Und natürlich gab es auch in seinem Leben eine wichtige Katze. Das schloss ich daraus, dass er so viel von Rusty erzählte. Rusty war ein kluger Kater. Er hörte auf seinen Namen und kam, wenn man ihn rief. Ich würde ihn mögen. Er kuschelte mit jedem Fremden. Er war keine scheue Hauskatze. Keineswegs. Rusty war ein bisschen schrullig. Er schlief in einem Gitarrenkasten und fraß Nachos. Er raufte mit Pittbulls, und er fing Schmetterlinge und ließ sie wieder fliegen. Wenn Glenn »Zeit zum Baden, Rusty!« rief, rannte er los, aber nicht etwa weg von der Wanne, sondern zu ihr hin. Er liebte das Wasser. Er streckte sich darin aus und aalte sich förmlich darin.

»Unglaublich«, sagte Glenn. »Das musst du sehen.«

Und so bekam er mich in sein Haus: Ich sollte Rusty kennenlernen. Ich war nach meiner Krankheit noch schwach, und kaum hatte ich mich auf Glenns Sofa niedergelassen, um mich auszuruhen, kam Rusty heran und strich um meine Beine. Gleich darauf sprang er mir auf den Schoß. Er war mindestens dreimal so schwer wie Dewey. Aber er war auch ein Teddybär wie Glenn. Rusty kennenzulernen bestätigte alles, was ich bei dem Mann gespürt hatte, den ich – ich wage es zu sagen – zu lieben begann.

Nachdem ich von Rusty grünes Licht bekommen hatte, stellte mich Glenn seiner Mutter vor. Sie war Mitte achtzig, lebte noch im eigenen Haus und mähte noch selbst ihren Rasen. Es hätte etwas heikel werden können, die geliebte Mutter meines Freundes kennenzulernen, wäre da nicht eines gewesen: Sie hatte die Geschichten über Deweys Leben jahrelang in der Zeitung verfolgt. Und so erzählte ich ihr von Dewey – wie er in die Jacke eines behinderten Mädchens geklettert war und dem Kind ein Lächeln entlockt hatte, wie er die Kinder unterhalten hatte, die von ihren berufstätigen Eltern in die »Tagesstätte« der Bibliothek gebracht wurden, wie er auf der linken Schulter (es war immer die linke!) eines Obdachlosen gesessen hatte, der jeden Tag in die Bibliothek gekommen war, nur um sich mit unserem Kater zu unterhalten. Glenns

Mutter hörte zu. Sie lächelte. Sie setzte mir Kaffee und selbst gebackenen Kuchen vor. Ich spürte, dass Deweys Magie noch immer funktionierte und dass sie auf unser beider Herz einwirkte. Wie hätte ich jemanden, der Dewey liebte, nicht lieben sollen? Und wie hätte sie Deweys Mom nicht vertrauen sollen?

Als es endlich Frühling wurde, fuhr ich mit Glenn nach Pierce, wo er in seiner Kindheit immer den Sommer verbracht hatte. Er zeigte mir das frühere Haus seiner Großmutter und die Kfz-Werkstatt, in der er seine Liebe zu den Autos entdeckt hatte. Wir parkten unter dem einzigen hohen Baum der Stadt, nahe der Kreuzung, zu der er immer gelaufen war, um die riesige Dampfwolke zu sehen, die der Zug im Vorbeifahren ausstieß, und küssten uns. Wir fuhren zum Tanzen ins Storm'n Norman's, und Glenn sagte Norman, es tue ihm leid, aber er habe keine Zeit mehr, bei ihm an der Bar auszuhelfen. Eines Abends nach dem Essen fuhr er mich zu einem großen schönen Haus am Stadtrand.

»Was ist das?«, fragte ich.

»Hier habe ich mit meiner ersten Frau gewohnt«, sagt er. Es war das einzige Mal, dass ich zurückzuckte. Plötzlich fiel mir wieder ein, dass ich gar keine ernsthafte Beziehung zu einem Mann wollte, und ich wusste auch wieder, warum: Weil Männer unberechenbar und kompliziert waren.

Aber das ging schnell vorbei, da ich den Mann neben mir kannte. Vielleicht nicht in allen Einzelheiten, nicht in allen Entscheidungen, die er in seinem Leben getroffen hatte, aber ich kannte sein Herz, und ich fühlte mich bei ihm so wohl wie bei keinem anderen Mann zuvor. In jenem Frühjahr las ich die letzte Rohfassung von *Dewey*, und spürte wieder das Selbstvertrauen, das mich stets erfüllt hatte, wenn der Kater in meiner Nähe war. Ich las zum x-ten Mal die letzte Seite, auf der davon die Rede war, was Dewey mich gelehrt hat.

Finde deinen Platz. Sei zufrieden mit dem, was du hast. Behandle jedermann gut. Lebe ein gutes Leben. Nicht auf materielle Dinge kommt es an, sondern auf die Liebe. Und Liebe kann man nicht vorhersehen.

Zum Memorial Day lud ich Glenn nach Spencer ein. Vor jeder unserer Verabredungen ging er in ein Blumengeschäft und wählte die kräftigste, leuchtendste Rose aus, die es dort gab, wie schon bei unserem ersten »Date« im Storm'n Norman's. Ich hob sie alle auf und trocknete sie, um sie für meine Schaukästen zu verwenden. Doch diesmal kam er mit zwei roten Rosen. Wir wollten zum Grab meiner Mutter bei Harley, Iowa, und ich dachte, die zweite Rose sei für sie. Glenn sagte, er wolle noch einen Zwischenstopp einlegen. Er fuhr zur Bibliothek und ging zu dem großen Fenster, unter dem eine schlichte Granitplatte Deweys Grab markierte. An einem kalten Dezembermorgen hatten die Bibliotheksassistentin und ich bei Sonnenaufgang den gefrorenen Boden aufgebrochen und Deweys Asche zur Ruhe gebettet.

»Du bist immer bei uns«, hatte ich gesagt.

Glenn legte die zweite Rose auf Deweys Grab. »Ich weiß, wie viel er dir bedeutet«, sagte er und drückte mich an sich.

Ich werde diesen Mann heiraten, dachte ich und wunderte mich überhaupt nicht.

Glenn und ich sind inzwischen verlobt, und ich war noch nie so glücklich. Wir sind uns unserer Liebe so sicher, dass wir sogar zusammen ein Haus gekauft haben, einen hübschen Bungalow im Westen von Spencer. Wir dachten, wir könnten genauso gut den Schritt wagen und zusammenziehen, wir würden ja ohnehin bald heiraten, aber inzwischen sind zwei Jahre vergangen, und wir sind noch immer nicht verheiratet. Einige Leute mögen daran Anstoß nehmen, auch wenn wir fest zusammen und schon über sechzig Jahre alt sind, aber ich habe meine Gründe. Bei meiner ersten Hochzeit 1969 waren nur die engste Familie und ein paar Freunde dabei. Mein Brautkleid hatte meine Mutter für wenig Geld einem Mädchen abgekauft, dessen Hochzeit in letzter Minute geplatzt war. Der Empfang fand im Stammlokal meines Mannes statt, und mehr als die Hälfte der Gäste hatten mit ihm zu tun. Es war meine Hochzeit, aber ich kann mit Fug und Recht sagen, dass nichts daran wirklich meines war. Ich fühlte mich immer nur betrogen.

Es kümmert mich nicht, dass dies meine zweite Heirat sein wird – es wird auch meine Letzte sein. Und sie wird etwas ganz Besonderes werden. Ich werde sie persönlich planen, bis ins kleinste Detail, von den Blumen für die Trauung in der katholischen Kirche in Milford über die Farbe der Schrift auf den Einladungskarten bis hin zu dem schönen weißen Kleid, das ich schon immer tragen wollte. Glenn wird seine schwarzen Jeans gegen einen Smoking eintauschen müssen, und ich werde die Embers überreden, bei dem Empfang zu spielen, den wir natürlich gern im Storm'n Norman's Rock 'n' Roll Auditorium abhalten würden, wenn es nicht für alle eine so weite Anreise wäre.

Leider habe ich nicht die Zeit, den perfekten Tag zu planen, auf den ich mein Leben lang gewartet habe. In dem Monat, in dem wir unser neues Haus bezogen, erschien *Dewey*, das Buch, das ich als Hommage an meinen besten Freund und meinen geliebten Bibliothekskater geschrieben habe, ein Buch, das mich an Leib und Seele geheilt hat. Es stürmte auf Anhieb die Bestsellerlisten und hielt sich mehr als ein halbes Jahr lang an der Spitze. Manchmal kommt es mir vor, als sei ich seitdem jeden Tag unterwegs, aber verstehen Sie mich nicht falsch: Ich beklage mich nicht. Seit zwei Jahren tue ich das Beste, was es gibt: Ich erzähle von Dewey. Gesundheitlich bin ich noch immer nicht auf der Höhe und werde es wohl auch nie mehr sein. Ich muss achtgeben und darf mir nicht zu viel zumuten. Manchmal muss ich eine Lesung abbrechen, aber ich möchte so viel erleben wie nur irgend möglich. Ich möchte die Welt sehen. Ich möchte wunderbare Menschen kennenlernen, die Dewey genauso lieben wie ich, obwohl sie ihm nie begegnet sind. Ich möchte über ihn sprechen und wissen, dass er da ist – bei mir und für mich. Wir sind eng miteinander verbunden, Dewey und ich, enger denn je.

Glenn stört es nicht, dass er mich nicht für sich allein hat. Schon bei unserem ersten Date habe ich ihm gesagt: »Mich gibt es nur im Paket. Zusammen mit meinen Freunden und meiner Familie.« Bei unserem zweiten Treffen wusste er bereits, dass auch Dewey zu dem Paket gehört – von meinem Buch erzählte ich ihm allerdings erst, als wir schon verlobt waren. Er versteht nicht nur, dass Dewey immer ein Teil meines Lebens sein wird, er akzeptiert es auch. Sollte ich je an meinem Mann zweifeln, brauche ich mir nur anzusehen, wie Tiere auf ihn reagieren. Wenn ich in den Garten gehe, fliegen die Vögel davon, wenn Glenn hinausgeht, bleiben sie sitzen. In Florida sah ich einmal ein Eichhörnchen Körner aus seiner Hand fressen.

Das heißt nicht, dass alles in unserem neuen Leben einfach wäre, vor allem nicht für Glenn. Es hat ihm nichts ausgemacht, sein gemietetes Haus zu verlassen, seinen 1953er Studebaker einzumotten und in seinem (viel sichereren) Buick herumzufahren. Aber es war schwer für ihn, die Menschen zu verlassen, die er liebte. Seine Mutter hatte er seit dem Tod seines Vaters zwanzig Jahre lang fast täglich besucht; jetzt sind es zwei Stunden Fahrt bis zu ihr, und er sieht sie nur noch alle paar Wochen. Und als er Bobby, Ross und den anderen Behinderten eröffnete, dass er New Perspectives verlassen werde, flossen auf beiden Seiten Tränen.

Besonders schwer fiel es ihm, von seiner Tochter Jenny

wegzuziehen, die in Sioux City gerade ihr Studium aufnahm. Glenn hat in seinem Leben fünf Kinder verloren – wie sollte er da nicht fürchten, auch noch Jenny zu verlieren? Er wusste, dass Jenny und Rusty einander liebten, und er wusste, dass er immer in ihrem Leben präsent sein wollte, und so brachte er das größte Opfer: Er schenkte ihr Rusty. Jetzt geht er jedes Mal zu ihr, wenn er in Sioux City ist, um nach Rusty zu sehen, wie er sagt, was natürlich eine recht durchsichtige Begründung ist. Jenny besaß schon zwei Haustiere, aber der große rote Kater hat beide erzogen. Der Hund ist ein Weichei, und Mama Kitty, die blinde alte Katze, folgt Rusty durch die Wohnung, wenn er miaut. Old Rusty liebt Tiere, um die er sich kümmern und die er herumkommandieren kann, und da Jenny nun schon älter ist, muss er auch keine Gymnastik mehr machen, um abzunehmen.

Glenn vermisste Rusty, das sah ich ihm an den Augen an, wenn er von Jenny kam. Und ich hörte es an seiner Stimme, wenn er alle paar Tage sagte: »Sobald sich der Trubel um *Dewey* gelegt hat, sollten wir im Tierheim mithelfen.« Tief drinnen wusste ich, dass er wieder eine Katze wollte.

Aber das Problem war: Ich selbst wollte keine neue Katze. *Irgendwann*, sagte ich mir immer wieder, *irgendwann bin ich dazu bereit*. Doch jedes Mal, wenn ich darüber nachdachte, schien das in noch weiter Ferne zu liegen. Ich hatte neunzehn Jahre mit Dewey verbracht, und ich vermisste ihn schrecklich. Ich hatte mein Leben lang Katzen gehabt, und natürlich waren sie alle gestorben, aber mit Dewey war es etwas anderes. Er war einzigartig gewesen. Ich hatte ihn so sehr geliebt und ihn so geschätzt, dass ich ein ganzes Jahr damit zugebracht hatte, ein Buch über ihn zu schreiben. Ich war mit ihm verbunden, für immer. Es wäre nicht fair gewesen, mir eine andere Katze zuzulegen. Sie würde immer den Vergleich mit Dewey aushalten müssen, und wie sollte sie das können?

Dann kam eines Dezembermorgens, fast genau zwei Jahre nach Deweys Tod, ein japanisches Filmteam nach Spencer. In Japan war Dewey berühmt, seit vor fünf Jahren ein Dokumentarfilm über ihn gedreht worden war. Jetzt sollte es eine Fortsetzung mit mir in der Bibliothek geben, doch noch ehe ich meinen Mantel ablegen und für das Interview Platz nehmen konnte, packten mich die Bibliotheksangestellten und schoben mich in mein früheres Büro. Ich merkte, dass sie aufgeregt waren, aber ich hatte keine Ahnung, warum. Da sah ich in der hintersten Ecke des Raumes ein winziges Kätzchen kauern.

Es war so süß. Es hatte ein langhaariges kupferfarbenes Fell mit einem prachtvollen Schopf im Nacken. Es war federleicht, und die Hälfte seines Gewichts waren Haare. Aber ich wollte keine andere Katze. Schon gar nicht eine, die wie Dewey aussah. Wenn ich mir wieder eine Katze anschaffte, so hatte ich mir immer gesagt, dann musste sie ganz anders aussehen als das Bild in meinen Erinnerungen. Eine schwarze Katze, vielleicht eine weiß-grau gescheckte. Doch als ich das kleine rote Knäuel in der Ecke neben der Heizung sah, machte mein Herz einen Satz. Es war, als hätte ich Dewey an seinem ersten Morgen in der Bibliothek vor mir – so winzig, so hilflos, so wunderschön rötlich-braun. Die Katze hatte grüne Augen, keine so herrlich goldenen wie Dewey, und ihr Schwanz war gedrungen und nicht flauschig, aber sonst …

Ich nahm sie hoch und bettete sie in meine Arme. Sie sah mich an und begann zu schnurren. Und wie bei Dewey an seinem ersten Morgen schmolz ich dahin.

Dann erfuhr ich ihre Vorgeschichte, und die erinnerte so stark an Dewey, dass es schmerzte. Auch jetzt war bitterkalter Winter mit Eis und hohem Schnee seit Wochen. Sue Seltzer, die Computertechnikerin, die ab und zu in der Bibliothek zu tun hatte, war mit dem Auto langsam durch eine Seitenstraße im Zentrum von Spencer gefahren, als sie vor dem Nelson Hearing Aid Service einen Eisklumpen auf der Straße liegen sah und noch langsamer fuhr. Da bewegte sich der Eisklumpen. Es war ein schmutziges kleines Kätzchen, zitternd und taumelnd, das Fell voller Eis- und Zweigstückchen. Sue hob es hoch, sah ihm ins Gesicht und dachte: Dewey. Sie war ein großer Dewey-Fan gewesen.

Sie nahm das Kätzchen mit in ihr Büro und badete es. Wie Dewey schnurrte es im warmen Wasser. Sue hatte bereits fünf Katzen, und ihr Mann weigerte sich, eine sechste aufzunehmen, und so beschloss sie, das Tier in die Bibliothek zu bringen. Wenn überhaupt eine Katze dazu berufen war, Deweys Platz einzunehmen, dachte sie, dann dieses winzige Knäuel. Doch seit *Dewey* erschienen war, wurde die Spencer Public Library förmlich mit Katzen überschwemmt. Zwei arme kleine Kätzchen hatte man sogar in der Rückgabeklappe gefunden, wie ich leider sagen muss. Das einzig Vernünftige war, ein striktes Katzenverbot über die Bibliothek zu verhängen. Deshalb saß das Kätzchen, als mein Interview mit den Japanern beendet war, noch immer im Büro in der Ecke, jetzt aber auf Glenns Schoß.

Beide sahen zu mir auf. Glenn lächelte und deutete ein Achselzucken an. Ich schmolz zum zweiten Mal dahin. Und so kam das winzige Kätzchen, das so sehr an Dewey erinnerte, das mir Angst machte und mich zugleich entzückte, mit zu mir nach Hause.

Am Abend erzählte ich auf Deweys Website von der Katze. Ein Junge namens Coda antwortete und meinte, wir sollten sie Page nennen, denn ich schlüge ja nun eine neue Seite in meinem Leben auf – was hätte passender sein können?

Am nächsten Tag geschah etwas, das wieder stark an Dewey erinnerte: Page war im *Spencer Daily Reporter* abgebildet, unserer kleinen, an fünf Tagen in der Woche erscheinenden

Zeitung. Dann brachte auch das *Sioux City Journal* einen Artikel über sie, und bald war ein Associated-Press-Reporter aus Des Moines unterwegs nach Spencer. Im Handumdrehen erschienen Page und ich in Hunderten von Zeitungen im ganzen Land. Bibliothekarin in Iowa nimmt Katze auf! Eine weltbewegende Nachricht, nicht wahr?

»Was wohl als Nächstes kommt?«, scherzte Glenn. »Ob sie demnächst schreiben werden, was du zum Frühstück gegessen hast?«

Doch diese Medienpräsenz dürfte das Letzte gewesen sein, worin meine neue Katze Dewey glich. Zu meiner großen Erleichterung hatte Page ihre eigene Persönlichkeit. Sie war ganz anders als ihr älterer Bruder.

Das heißt … nicht ganz, denn als wir mit ihr zum Tierarzt gingen – demselben, der auch Dewey behandelt und den Tumor bei ihm entdeckt hatte –, erhielten wir eine verblüffende Diagnose: Page war ein Kater.

Also hatte Page Turner, wie wir ihn umtauften, auch das mit Dewey gemeinsam. Aber sonst? Nichts. Sonst hatte unser neuer Kater nichts von Dewey an sich.

Er war zum Beispiel tollpatschig. An seinem ersten Abend bei mir zerbrach er einen Keramikengel, als er auf ein Tischchen sprang. Gleich am ersten Abend! Dewey war graziös gewesen. Neunzehn Jahre lang hatte er nichts kaputt gemacht. Page Turner war nicht einmal dann graziös, wenn er sich hinlegte. Statt sich niederzulassen wie eine normale junge Katze, ließ er sich auf den Boden plumpsen wie ein haariger Staubwedel. Es stimmt nicht, dass Katzen immer auf den Füßen landen. Page Turner konnte auf der Sofalehne sitzen und plötzlich herunterfallen, auf den Rücken. Er fiel sogar im Schlaf vom Bett – bums, auf den Rücken, und er wachte nicht einmal auf.

Dewey hatte die Hitze geliebt. Wenn er in der Bibliothek

an der Heizung lag, war er so heiß geworden, dass man kaum sein Fell berühren konnte. Page Turner dagegen hasste die Hitze. Selbst im Winter rollte er sich am kühlsten Platz im Haus ein: auf der Kellertreppe. Er hasste auch die Sonne. Fremden gegenüber war er scheu. Und er ließ sich nie auf meinen Schoß nieder, Deweys Lieblingsplatz. Page Turner lag lieber auf meinen Füßen.

Meine Regeln ignorierte er. Ich konnte ihn noch sooft vom Esstisch auf den Boden setzen, er sprang immer wieder hinauf. Er rannte zwischen den Vorhängen hin und her und steigerte sich in eine wahre Raserei. Seine Krallen schärfte er an meinen besten Möbeln. Wie ein Hund jagte er hinter seinem Schwanz her. Er starrte auf den Fernsehschirm wie ein staunender Teenager. Wenn ich Eiswürfel in sein Wasser gab, um es frisch zu halten, fischte er sie heraus und jagte sie durchs Haus. Dewey hatte Wasser so sehr gehasst, dass er es nicht einmal trank, Page dagegen machte es nichts aus, tropfnass zu werden. Und es kümmerte ihn nicht, wenn man über ihn lachte. Dewey war würdevoll gewesen. Er hatte es nicht ausstehen können, Zielscheibe des Spotts zu sein. Page Turner schien es nicht zu stören, wenn ich mich vor Lachen über seine Possen bog.

Ein Glück, sagte ich mir, *dass sie diesen Kater nicht in der Bibliothek behalten wollten.* Es ist ein weit verbreiteter Irrglaube, man könne jede beliebige Katze in einer Bibliothek halten. Page Turner war, obwohl mit dem passenden Namen ausgestattet, viel zu neurotisch für den Job. Er war zu misstrauisch und zu scheu. Er hatte nicht Deweys ruhige Würde. Natürlich war er auch nicht Dewey, aber er war auch nicht Rusty. Er besaß keine Gelassenheit und kein Einfühlungsvermögen. Er rieb sich nicht an einem, wenn man niedergeschlagen war. Sein Rat, hätte er welchen erteilen können, wäre mit Sicherheit miserabel gewesen. Aber wir können nun mal nicht alle das Sahnestück des Lebens sein, nicht wahr? Manche müssen auch der Sandkuchen sein.

Finde deinen Platz. Das gehört zu den Dingen, die Dewey mich gelehrt hat. Jeder hat einen Platz, an dem es ihm gut geht. Im Sommer 2009 – die Lesereisen wurden endlich weniger, und ich dachte daran, dieses Buch zu schreiben – hatte sich Page Turner beruhigt und seinen Platz gefunden. Ich begriff jetzt, dass er in den ersten Monaten deshalb so wild und verunsichert gewesen war, weil er ein hartes Leben auf der Straße hinter sich hatte. Zweifellos rannte er vor jedem Quietschen davon, weil man ihm dort draußen wehgetan hatte. Er schlang sein Fressen hinunter, weil er Hunger gelitten hatte. Als wir ihn mit nach Hause nahmen, war er vielleicht noch gar nicht bereit, irgendjemandem zu vertrauen. Doch dann vertraute er Glenn. Wie Rusty spürte er die Sanftheit und Liebe in der Seele dieses Mannes.

Inzwischen ist er natürlich verwöhnt. Beim Essen setzt er uns so lange zu, bis wir ihm etwas abgeben. Er leckt die Packung aus, wenn ich meine Brezel mit Käse gegessen habe (mein abendliches Laster!). Er attackiert meine Füße, wenn ich schlafen will, er macht es sich auf meiner Tastatur gemütlich, wenn ich schreiben will, und samstags tut er nichts anderes, als mit Glenn im Fernsehen Autorennen zu verfolgen. Sie werden vielleicht denken, das könnte ihm irgendwie schaden – es sei ungesund, unproduktiv, unnatürlich und was man mir wegen der Art, wie ich mit Dewey umgegangen war, sonst noch alles an Beleidigungen an den Kopf wirft, seit das Buch erschienen ist –, aber ich weiß, dass Page Turner glücklich ist. Im Alter von sechs Wochen saß er zitternd mitten auf einer Straße in Spencer, verdreckt und mit verfilztem Fell. Jetzt lebt er in einem Haus mit zwei Menschen, die ihn heiß und innig lieben. Er bekommt Katzenfutter, wann immer er will. Er schläft in einem warmen Bett. Er hat Spielzeug – sogar

mit nervigen Glöckchen! – und eine Mikrowelle, die er beobachten kann. Er hasst Fremde – als meine Enkelkinder zum
ersten Mal zu Besuch kamen, blieb er vier Tage lang unsicht-
bar. Er hat ein kleines Versteck hinter den Koffern in meinem
Wandschrank, und dorthin kann er sich verkriechen, wenn er
sich fürchtet. Ins Freie geht er nicht, aber im Sommer öffnen
wir ein Fenster, sodass er den Vögeln im Garten zuschauen,
ihnen lauschen und über sie fantasieren kann.

Meine Freunde finden, Page Turner sieht Dewey ähnlich.
Ich finde das nicht. Er ist zwar auch flauschig und orange-
farben, aber er ist anders gebaut. Er ist größer als Dewey. Und
obwohl seine Augen zwischen Grün und Deweys Bernstein-
gold changieren, sind sie ganz anders als Deweys. Page ist
keine alte Seele. Er ist nicht weise. Er ist ein energiegeladener,
manchmal unartiger, oft entnervender Tollpatsch. Er bringt
mich zum Lachen, und ich schüttle den Kopf und frage mich:
Was, zum Teufel, wird dieser Kater als Nächstes anstellen? Er ist
warmherzig und liebevoll, und – seien wir ehrlich – er gibt
uns etwas, auf das Glenn und ich uns konzentrieren können.
Etwas, das uns gehört. Gemeinsam.

Ich sage nicht, dass Page Turner das Kind ist, das Glenn im-
mer um sich haben wollte. Er ist auch keine Neuausgabe von
Rusty, um die Wahrheit zu sagen. Rusty war Glenns Gefährte,
als Glenn niemanden sehen wollte. Eine Zeit lang war er der
Leim, der Glenns Leben zusammenhielt. Aber beide haben
sich weiterentwickelt. Wenn Glenn ihn jetzt besucht, mustert
ihn Rusty, wie um zu sehen, in welcher Verfassung sein alter
Freund ist. Sie miauen einander zu – ja, Glenn miaut –, und
Rusty springt in Glenns Arme und drückt die Wange in seinen
Bart. Dann kehrt er zu seinem neuen Leben zurück. Er ist ein
unkomplizierter Kater, einer, der sich fast überall wohlfühlt,
und bei Jenny hat er seinen Platz gefunden.

Und Glenn? Glenn ist verrückt nach Page Turner. Wenn

wir über Nacht weg sind, ist er es, der fragt: »Hast du angerufen und dich erkundigt, wie es Page geht? Ist alles in Ordnung?« Er ist es, der ihm oft kleine Geschenke und Leckerbissen mitbringt. Und bitte, fragen Sie ihn nicht nach Fotos. Glenn hat über fünfhundert Bilder von Page Turner in seiner Kamera gespeichert, und er zeigt Ihnen jedes einzelne. Er hat Fotos von Page Turner in seinem Handy, und ich schwöre, er wechselt täglich seinen Bildschirmschoner.

Rusty war Glenns Freund und Vertrauter. Page Turner … er ist eher wie Glenns Enkelkind. Ich sage nicht, dass er wirklich ein Enkelkind oder ein Ersatz für etwas ist, was Glenn fehlt. So einfach ist es nicht mit dem Leben, der Liebe und der Sehnsucht. Glück ist etwas Unkalkulierbares. Bestenfalls trifft es einen unerwartet, und man wird es nie ganz verstehen.

Ich will damit vielleicht nur sagen, dass Dewey der weise, fürsorgliche Kater war, derjenige, der mir und der Stadt Spencer durch sehr schwere Zeiten geholfen hat. Rusty war der ruhige Kumpel, der zur rechten Zeit auftauchte. Page Turner ist ein ewiges Kind. Er ist lustig. Er ist närrisch. Er ist unselbstständig. Und ich würde ihn nicht anders haben wollen.

Nein, Page Turner hat mir nicht über Deweys Verlust hinweggeholfen. Das hat die Zeit getan. Page Turner hat mir nur in den nächsten Abschnitt meines Lebens geholfen. Den Abschnitt mit Glenn. Und mit meinen Enkelkindern und den Reisen. Und mit einer guten Gesundheit, die ich ständig überwachen muss und deshalb immer wertschätzen werde. Wir haben ein neues Leben abgefangen, Glenn und ich. Wir haben ein Haus gekauft. Page Turner hat dieses Haus zu einem Zuhause gemacht und unser kleines Trio zu einer Familie.

Was könnten wir von unseren Katzen mehr verlangen?

DANK

Mein größter Dank gilt den Menschen, die es ermöglicht haben, dass ihre Geschichten in diesem Buch erzählt werden, indem sie Einblick in ihr Leben gewährten. Und er gilt all jenen, die dabei geholfen haben, diese Geschichten durch Zusatzinformationen zu vervollkommnen, wie Adrienne (Sweetie) Case, Dr. Nicki Kimling und Harris Riggs. Außerdem geht natürlich besonderer Dank an all die wunderbaren Katzen, die die wichtigste Rolle in den Geschichten spielen. Ohne sie wäre nichts von alledem geschrieben worden. Dieses Buch ist wahrhaftig allen Katzen rund um den Globus gewidmet, die unser Leben bereichern und verschönern.

Ich danke Peter McGuigan, meinem Freund und Agenten – wie kann ich dir nur genug danken? –, sowie den tollen Leuten von Foundry Literary + Media, im Besonderen Hannah Brown-Gordon, Stephanie Abou und Dan McGillivray.

Ferner danke ich meiner Lektorin Carrie Thornton, die immer an meine Idee geglaubt hat; Brian Tart, der auf wundersame Weise im Hintergrund sämtliche Fäden zu ziehen scheint, danke ich dafür, dass er Carries Begeisterung geteilt und unterstützt hat. Lily Kosner – du bist wirklich cool. Danke, Christine Ball (Werbung), Carrie Swetonic (Marketing), Monica Benalcazar (Ausstattung) sowie Susan Schwartz und Rachael Hicks (Cheflektorat): Ohne euch gäbe es keinen Zauber!

Ich danke, wie immer, meinem Freund und Co-Autor Bret Witter und seiner Familie – Beth, Lydia und Isaac - und seinen Katzen Blackie und Ally. Ich weiß, dass Bret sich auch bei Kayla Voskuhl bedanken möchte. Er hat sie bei einer Lesung in der Kentucky School for the Blind kennengelernt, und ihr Optimismus, ihr Lachen und die Liebe zu ihrer Katze Ralph haben ihn inspiriert. Es tut mir sehr leid, dass wir nicht genügend Kapazitäten hatten, um auch diese Geschichte in unser Buch aufzunehmen.

Ich danke meiner neuen kleinen Familie, Glenn Albertson und Page Turner – ohne eure Liebe und bedingungslose Unterstützung hätte ich das alles niemals bewältigen können.

Danke an alle Dewey-Fans, die Briefe oder E-Mails geschrieben haben, die es nicht bis ins Buch geschafft haben. Eure Geschichten haben mich berührt und zeigen mir, dass Dewey mit seinem Zauber die Menschen immer noch anrührt, überall auf der Welt. Danke für eure herzlichen Worte.

Und zu guter Letzt danke ich Dewey. Von seinem Vermächtnis, seiner Liebe und Toleranz habe ich viel fürs Leben gelernt, bis heute.

Ich vermisse dich, mein Freund.